“十三五”普通高等教育本科规划教材

中国计量大学重点教材建设项目资助

U0831064

锅炉原理

（少学时）

闫志勇　编
方梦祥　主审

中国电力出版社
CHINA ELECTRIC POWER PRESS

内 容 提 要

本书针对大型火力发电厂燃煤锅炉的结构组成及工作原理进行了较详细的论述。主要内容包括锅炉设备概述、锅炉燃料与燃烧计算、燃烧理论基础与燃烧设备、锅炉受热面、锅内过程、锅炉受热面外部工作过程、锅炉机组传热计算及设计布置等。

本书是高等学校能源与动力工程专业必修课锅炉原理课程教材，也可供相关专业工程技术人员参考。

图书在版编目（CIP）数据

锅炉原理：少学时/闫志勇编．—北京：中国电力出版社，2020.5

“十三五”普通高等教育本科规划教材

ISBN 978-7-5198-4273-4

Ⅰ.①锅…　Ⅱ.①闫…　Ⅲ.①锅炉—高等学校—教材　Ⅳ.①TK22

中国版本图书馆 CIP 数据核字（2020）第 023310 号

出版发行：中国电力出版社
地　　址：北京市东城区北京站西街 19 号（邮政编码 100005）
网　　址：http：//www.cepp.sgcc.com.cn
责任编辑：李　莉
责任校对：黄　蓓　李　楠
装帧设计：张俊霞　郝晓燕
责任印制：钱兴根

印　　刷：三河市百盛印装有限公司
版　　次：2020 年 5 月第 1 版
印　　次：2020 年 5 月北京第一次印刷
开　　本：787 毫米×1092 毫米　16 开本
印　　张：13.25
字　　数：323 千字
定　　价：40.00 元

版 权 专 有　　侵 权 必 究

本书如有印装质量问题，我社营销中心负责退换

前 言

随着我国教育改革的不断深化，素质教育得到了高度重视。高等教育强调加强基础、拓宽口径，由此，各专业的专业课教学时数都不同程度地受到压缩。目前，各高等院校锅炉原理课程的教学时数经多次缩减后基本在40～50学时，而现有教材大多是按照缩减前的90学时以上编写的，已经与当前的教学需求有较大出入，容易导致学生在使用时难以抓住重点。编者结合自身三十余年的教学体会，借鉴和参考了目前应用广泛的各种锅炉原理教材以及相应的标准、资料等，编写了这部适用于少学时（40～60学时）的锅炉原理教材，以期更好地适应目前的锅炉原理课程的教学要求。

本教材以经典的锅炉结构及其基本原理为主线，突出介绍锅炉技术中应用最为广泛的成熟结构和技术原理，同时也少量的选择部分有代表性的新结构、新技术进行了拓展性介绍。对其他教材中介绍较多的非主流技术及辅助性的设备进行了大幅度的缩减。删减的内容主要是有关热平衡试验、燃烧调整试验、制粉系统的部分辅助设备及制粉系统选型、复杂循环回路的可靠性计算、对流受热面高温积灰、燃烧污染物排放及控制技术、锅炉运行等方面的内容。此外，本教材删去了大部分热力计算线算图，因同样的图表，在锅炉原理课程设计指导书中均有详细的介绍。通过对教学内容的整合缩减，在保证基本理论体系的前提下，使教材的篇幅得以大幅的减少，这样学生容易抓住重点，提高学习效率。

全书共分为七章，由中国计量大学闫志勇教授编写。浙江大学方梦祥教授对书稿进行了全面而详细的审阅并提出了许多中肯的富有建设性的意见，在此对方梦祥教授致以真诚的谢意！

限于编者水平，书中不足之处在所难免，恳请读者批评指正。

编 者

2020年4月

目 录

前言
第一章 锅炉设备概述 …… 1
第一节 锅炉及其工作过程 …… 1
第二节 锅炉的分类及主要技术指标 …… 2
第三节 锅炉技术发展概况 …… 4
第二章 锅炉燃料、燃烧计算及煤粉制备 …… 7
第一节 煤的成分及相关特性 …… 7
第二节 煤的分类及煤粉性质 …… 13
第三节 燃料燃烧计算及烟气分析 …… 18
第四节 锅炉热平衡 …… 26
第五节 磨煤机 …… 36
第六节 制粉系统 …… 43
第三章 燃烧理论基础与燃烧设备 …… 52
第一节 燃烧化学反应动力学基础 …… 52
第二节 旋流射流和旋流燃烧器 …… 57
第三节 直流射流和直流燃烧器 …… 63
第四节 煤粉气流的着火 …… 74
第五节 煤粉炉的炉膛 …… 79
第四章 锅炉受热面 …… 84
第一节 蒸发受热面与汽包 …… 84
第二节 过热器和再热器系统 …… 91
第三节 过热器、再热器汽温调节 …… 100
第四节 省煤器 …… 106
第五节 空气预热器 …… 110
第五章 锅内过程 …… 116
第一节 汽、液两相流动与传热过程及其基本参数 …… 116
第二节 自然循环原理及循环安全性 …… 126
第三节 强制流动蒸发受热面水动力特性 …… 134
第四节 热偏差 …… 140
第五节 蒸汽污染及携带 …… 147
第六节 汽水分离与蒸汽净化 …… 153
第六章 锅炉受热面外部工作过程 …… 157
第一节 水冷壁的结渣与高温腐蚀 …… 157

第二节　高温对流受热面的积灰与腐蚀…………………………………………………………………… 161
第三节　尾部受热面的磨损…………………………………………………………………………… 164
第四节　尾部受热面的积灰…………………………………………………………………………… 167
第五节　尾部受热面的低温腐蚀……………………………………………………………………… 171
第七章　锅炉机组传热计算及设计布置………………………………………………………………… 174
第一节　炉内辐射传热计算方法……………………………………………………………………… 174
第二节　对流受热面传热计算………………………………………………………………………… 182
第三节　半辐射受热面传热计算简介………………………………………………………………… 193
第四节　电站锅炉的设计布置………………………………………………………………………… 195
参考文献……………………………………………………………………………………………… 206

第一章　锅炉设备概述

第一节　锅炉及其工作过程

锅炉是将燃料的化学能转变为水或蒸汽热能的一种复杂的大型换热设备。火力发电厂电能生产过程需要经历多次能量转换，即首先由锅炉将燃料燃烧释放的化学能通过受热面传递给水进行加热、蒸发、过热，进而转变为蒸汽的热能；再由蒸汽推动汽轮机的转动叶轮高速旋转而转变成轮轴的机械能，然后由汽轮机带动发电机转动将机械能转变为电能。锅炉是实现以上多个能量转换过程的基础设备，也是最重要的动力设备。其工作过程主要由以下几个步骤组成：

（1）原煤破碎、干燥与煤粉磨制、输送、燃烧；

（2）空气加热、燃烧配风；

（3）锅炉给水由省煤器受热面加热升温，然后由蒸发受热面（水冷壁）吸热将给水转变为汽水混合物（或直接转变为蒸汽），再由过热器受热面将蒸汽进一步加热到过热状态；

（4）排渣、除尘、烟气排放。

以上过程，通俗来讲可以看成三个系统，即煤灰系统、风烟系统和水汽系统的联合工作过程。

如图 1-1 所示，煤从原煤斗 1 落下，经过给煤机 2 落入磨煤机 3 磨成煤粉，然后送入燃烧器 6 喷入炉膛 7 燃烧，形成的灰少部分以渣的形式落入排渣室 20，大部分以飞灰形式流

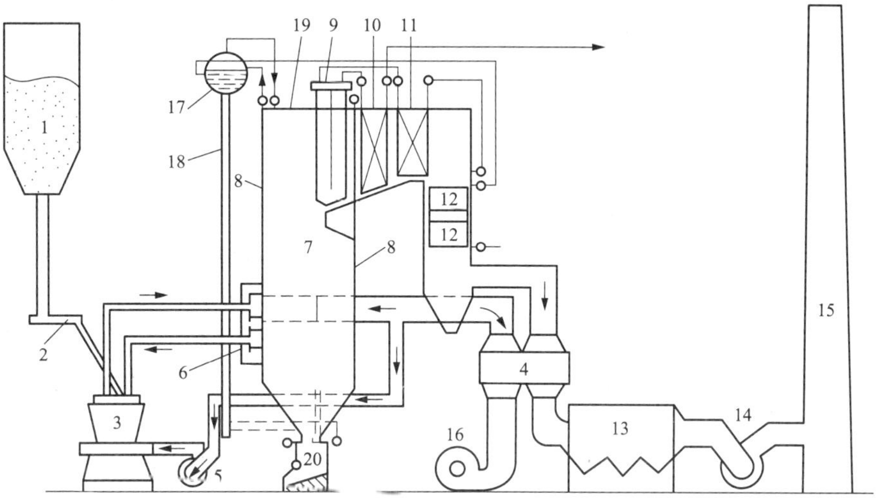

图 1-1　锅炉机组示意

1—原煤斗；2—给煤机；3—磨煤机；4—空气预热器；5—排粉风机；6—燃烧器；7—炉膛；8—水冷壁；9—屏式过热器；10—高温对流过热器；11—低温对流过热器；12—省煤器；13—除尘器；14—引风机；15—烟囱；16—送风机；17—锅筒（汽包）；18—下降管；19—顶棚过热器；20—排渣室

经受热面9、10、11、12、4进入除尘器13，进行捕集，然后较清洁的烟气由引风机14排入烟囱15，这就是煤灰系统的工作过程。

煤粉的燃烧离不开空气，同时进入磨煤机的原煤也需要干燥，磨好的煤粉还需要空气吹送到燃烧器，因此，空气由送风机16送入空气预热器4加热，然后分两路，一路直接送入炉膛7（或燃烧器6）用来助燃，另一路送入磨煤机3用以干燥原煤和吹送磨细的煤粉进入燃烧器6，燃烧器6负责组织煤粉和空气混合并燃烧，生成的烟气流经受热面8、9、10、11、12、4，进入除尘器13除尘后经引风机14排入烟囱15，这就是风烟系统的工作过程。

水汽系统主要由汽包和各个受热面组成，负责吸收烟气中蕴含的热量，其中汽包17是最重要的设备，是连接锅炉加热、蒸发、过热三个系统的中枢。首先，汽包中的水经过下降管18，送入锅炉的水冷壁8进行加热，产生的汽水混合物再送回汽包进行汽水分离，分离后的水重复上述过程，而分离后的蒸汽则经过顶棚管过热器19送入低温对流过热器11，再流经屏式过热器9、高温对流过热器10，然后离开锅炉送入汽轮机做功。做功后的凝结水再送回到锅炉的省煤器12，经加热后，打入汽包与原锅水混合，如此进行不断地循环。

锅炉机组的组成分为两部分，即本体设备和辅机设备，本体设备包括炉膛、燃烧器、空气预热器、省煤器、水冷壁、锅筒（汽包）或启动用汽水分离器、过热器、再热器等，辅机设备包括给煤机、磨煤机、送风机、引风机、给水泵、吹灰器、碎渣机、除尘器、灰浆泵等。

第二节　锅炉的分类及主要技术指标

一、锅炉的分类

锅炉单位时间内产生合格过热蒸汽的质量称为锅炉容量，以t/h表示。过热蒸汽的温度、压力是锅炉的主要参数，也是锅炉进行分类的参考依据之一。锅炉的分类方法有很多种，根据研究问题和工业应用的不同着眼点，可以进行多种分类，下面介绍几种常用的分类方法。

(1) 按锅炉用途分类，分为电站锅炉（发电）、工业锅炉（工业生产工艺用汽或供暖热水锅炉）、民用采暖或供热。

(2) 按锅炉容量分类，分为大、中、小型锅炉。这类分法具有很强的相对性，随着科技发展和技术进步，以往的大型锅炉已经变为中型或小型锅炉，目前大致认为1000t/h及以上容量的为大型锅炉，400～670t/h的为中型锅炉，400t/h以下的锅炉为小型锅炉。

(3) 按蒸汽压力分类，分为低压（$p<2.5$MPa）、中压（$p=3.9$MPa）、高压（$p=10.8$MPa）、超高压（$p=14.7$MPa）、亚临界压力（$p=16.8\sim18.6$MPa）、超临界及超超临界压力（$p=25\sim40$MPa）。

(4) 按燃烧方式分类，分为火床炉、煤粉炉（四角燃烧、对冲燃烧、W火焰燃烧）、旋风炉、流化床锅炉。

(5) 按蒸发受热面工质循环方式分类，分为自然循环锅炉、强制循环锅炉、直流锅炉、低倍率或复合循环锅炉，工作原理如图1-2、图1-3所示。

(6) 按锅炉本体结构，可分为火管锅炉和水管锅炉两种。

火管锅炉分为立式锅炉（立式横水管火管锅炉、立式横火管锅炉、立式双回程火管锅

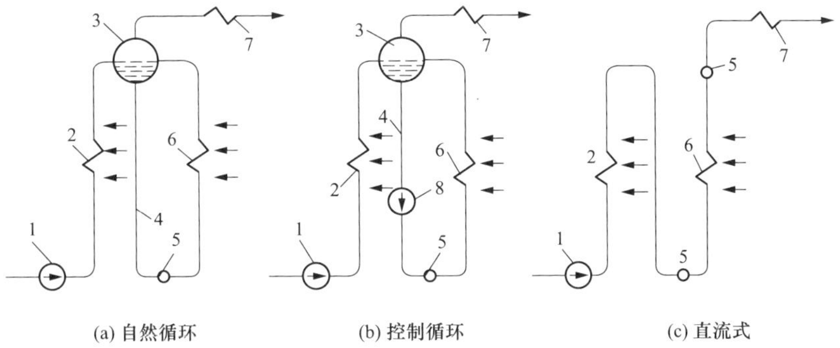

图 1-2　蒸汽锅炉蒸发部分的几种形式

1—给水泵；2—省煤器；3—锅筒（汽包）；4—下降管；5—联箱；6—蒸发管；7—过热器；8—强制循环泵

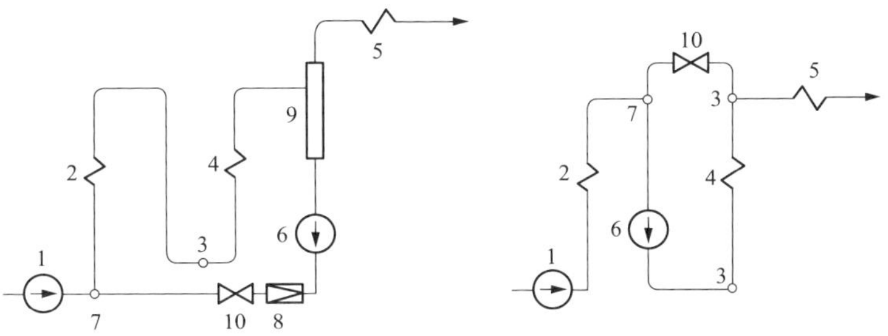

图 1-3　低倍率及复合循环系统

1—给水泵；2—省煤器；3—联箱；4—蒸发管；5—过热器；6—强制循环泵；7—混合器；8—止回阀；9—汽水分离器；10—调节阀

炉、立式弯水管火管锅炉）和卧式锅炉（卧式单炉胆锅炉、卧式双炉胆锅炉、卧式内燃多回程锅炉、卧式外燃回火管锅炉）。

水管锅炉分为横水管锅炉、立式横直水管锅炉、分联箱直水管锅炉、竖水管锅炉、双锅筒纵置式弯水管锅炉、双锅筒横置式锅炉、三锅筒弯水管锅炉、单锅筒人字形水管锅炉。

二、锅炉的主要技术指标

1. 安全可靠性指标

电力生产必须以安全性为首要目标，一般常用的安全可靠性指标有：

(1) 连续运行小时数＝两次停炉（维修）之间的运行小时数

(2) 事故率＝事故停运小时数 /(总运行小时数＋事故停运小时数)×100%

(3) 可用率＝(运行总时数＋备用时数)/ 统计期间总时数×100%

统计时一般以一年为一个周期。连续运行小时数越多，事故率越低，可用率越高，就表示锅炉工作越可靠。一般要求电厂锅炉的连续运行小时数在 5000 以上，可用率超过 90%。

2. 经济性指标

锅炉的经济性指标最常用的是锅炉效率，它是指单位时间工质的有效利用热量占锅炉机组的输入总热量的百分比。

$$\eta_b=\frac{锅炉有效利用热}{锅炉输入热}\times 100\%$$

现代火力发电厂的锅炉效率一般在90%～92%以上，超临界及超超临界压力锅炉效率已经达到94%以上。

3. 环保指标

燃煤电厂是煤炭消耗的大户，其消耗的煤炭量约占全国煤炭总消耗量的50%以上，是粉尘和常见气态污染物的主要排放源。因此，电站锅炉排放的烟气必须经过严格的处理后才允许排入大气。目前，除二氧化碳和重金属污染物尚不具备可靠的工业处理手段外，其余的主要污染物如粉尘、氧化硫、氮氧化物等都可以通过相应的措施进行有效的处置。高效除尘设备的除尘效率可达99%，脱硫设备的效率也可达到95%以上，脱硝效率根据所采用的技术不同，也可在50%～90%之间选择。

第三节　锅炉技术发展概况

锅炉技术发展的动力是工业生产的需要和科学技术的进步。产业革命前夕的1872年，英国人首先创造了锅炉，并用它来产生动力及生产蒸汽。当时的锅炉近似于圆筒形，构造极为笨重简单，产生的蒸汽量有限，压力不高，燃烧方法简单，热效率低。后来，由于工业生产的发展，要求增大锅炉容量，提高蒸汽压力和温度，锅炉的形式和构造也相应地得到了发展。从锅炉的发展史来看，锅炉形式的发展可归纳为两个方向。一个方向是在圆筒形锅炉的基础上，在圆筒内部增加受热面积。开始是在一个大圆筒内增加了一个火筒，在火筒中燃烧燃料。后来发展为两个火筒。接着，从火筒发展到很多小直径的烟管，这时可在烟管外燃烧燃料（纯烟管式）或仍在火筒中燃烧燃料（火筒-烟管式）。这种锅炉因为燃烧后的烟气在管中流过，所以通称为火管式锅炉。

另一个方向是增加圆筒外部的受热面积，即增加水筒的数目，燃料在筒外燃烧。和火管式锅炉的发展相似，水筒的数目不断增加，发展成为很多小直径的水管。这些锅炉因为水在管内流过，所以统称为水管式锅炉。

从下面列出曾经出现过的各种锅炉形式，可以清楚地看出锅炉形式的发展过程。

（1）火管式锅炉
- 火筒式锅炉　单火筒式→双火筒式
- 火管式（或烟管式）锅炉
  - 火筒-火管式
  - 火管-水管式

（2）水管式锅炉
- 自然循环锅炉
  - 直水管锅炉：整联箱式→分联箱式
  - 弯水管锅炉：多锅筒式→水冷壁式（单锅筒或双锅筒）
- 强制循环锅炉
  - 多次强制循环锅炉（辅助循环锅炉）
  - 低倍率循环锅炉
- 直流锅炉（包括超临界压力复合循环锅炉）

锅炉开始时主要是沿着上述第一个方向即增加圆筒内部受热面积的火管锅炉发展的，火管式锅炉发展简况如图1-4所示。

火管式锅炉受热面积少、容量小、工作压力低、金属耗量大、锅炉效率低。并且由于水容积大，如发生受热面金属损裂、爆破等情况，易发生爆炸危险。因此，这种类型的锅炉，显然不能适应后来单台容量加大，汽压、汽温日益增长的电站动力的要求，所以此种锅炉目前在电站中早已不再使用。但因它的构造（包括燃烧设备）较简单，水及蒸汽容积大，对负荷变动适应性较好，对水质的要求比水管式锅炉低，维修也较方便，因此在一些小型企业和生活取暖等场合，还有少量的应用。目前的火管式锅炉在具体结构、制造工艺、工作性能以及自动化程度等方面早已有了质的飞跃。

火管式锅炉限制了锅炉蒸汽参数及容量的继续提高。19 世纪中叶，锅炉开始沿第二个方向，即水管式锅炉发展。水管式锅炉为继续提高锅炉容量和参数创造了条件。

水管式锅炉发展的初期为直水管型，如图 1-5 所示。直水管锅炉的特点是汽水系统缺乏弹性，管子联箱等受热部件膨胀受限制时易损坏受压部件；沸腾管束倾斜度小，汽水循环不良，工作不可靠；联箱上手孔多，制造费时，金属耗量大，易发生泄漏。因此这种锅炉的工作压力仍不易提高，容量亦受限制，因之现时已很少应用。但由于这种锅炉易于制造，易于清理水垢，在国外中小容量锅炉中还有采用。

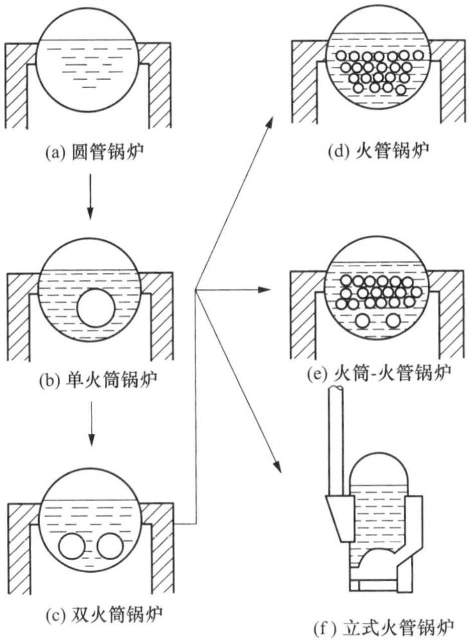

图 1-4 火管锅炉发展简图

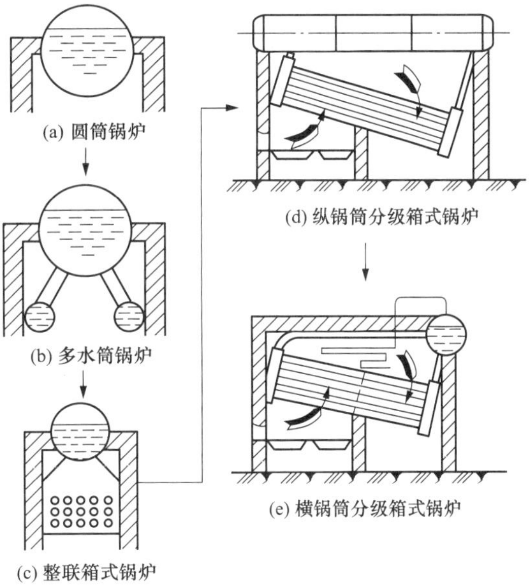

图 1-5 直水管锅炉发展简图

在 20 世纪初期，一些工业国家的蒸汽动力发电站向中参数发展，由于直水管锅炉不能很好地满足这个要求，于是出现了弯水管锅炉，它的发展简况如图 1-6 所示。此时，制造工艺及水处理技术水平已能解决采用弯水管锅炉的困难。弯水管式锅炉开始时采用多锅筒式，以保证有足够多的受热面和较大的蓄水容积。因此，金属耗量大，优点并不显著。虽然如此，弯水管锅炉却是锅炉发展史上一大进步。

随着生产发展的需要和材料、制造工艺、水处理技术以及热工控制技术等方面的进步，锅炉技术水平也得到很快提高。特别是水冷壁式锅炉的出现、过热器及省煤器的应用以及锅筒内部分离元件的改进，锅炉向着减少锅筒的数目、节约金属、提高锅炉热效率以及提高容

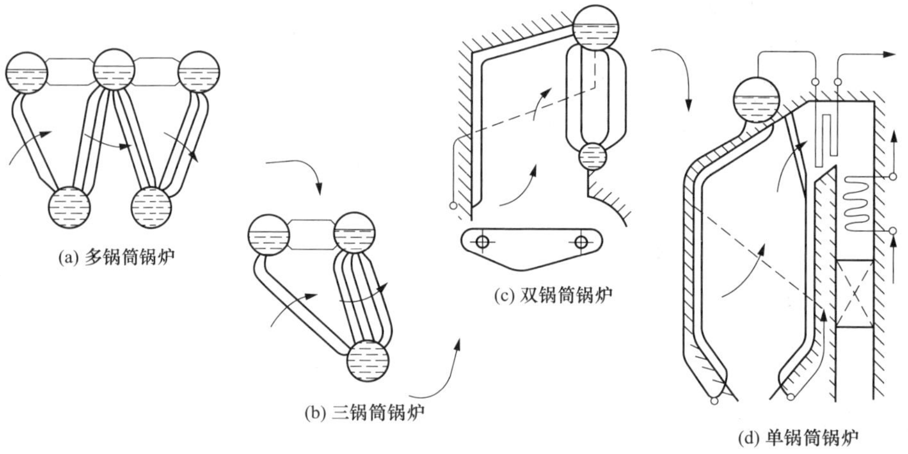

图 1-6 弯水管式锅炉发展简图

量和参数的方向发展。到 20 世纪 30 年代，已广泛应用中参数（2～4MPa，385～450℃）、中等容量（6～25MW）的水冷壁式弯水管锅炉，使锅炉走向近代化的道路。随后，尤其是第二次世界大战以后，锅炉工业发展很快，20 世纪 40 年代开始应用高参数大容量锅炉（如 10MPa、≥510℃、50MW），20 世纪 50 年代开始采用超高参数（如≥14MPa、540～570℃）大容量（100～200MW）锅炉，20 世纪 60 年代开始采用配 200～600MW 汽轮发电机组的亚临界参数（17～18MPa，540～570℃）锅炉，20 世纪 80 年代，最大的单台自然循环锅炉的容量已达 850MW。目前世界上最大的单台锅炉为美国的 1300MW 超临界压力强制循环锅炉。我国目前已能够制造出单台容量 1000MW 的强制循环锅炉。

促进锅炉发展的另一些主要因素为：

（1）节约燃料。提高蒸汽温度和压力的目的，主要就在于提高电站效率，节约燃料消耗量。由上述可见参数提高对锅炉类型发展有多么深刻的影响。为了提高锅炉本身的热效率，必须改善燃烧、降低锅炉的排烟温度等。特别是为了解决劣质燃料的经济燃烧，出现了多种燃烧方式和炉子形式。并由于降低排烟温度和提高空气温度而出现了省煤器和空气预热器等。

（2）节约材料。节约锅炉自身及电站厂房建筑材料，特别是金属材料，这是影响锅炉形式的另一个主要因素。例如减少锅筒数目、水冷壁式锅炉的出现、用小直径管子等都是出于这一目的，甚至直流锅炉的采用也包含着这一因素。增大锅炉的单台容量，在降低金属耗量方面有很大作用，这是锅炉向大容量发展的一个主要原因。

（3）提高可靠性。由上述可知，一些老式锅炉，如联箱式锅炉的淘汰，主要是由于结构弹性差，易受应力破坏，水循环不良，易使水管过热爆管，等等。又如近代大容量锅炉，多采用亚临界压力，温度多采用 540℃，也主要是考虑到工作可靠性的问题。

为了提高锅炉工作的经济性和可靠性，还应尽力提高锅炉的机械化和自动化水平，这往往也引起锅炉结构的相应变化。

上述种种因素的影响和要求，往往彼此发生矛盾。应根据我国的能源、材料和技术发展的方向，按照我国的经济建设方针，在保证锅炉可靠生产的前提下，为降低锅炉金属消耗量和提高锅炉的热效率而采用各种新技术，设计制造各种新型锅炉。

第二章　锅炉燃料、燃烧计算及煤粉制备

通过燃烧释放热能的可燃物质称为燃料。燃料的种类和特性对锅炉的安全经济运行、锅炉设计和燃烧器形式等有重要的影响。根据燃料在自然界所处的状态可将燃料分为固体燃料、液体燃料和气体燃料。固体燃料主要以煤为主，液体燃料以原油、重油和渣油为主，气体燃料以煤气和天然气为主，根据获得燃料的方法，可将直接从自然界取得未经工艺加工的燃料称为天然燃料，如原煤、原油及天然气。而经过工艺加工后获得的木炭、焦炭和石油制品则称为人工燃料。

根据用途将用于炼焦、锻造和化工的焦结性好、含杂质少的燃料称为工艺燃料，对不适于做工艺燃料的锅炉燃用燃料称为动力燃料。我国的燃料构成状况决定了电站锅炉用燃料主要以煤为主，况且主要是发热量较低、水分灰分较大的劣质煤。因此本书对于锅炉用燃料将主要介绍煤，有关气体和液体燃料的相关知识可参考其他文献[1]、[2]、[6]、[8]、[19]。

煤是由多种有机物质和无机物质混合组成的复杂的固体碳氢燃料。它是远古植物遗体随地壳的变动被埋入地下，长期处在地下温度、压力较高的环境中，植物中的纤维素、木质素经脱水腐蚀，含氧量不断减少，碳质不断增加，逐渐形成化学稳定性强、含碳量高的固体化合物。由于埋入地下的深度和时间不同，地质作用的强弱不同，就形成了不同的煤种，在电站锅炉技术领域中，一般可根据煤中所含挥发分的比例和含碳量的大小，将煤分成不同的类别，以利于锅炉设计和运行管理。

第一节　煤的成分及相关特性

一、煤的元素分析与工业分析

煤的分子结构十分复杂，它是由有机成分与无机成分组成的混合物。为了研究与应用的方便，一般在实际工作中采用元素分析和工业分析两种方法来确定煤中物质的百分含量。

元素分析方法，一般是通过燃烧手段，设法测出燃烧生成物中主要组成元素的含量，或加入某种化合物使被测成分转化为易于测定的物质而得到预期结果。由于工作量大测定参数多，一般情况下不具备条件进行测定，因此工业分析的方法得到了更广泛的应用。所谓工业分析方法是在一定条件下将煤样进行干燥、加热、燃烧，以测定煤中水分、挥发分、固定碳和灰分的含量。需要注意的是：工业分析组成并不是煤的原始成分组成，它是为了研究问题方便而采取的一系列人为操作后得出的一些类似于中间产物的成分。通过工业分析的结果，可以了解煤在燃烧时的某些特性。

由于煤中的各种有机、无机化合物成分在转化过程中呈现出易分解的不稳定特性，因此采用元素分析的方法，无法准确测定出煤中的各种化合物的含量，只能得到的煤中主要元素成分，即碳（C）、氢（H）、氧（O）、氮（N）、硫（S）的含量。虽然煤的元素组成并不能表明煤中所含的是何种化合物，也不能充分确定煤的性质。但是，元素组成的数据可以间接

地帮助我们了解煤的化学性质。元素组成的变化往往代表着煤化程度的深浅，随着煤化程度变深，碳含量逐渐增加，而挥发性的气态物质含量则呈现出不同程度下降，此外煤的元素组成是燃烧计算的依据。

为了进行燃料的燃烧计算和了解煤的某些特性，常将燃料的成分分为碳（C）、氢（H）、氧（O）、氮（N）、硫（S）、水分（M）和灰分（A），其含量以质量百分数表示：

碳。碳是煤中含量最多的可燃元素，其含碳量范围一般在40%～70%之间，是煤发热量的主要来源，每千克碳完全燃烧时可放出约32866kJ的热量。煤中部分碳与氢、氧、硫等结合成挥发性有机化合物，其余部分则呈单质状态，称为固定碳。固定碳的着火温度很高，接近于纯碳。因此煤中固定碳的含量愈高，燃料的着火与燃烧就越困难。但总的来说，还是希望碳的含量多些为好。

氢。煤中的氢含量一般介于3%～6%之间。氢的发热量很高，每千克氢燃烧可放出约1.2×10^5kJ的热量（燃烧产物为水蒸气时），约为碳的4倍。煤中氢的存在方式有两种，一是以水分子的方式存在，不能燃烧；而另一种存在方式是作为有机物的一部分，加热时可挥发出氢气或各种碳氢化合物，这些挥发性的气体较易着火和燃烧。氢是煤中发热量最高的元素，其含量越高对燃烧越有利。

氧。氧是煤中的不可燃成分，可看成是燃料的内部杂质。其含量差别很大，年代浅的煤中含氧量可高达40%左右。随着煤化程度的提高，氧含量逐渐减少。氧虽部分可起到助燃作用，但总体上降低了可燃物含量。

氮。氮也是不可燃成分，含量一般为0.5%～2.0%，氮在燃烧时会或多或少地转化为氧化氮（NO_x），造成环境污染，因此是煤中的有害成分。

硫。硫的含量一般低于2%，但个别煤种也可能达到10%，每千克硫完全燃烧时可放出热量9020kJ，远低于碳的放热量，但其燃烧产物SO_2会对大气造成严重的破坏。煤中的硫以有机硫、黄铁矿硫和硫酸盐三种方式赋存，硫酸盐是灰分。

水分。将按照相关标准（一般按照国家标准）制备的煤样在102～105℃条件下干燥到恒重，失去的重量就是水分，也称为全水分。水分含量对于不同的煤种有不同的数值，一般在2%～60%。总体规律是，随着地质年代的增加，水分逐渐减少。此外煤的水分含量还与其开采方法、运输和储存条件等因素有关。

煤中的水分一般可分为外在水分和内部水分。一般把在空气中经自然干燥而失去的水分，称为外部水分或表面水分。剩余的水分称为内部水分或固有水分。内部水分必须把煤加热到102～105℃才能除去。外部水分与内部水分之和称为全水分。

当进行煤的试验分析时，在实验室里要先把煤在规定的温度和相对湿度下进行自然干燥，干燥后煤样所含有的内部水分，称为分析水分。

灰分。将煤样在空气中加热到(815±10)℃灼烧2～4h后（一般灼烧2h称为快速灰化法，灼烧4h称为缓慢灰化法）的剩余产物就是灰分，它是燃料完全燃烧后形成的固体残渣，其主要成分由可形成酸性氧化物的硅、铝、钛等元素形成的化合物和可形成碱性氧化物的铁、钙、镁、钠、钾等元素组成的化合物组成。各种煤的灰分含量差别很大，一般为10%～50%。煤中灰分含量也像水分一样，与煤的开采方法、运输和储存条件等因素有关。

二、煤中某些成分对锅炉工作的影响

1. 硫分

煤中的硫分在燃烧后生成产物一般有三种形式，一种是占总量绝大多数比例的 SO_2，约占 90%以上；第二种情况是在一定条件下，部分 SO_2 可氧化成 SO_3；第三种情况是燃料在燃烧时，其中部分硫分在高温火焰核心区局部严重缺氧的条件下会生成活性硫化氢气体 H_2S。三种产物对锅炉的工作都有不同程度的负面影响。含有二氧化硫的烟气排入大气后，对人和动植物都有害；三氧化硫会与水蒸气结合形成硫酸蒸汽，在适当的温度条件下，硫酸会凝结在受热面管壁上，对金属形成强烈腐蚀；而硫化氢气体会对高温水冷壁产生严重腐蚀，特别是对于被燃烧火炬直接冲刷的水冷壁管，这种腐蚀尤其严重。此外，燃烧固体和液体燃料时，在一定的条件下会发生过热器管子的高温腐蚀，而烟气中有氧化硫存在时，会与灰中的钙化合物形成低熔点的硫酸盐共晶体，使管壁表面处于融化状态，从而形成电化学腐蚀，大大加快了腐蚀速度。

燃料中的硫化铁，质地坚硬，不易研磨，在煤粉制备过程中会加剧磨煤机部件的磨损。因此一般在燃煤进入磨煤机之前或煤粉制备过程中，可利用它密度大的特点通过洗煤、选煤等机械方法将其分离出去。

2. 灰分

固体燃料的燃烧是从表面开始的，故灰分在燃烧时容易形成一层“灰衣”，阻碍燃料与空气的进一步接触，延缓燃烧速度，并使燃烧不完全。灰分含量的增加，将使得灰分带出炉子的热量增加，从而增加了燃烧热损失。此外灰分含量大，标志着可燃成分的百分含量降低，燃料品质下降。多灰的劣质煤往往着火困难，燃烧不稳定。

燃料中灰分的存在，不但是炉膛发生结渣、对流受热面积灰以及磨损的根本原因，还是造成大气和环境污染的重要原因。

3. 水分

与灰分一样，燃料中水分含量的增加会挤占可燃成分的百分比，降低燃料品质；由于水的热容量很大，因此，水分含量增加会显著降低燃烧温度，不利于燃料着火和燃烧，同时排出锅炉的烟气也会带走更多的热量，造成排烟热损失增大，使锅炉效率降低。不仅如此，生成的水蒸气还增加了烟气体积，使引风机的工作负荷增加，耗电量增大。除以上不良影响外，水分还为低温受热面腐蚀创造了外部条件。水分多的燃煤还会造成原煤仓、给煤机和落煤管堵塞，以及磨煤机出力下降等问题。

4. 挥发分

将失去水分的煤样置于隔绝空气的电阻炉中加热至 (900±10)℃，失去的重量就是挥发分，它是煤中有机质分解析出的产物，主要包括各种碳氢化合物、氢、一氧化碳、硫化氢等可燃气体，以及少量的氧、二氧化碳、氮等不可燃气体。

挥发分含量的高低对锅炉的工作有很大的影响，是燃料燃烧的重要特性。与纯碳和焦炭相比，挥发分着火温度要低得多，再加上挥发分析出后，燃料表面呈多孔性，使得氧气与燃料的接触面积大幅度增大，因此，挥发分含量大小对煤的着火、燃烧和燃尽有着重要的影响。挥发分含量大的煤容易着火、燃烧也较易于燃尽，燃烧热损失少。而挥发分含量小的煤着火困难，也不容易燃烧完全。

煤中挥发分含量的大小与煤的碳化程度深浅呈反向相关关系，即挥发分含量随煤的碳化程度的提高而减少，这一性质使得挥发分含量成为对煤进行分类的重要依据之一。

值得注意的是，挥发分并不是一种固定不变的单一物质，不同的煤种，其所含的挥发分性质以及从煤中开始析出的温度具有很大的不同。碳化年龄较短的褐煤，在较低温度下（<200℃）就可迅速放出挥发分，而且褐煤的挥发分发热量低到只有 17 000kJ/kg；而碳化程度较高的烟煤，开始析出挥发分的温度就高一些，碳化程度更高的贫煤和无烟煤要在400℃以上才开始析出挥发分，其挥发分的发热量可达 71 000kJ/kg。

三、成分基准及其换算

煤中的 C、H、O、N、S 成分取决于煤的地质年龄，相对比较稳定。但水分和灰分的含量会随外界条件而变化，如此影响到其他成分的百分含量也将随之变化。因此为了在不同场合下研究问题的方便和准确性，需要采用不同的成分组合方式，这样在说明煤中各种成分的百分含量时，就有不同的数值，所以必须同时注明百分数的基准。常用的基准有以下几种。

1. 收到基

以进入锅炉房的原煤为 100%得到的百分组成为收到基组成，以下标“ar”表示。

$$C_{ar} + H_{ar} + O_{ar} + N_{ar} + S_{ar} + A_{ar} + M_{ar} = 100\% \quad (2\text{-}1)$$

由于收到基是最接近于真实工作状况下的基准，因此在锅炉热力计算中，均采用收到基成分基准。此外，收到基还大多用于表示原煤的水分。

2. 空气干燥基

以经过自然干燥，去除了外部水分后的煤为 100%得到的成分组成为空气干燥基，以下标 ad 表示。

$$C_{ad} + H_{ad} + O_{ad} + N_{ad} + S_{ad} + A_{ad} + M_{ad} = 100\% \quad (2\text{-}2)$$

空干基成分常用来进行实验室条件下的分析水分的表示，或内部水分的表示。

3. 干燥基

干燥基是指以去除了全部水分后的煤为 100%得到的成分组成，以下标 d 表示。

$$C_d + H_d + O_d + N_d + S_d + A_d = 100\% \quad (2\text{-}3)$$

由于煤中含量变化最大的两个成分是水分和灰分，而水分含量的变化，对干燥基的成分含量没有影响，因此可用干燥基成分表示灰分的含量，这样将得到很高的准确度。

4. 干燥无灰基

去除了全部水分、灰分后的煤为 100%，得到的成分称为干燥无灰基，以下标“daf”表示。

$$C_{daf} + H_{daf} + O_{daf} + N_{daf} + S_{daf} = 100\% \quad (2\text{-}4)$$

由于去掉了影响最大的水分和灰分，因此干燥无灰基最适于表示煤的有机物中各种元素成分和挥发分含量的大小。

不同基准之间的换算系数列于表 2-1 中，这些换算系数是根据质量守恒原理通过比例运算得到的。

表 2-1　不同基准之间的换算系数

已知 \ 所求	收到基	空气干燥基	干燥基	干燥无灰基
收到基	1	$\frac{100-M_{ad}}{100-M_{ar}}$	$\frac{100}{100-M_{ar}}$	$\frac{100}{100-M_{ar}-A_{ar}}$
空气干燥基	$\frac{100-M_{ar}}{100-M_{ad}}$	1	$\frac{100}{100-M_{ad}}$	$\frac{100}{100-M_{ad}-A_{ad}}$
干燥基	$\frac{100-M_{ar}}{100}$	$\frac{100-M_{ad}}{100}$	1	$\frac{100}{100-A_{d}}$
干燥无灰基	$\frac{100-M_{ar}-A_{ar}}{100}$	$\frac{100-M_{ad}-A_{ad}}{100}$	$\frac{100-A_{d}}{100}$	1

四、燃料的某些特性

1. 发热量

单位质量或容积（液体或气体）的燃料完全燃烧时所放出的热量，称为燃料的发热量（或称热值）。根据燃料燃烧产物中水的形态变化情况，燃料的发热量分为高、低两种发热量，高位发热量包括了燃烧产物中全部水蒸气凝结所放出的汽化潜热。在一般的锅炉排烟温度（110～160℃）和烟道压力（略低于大气压力）下，烟气中的水蒸气通常不会凝结，这种情况下燃料燃烧所放出的热量称为低位发热量。两者的关系为

$$Q_{net,ar}=Q_{gr,ar}-2500\left(\frac{9H_{ar}}{100}+\frac{M_{ar}}{100}\right)=Q_{gr,ar}-25(9H_{ar}+M_{ar}) \quad (2\text{-}5)$$

式中　$Q_{net,ar}$、$Q_{gr,ar}$——燃料收到基的低位、高位发热量，kJ/kg；

H_{ar}、M_{ar}——燃料收到基的氢和水分，%；

2500——水的汽化潜热，kJ/kg。

值得指出：上述热量的单位 kJ（千焦）是国际单位制中的表述。在很多历史资料和文献中，往往采用工程单位制中的 kcal（千卡）表示热量的单位，千卡与千焦的换算关系为 1kcal=4.186 8kJ。

固体、液体燃料的发热量，一般用氧弹测热仪测出。没有测量数据时，可采用门捷列夫经验公式来估算：

$$Q_{gr,ar}=339C_{ar}+1256H_{ar}+109S_{ar}-109O_{ar}\ \text{kJ/kg} \quad (2\text{-}6)$$

燃料的每一个具体成分都可以采用不同的基准进行多种描述，因此可从门捷列夫公式看出，不同基准成分的燃料的发热量也不同。相对于同一基准，高、低位发热量之差是燃烧产物中水蒸气的汽化潜热值；对于不同基准的高位发热量之间可以直接按表 2-1 的换算系数进行换算，但不同基准的低位发热量之间却不能直接用换算系数进行换算，只能先转化成高位发热量再用换算系数换算。

2. 折算成分与标准煤

煤中有多个有害成分，它们对锅炉的工作有重要影响，但不同的煤种间如何确定哪个煤中的有害成分对锅炉工作的影响更大呢？这时就需要统一标准，统一尺寸。而折算成分的引入就是为了比较煤中各种有害成分（水分、灰分及硫分）对锅炉工作的影响大小，更好地鉴别煤的性质。规定把相对于每 4187kJ/kg（相当于工程单位制中的 1000kcal/kg）收到基低位发热量的煤中所含的收到基成分（水分、灰分和硫分），称为折算成分（分别称为折算水分、折算灰分和折算硫分）。其计算公式为

$$M_{ar,red}=4187\frac{M_{ar}}{Q_{net.ar}} \tag{2-7}$$

$$A_{ar,red}=4187\frac{A_{ar}}{Q_{net.ar}} \tag{2-8}$$

$$S_{ar,red}=4187\frac{S_{ar}}{Q_{net.ar}} \tag{2-9}$$

式中 $M_{ar,red}$、$A_{ar,red}$、$S_{ar,red}$——燃料的折算水分、折算灰分和折算硫分，%。

如果燃料中的折算成分 $M_{ar,red}>8\%$、$A_{ar,red}>4\%$、$S_{ar,red}>0.2\%$ 时，分别称为高水分、高灰分、高硫分燃料。

在工业统计及应用中，为核算企业能源消耗量，便于比较和管理，需统一燃料消耗量计算的标准，为此引入了“标准煤”的概念（简称标煤）。具体规定是以收到基低位发热量为 29 310kJ/kg 的燃料作为统计标准，称为标准煤。火力发电厂的发电煤耗就是按每发 1kW·h 的电所消耗标准煤的 kg（或 g）数来计算的，这就为燃用不同燃料的发电企业之间的比较提供了标准依据。

3. 灰的熔融性与烧结性

（1）灰的熔融性。

灰的熔融性指的是灰分由固态转化为融化状态时其性质随炉膛温度、炉内气氛等条件的变化特点及理化指标的变化规律。最常用的熔融特性指标是灰熔点，它是指煤灰融化的温度。由于煤灰不是单一的纯物质，因此它也不具备一个确定的熔化温度，而是在一个温度区间内完成融化过程的。关于灰分的熔化温度，目前采用灰锥三角形的试验方法进行测试。具体方法是把灰制成其底部为等边三角形的锥体，底边长 7mm，锥体高 20mm，然后放入刚玉舟内送入管式电炉逐渐加热，通过电炉的观测孔可以对灰锥体的形貌进行观察，然后根据灰锥的状态变化确定三个特征温度来表示灰的熔融性质（见图 2-1）。即变形温度 DT（或 t_1），是指灰锥顶部变圆或开始倾斜时的温度；软化温度 ST（或 t_2），是指锥顶弯至锥底或萎缩成球形时的温度；流动温度 FT（或 t_3），是指锥体呈流体状态能沿平面流动时的温度。

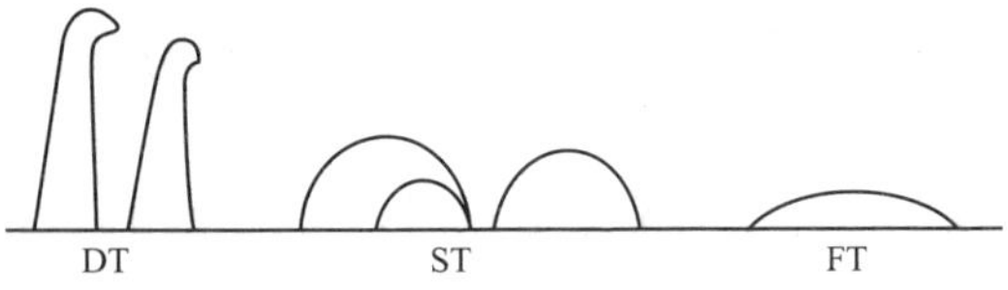

图 2-1 灰椎的状态变化与特征温度

灰的变形和熔融特性，主要与灰的成分以及灰所处的环境气氛有关，一般判定灰的熔融特性对预防炉内受热面及对流受热面结渣具有重要意义。当燃料在炉膛内燃烧时，在高温火焰中心部位，灰分大都处于熔化状态。当这种具有黏性的熔化灰粒冲刷到受热面管子或炉墙时就会黏结上去，造成所谓的结渣现象，影响锅炉的正常运行。当然，对于采用液态排渣的锅炉来说，保持灰渣良好的流动性却是非常重要的。结渣的判别方法很多，除了上述的三个温度外，还可采用碱酸比、硅比、结渣指数等，但每一种判别方法的准确率都不能达到工程需要，往往需要多判据联合使用才可准确判别。实践表明，对固态排渣炉，当灰的软化温度 ST>1350℃时，造成炉内结渣的可能性不大。为了避免炉膛出口处结渣，炉膛出口温度应该至少比 ST 低 50～100℃。

（2）灰的烧结性。

灰分的烧结性是指灰分在高温对流受热面上形成高温烧结性积灰的能力。前面所述的熔融性影响炉膛内的运行工况，而烧结性影响的主要是对流受热面，特别是过热器的高温积灰特性。

影响灰分的烧结性因素有许多，如煤灰成分、烟气成分、温度、烧结时间等，总的来说，灰中的钾和钠的氧化物含量越多，形成烧结灰的能力越强；烟气中所含的二氧化硫可参与过热器生成烧结性积灰的化学过程，并形成低熔点的硫酸盐共晶体，促进高温烧结性积灰的生成，加大烧结性积灰的强度；而温度高、烧结时间长都会使烧结性积灰量和机会点强度增大。

第二节 煤的分类及煤粉性质

一、煤的分类方法

煤的分类是把性质相同或相近的煤归为一类，并可以用统一的指标对一类煤进行综合描述，从而与其他类别的煤加以区别。描述煤种特性的指标，既要能反映煤的自然特性，又要考虑作为资源和能源的煤炭在合理利用时，各种工艺（炼焦、燃烧、气化或液化等）对煤质的要求。

我国发电行业通用的一般分类方法是根据煤化程度把煤分为三个大类：褐煤、烟煤、无烟煤。每一大类中又可细分为若干小类。表 2-2 是目前我国的煤炭分类简表，表中的分类指标，包括煤的干燥无灰基挥发分 V_{daf}、黏结指数 G、胶质层最大厚度 Y、奥亚膨胀度 b、透光率 P_M和恒湿无灰高位发热量 $Q_{gr,maf}$。

表 2-2　　　　中国煤炭分类简表

类别		符号	包括数码	分类指标					
				V_{daf} (%)	G	Y (mm)	b (%)	P_M (%)	$Q_{gr,maf}$ (kJ/kg)
无烟煤		WY	01，02，03	≤10.0					
烟煤	贫煤	PM	11	>10.0～20.0	≤5				
	贫瘦煤	PS	12		>5～20				
	瘦煤	SM	13，14		>20～65				
	焦煤	JM	24 15，25	>20.0～28.0 >10.0～28.0	>50～65 >65	≤25.0	≤150		
	肥煤	FM	16，26，36	>10.0～37.0	>85	>25			
	1/3 焦煤	1/3JM	35	>28.0～37.0	>65	≤25.0	≤220		
	气肥煤	QF	46	>37	>85	>25	≤220		
	气煤	QM	34 43，44，45	>28.0～37.0 >37	>50～65 >35	≤25.0	≤220		
	1/2 中黏煤	1/2ZN	23，33	>20.0～37.0	>30～50				
	弱黏煤	RN	22，32		>5～30				
	不黏煤	BN	21，31		≤5				
	长焰煤	CY	41，42	>37	≤35			>50	
褐煤		HM	51 52					≤30 >30～50	≤24

上述分类方法中，作为主要分类指标的干燥无灰基挥发分 V_{daf} 有几个节点：无烟煤与变质程度最高的烟煤（贫煤）之间的节点为 $V_{daf}=10\%$，即 $V_{daf}\leqslant 10\%$ 为无烟煤，$V_{daf}>10\%$ 的为贫煤。贫煤与普通烟煤之间的节点为 $V_{daf}=20\%$，$V_{daf}>20\%$ 的煤为烟煤，烟煤与褐煤间的节点为 $V_{daf}=37\%$，$V_{daf}>37\%$ 的煤为褐煤。

二、几种主要动力煤的特点

1. 无烟煤

无烟煤黑中发亮，故又名白煤，其挥发分含量 $V_{daf}\leqslant 10\%$，发热量较高，为 21 000～25 000kJ/kg。无烟煤硬度较高，不易研磨，不易发生结焦现象。无烟煤的碳化年龄在所有煤中是最高的，因此含碳量很高，杂质很少，但由于挥发分很少，所以着火困难，燃烧时火焰很短，燃尽也比较困难，也正因如此，无烟煤在储存和运输时一般不会自燃。

2. 贫煤

贫煤的挥发分含量为$10\%\leqslant V_{daf}\leqslant 20\%$，含碳量 $C_{ar}=50\%\sim 70\%$。作为动力燃料，其性质介于无烟煤和烟煤之间。V_{daf} 较低的贫煤，在燃烧性能方面比较接近于无烟煤。贫煤的焦结性大大弱于烟煤，大部分贫煤都表现出质地脆硬，在受热燃烧时，易发生爆裂，这一性质使得贫煤在燃烧时增大了飞溅到炉墙的概率，从而增大了结渣倾向。

3. 烟煤

烟煤的挥发分含量一般为$20\%\leqslant V_{daf}\leqslant 40\%$，含碳量 $C_{ar}=40\%\sim 70\%$，水分和灰分较少，所以发热量也较高。绝大部分烟煤都具有易着火，燃烧快的特点，燃烧火焰比无烟煤长。在电力生产过程中，对于挥发分 V_{daf} 超过 25%的烟煤及其煤粉，一定要防止其制备和储存时发生自燃、爆炸等现象。由于我国的劣质烟煤（多水、多灰）均作为动力燃料使用，因此燃用该类燃料的电厂还要考虑受热面的积灰、结渣和磨损等问题。

4. 褐煤

褐煤是碳化程度最浅的一种动力用煤，其外表呈棕褐色，似木质。一般挥发分 V_{daf} 在 37%以上，着火燃烧都十分迅速。但褐煤的水分和灰分都较高，发热量较低，一般小于 16750kJ/kg。褐煤在储存、运输和制备煤粉的过程中也容易产生自燃爆炸现象。因此，要在设计和运行方面格外加以注意。

除以上四个主要品种的动力用煤外，还有油页岩、泥煤和煤矸石也可作为动力燃料。油页岩是被石油浸润过的一种淡灰色或暗褐色的含油矿石，灰分极高（60%～80%），热值很低（4200kJ/kg 左右），干燥无灰基的成分与石油相似。泥煤是比褐煤地质年代更浅的一种低级煤。煤矸石是采煤时的下脚料，热值低，难燃烧。

三、煤粉的性质

（一）煤粉的一般特性

煤粉是指原煤被破碎成粒径小于 500μm 的微小煤粒的集合体。其中绝大部分煤粉颗粒的粒度都集中在 20～50μm。刚磨好的煤粉堆积密度在 0.4～0.5t/m^3，压紧堆实后堆积密度为 0.7t/m^3。

从原煤破碎成煤粉，性质发生了很大变化，出现了许多必须加以关注的特殊性质。

（1）煤粉的流动性。煤粉颗粒尺寸小，比表面积大，50μm 煤粉颗粒的比表面积可达 90～100m^2/kg。由于煤粉颗粒非常细小，因此颗粒与颗粒间的间隙很大，空气很容易穿过孔隙进入煤粉内部，因此干煤粉能吸附大量空气（如果是湿煤粉，水分会占据颗粒间的空隙），因此，煤粉与空气的混合物可像流体一样具有良好的流动性和很小的堆积角，可以很方便地用管道进行输送，当然也容易通过缝隙向外泄漏，对环境造成污染。当煤粉含有较多水分时，潮湿煤粉流动性差，输送困难，在容器（如粉仓）中会造成煤粉板结、搭桥现象。

（2）煤粉的自然爆炸性。吸附大量空气的煤粉沉积在煤粉管道中，由于缓慢氧化所产生的热量积蓄导致系统温度的逐渐攀升，直到产生自燃甚至爆炸现象。影响煤粉爆炸性的因素有煤的挥发分含量、煤粉浓度、煤粉颗粒尺寸、煤粉水分、煤粉灰分含量、介质中氧的浓度和介质温度等。而挥发分含量对煤粉的爆炸性影响最大，挥发分含量越多，煤粉越容易发生爆炸。当挥发分含量低于14%时，煤粉一般不会发生爆炸；当煤粉浓度很低时（$\mu\leqslant 0.05kg/m^3$），煤粉也不会发生爆炸，在一定范围内，随煤粉浓度提高，爆炸可能性增加；颗粒粗的煤粉，比表面积小，反应性较低，一般来说 $d_p\geqslant 200\mu m$ 的煤粉颗粒也不具备爆炸性；煤粉的爆炸性还随其灰分含量增加而降低。介质中氧的浓度对煤粉爆炸性也有影响。当空气中氧的浓度从21%降低至18%时，煤粉的爆炸性明显降低；当 $O_2\leqslant 15.5\%$时，煤粉不会发生爆燃。系统所处环境的温度对煤粉的爆炸性有重要影响，温度越高，煤粉燃烧反应的活化能越低，煤粉爆炸的危险性越大，因此应严格限制系统的温度水平。

（二）煤粉细度及煤粉颗粒特性

煤粉细度是表示煤粉粗细程度的指标，它是指一定质量的煤粉通过一定尺寸的筛孔进行筛分时，筛子上剩余量占筛分煤粉总量的百分比，即

$$R_x=\frac{a}{a+b}\times 100\% \tag{2-10}$$

式中　a——筛孔上剩余的煤粉质量，g；

b——通过筛孔的煤粉质量，g；

x——筛子的筛号或筛孔的边长，μm。

国内电厂采用的筛子规格及煤粉细度的表示方法示于表2-3中。

表2-3　常用筛子规格及煤粉细度表示方法

筛号（每厘米长的孔数，μm）	6	8	12	30	40	60	70	80	100
孔径（筛孔的内边长） 煤粉细度符号	1000 R_1	750 R_{750}	500 R_{500}	200 R_{200}	150 R_{150}	100 R_{100}	90 R_{90}	75 R_{75}	60 R_{60}

在对煤粉进行比较全面的筛分时，同时需要4～5个筛子，一般情况下选用孔径为75、90、100、150、200μm的筛子，筛孔上剩余的煤粉质量越多，即R_x越大，则表示煤粉越粗。电厂对烟煤和无烟煤的煤粉常用30号和70号两种筛子进行筛分，即以R_{200}和R_{90}表示煤粉细度和均匀度。如果采用一个筛号表示煤粉细度，常用R_{90}。

煤粉是由磨煤机磨细的，由于磨煤机类型各不相同，同一磨煤机工作状况受其他各种条件的影响也很大，因此磨制好的煤粉粒度分布变化很大，也可能很不均匀。一般把全筛分得到的筛分曲线 $R_x=f(x)$ 称为煤粉颗粒组成特性曲线或称全筛分曲线，如图2-2所示。全筛分曲线的作用在于可以直观地比较煤粉的粗细，如图2-2所示三根曲线中，曲线1代表的煤粉较粗，曲线2代表的煤粉更粗，曲线3的煤粉较细。

对于煤粉颗粒的分布情况，一般可以按照下面经验公式（称为破碎公式）加以确定：

$$R_x=100e^{-bx^n} \tag{2-11}$$

式中 R_x——在筛孔尺寸为 x μm 筛子上的筛分余量，%；

b——煤粉细度的系数；

n——煤粉均匀性的指数。

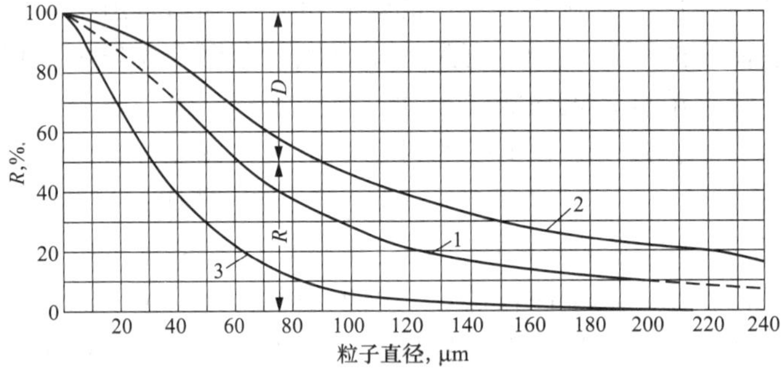

图 2-2 煤粉颗粒组成特性曲线

R—留在筛子上面的煤粉质量占煤粉总质量的百分比；D—通过筛子的煤粉质量占煤粉总质量的百分比

对一定的磨煤设备，在 x=60～200μm 范围内可以认为 n 和 b 为常数。由式（2-11）可导出不同粒径煤粉细度的换算公式，即

$$R_{x2}=100\left(\frac{R_{x1}}{100}\right)^{(x2/x1)^n} \tag{2-12}$$

式中 x_1、x_2——两种不同的孔径。

若已知 R_{200} 和 R_{90}，则可由式（2-11）求得煤粉均匀性指数 n 和细度系数 b 的表达式：

$$n=\frac{\lg\ln\dfrac{100}{R_{200}}-\lg\ln\dfrac{100}{R_{90}}}{\lg\dfrac{200}{90}} \tag{2-13}$$

$$b=\frac{1}{90^n}\ln\frac{100}{R_{90}} \tag{2-14}$$

由式（2-14）可以看出，当 n 值一定，b 大小与 R_{90} 值呈反向相关，因此 b 是反映煤粉细度的系数。由式（2-13）可知，当煤粉细度 R_{90} 相同，n 值增大时，R_{200} 减小，这说明煤粉中大颗粒减少；换个角度，若 R_{200} 相同，n 值增大，则 R_{90} 增多，即煤粉中小于 90μm 的细粉颗粒减少。两种情况都说明了 n 值越大，煤粉颗粒组成越就均匀，即粗粉和细粉都不多。

n 对煤粉均匀性的影响，也可以通过对筛分剩余量随煤粉粒径变化 $\left(-\dfrac{dR_x}{dx}\right)$ 的分布规律进行分析。由式（2-11）对粒径微分可得

$$y=-\frac{dR_x}{dx}=100bnx^{n-1}e^{-bx^n}=R_xbnx^{n-1} \tag{2-15}$$

图 2-3 示出不同 n 值时 y 值随 x 变化的三种情况。

当 $n>1$ 时，随 x 增大，x^{n-1} 将增加，而 e^{-bx^n} 或 R_x 则减小。曲线在某一 x 值范围内有一最大值（此 x 值为 15～25μm），如图中 $n=1.25$ 曲线所示。可见煤粉中细粉和粗粉所占的份额都较小。

当 $n=1$ 时，y 的最大值出现在 $x=0$ 处，然后随 x 值增大，y 值单调下降，且在 x 为

200～360μm 的粗煤粉范围，y 值也较 $n>1$ 时为高，这说明粒径接近 0 的细煤粉含量非常多，而粗煤粉含量也较上一种情况为多，即煤粉均匀性较 $n>1$ 的情况略为变差。

当 $n<1$ 时，可从图上可以看出细粉含量和粗粉含量都将增大，也就是说煤粉的均匀性会变得更差。

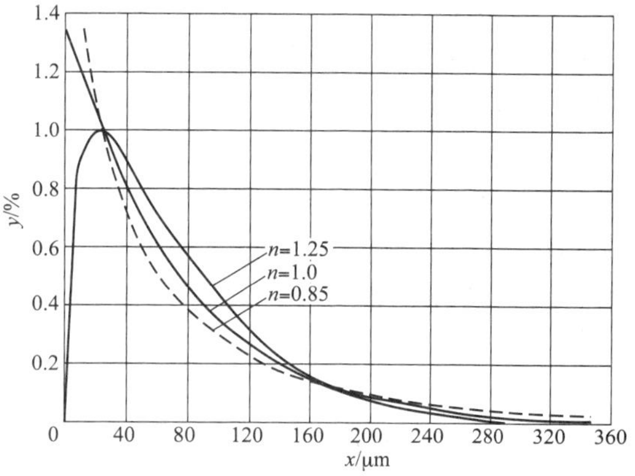

图 2-3　筛分剩余量变换率随煤粉粒径的分布

磨煤机磨制煤粉的粗细程度以及煤粉的均匀性对锅炉的燃烧状况有很大影响，当锅炉燃烧煤粉较粗时，煤粉的燃烧时间变长，可能来不及燃尽就会从炉膛出口排出，从而会增加锅炉的机械不完全燃烧损失；但煤粉如磨得过细，虽然可使着火及燃烧速度加快，但势必会增加磨煤机的电耗和磨煤设备的磨损。使制粉系统能耗 E_m、机械不完全燃烧热损失 q_4 总和 E_m+q_4 最小的煤粉细度称为经济细度或最佳细度，以 R_{90}^{opt} 表示，见图 2-4。

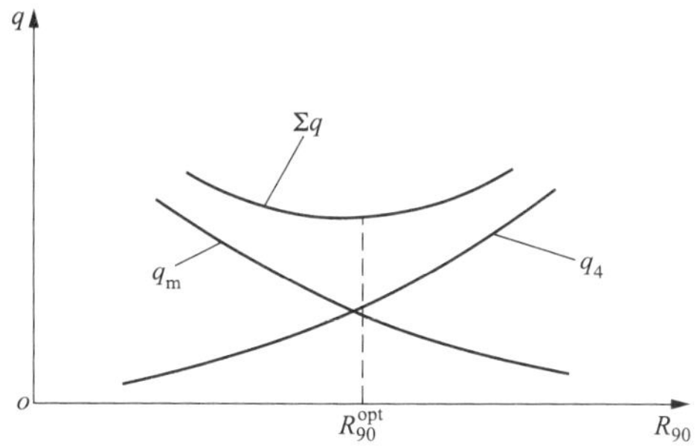

图 2-4　煤粉经济细度的确定

根据上述原因，磨煤机在运行中应加强管理，合理调节，力求获得高煤粉均匀指数的煤粉。煤粉均匀性指数 n 的数值与磨煤机和粗粉分离器的形式及运行条件等有关。在一般情况下，配离心式分离器的制粉设备，$n=1.0$～1.1；配回转式分离器时，$n=1.1$～1.2。

（三）煤的可磨性

煤的可磨性指的是煤被磨碎成煤粉的难易程度，用煤的可磨性系数 K_{gr} 表示。

将质量相等、初始粒度相同的标准煤样和待测试煤样在试验球磨机中磨制成相同细度的煤粉，所消耗能量的比值称为测试煤样的可磨性系数：

$$K_{gr}=\frac{E_s}{E} \tag{2-16}$$

式中　E_s、E——磨制标准煤样和测试煤样消耗的能量。

标准煤样一般采用非常难磨的无烟煤，因此绝大多数情况下，$K_{gr}>1$。

以上的定义方法为苏联的方法，欧美国家则常采用 50g 规定粒度的煤样在试验中速磨煤机中磨制 3min 后取出，用孔径 74μm（相当于我国标准 75μm）的筛子进行筛分，根据通过筛子的煤粉质量的百分数（即 D_{75}）由下式计算哈得罗夫可磨性指数（简称哈氏可磨性指数）：

$$HGI=13+6.93D_{75} \tag{2-17}$$

该可磨性指数一般用于中速磨煤机的性能计算。

我国煤的 HGI 处于 25～129 之间。HGI 小于 60($K_{gr}<1.2$) 的煤属于难磨煤，HGI＝60～80 的煤属于中等可磨煤，HGI 大于 80($K_{gr}>1.5$) 则属于易磨煤。

（四）煤粉水分

由于原煤在制粉系统中被干燥热风干燥后，会失去大部分水分，因此煤粉的最终水分与原煤水分值大不相同，该水分值大小对煤粉供应的连续性、均匀性，燃烧的经济性、可靠性，磨煤机的出力以及制粉设备工作的安全性等有很大影响。煤粉水分过高将使煤粉的输送变得十分困难，同时也会推迟煤粉的着火时间，降低燃烧效率。但如果对煤粉进行过度的干燥，则会大大增加煤粉的自燃甚至爆炸的可能性。因此，煤粉水分值是一个必须合理控制的参数，合适的煤粉水分值与煤种、煤的全水分和制粉系统的工作温度有关，一般按下式选取：

$$M_{pc}=(0.5\sim1.0)M_{ad} \tag{2-18}$$

式中 M_{pc}——煤粉水分，%；

M_{ad}——原煤空气干燥基水分，%。

第三节 燃料燃烧计算及烟气分析

一、燃烧所需空气量和过量空气系数

燃料燃烧是燃料中的可燃元素（C、H、S）与氧气在高温条件下发生的发光发热的剧烈化学反应。而燃烧计算是锅炉机组设计和计算的重要基础，是锅炉机组热力计算的重要组成部分。

为了研究问题简便，计算时假定：

（1）燃烧所需的空气为干空气；

（2）燃料燃烧所需的空气和生成的烟气均为理想气体，即每千摩尔气体在标准状态下（1个大气压，0℃时）的容积为22.4m³。

工业生产中，氧气来源于空气。1kg收到基燃料完全燃烧且没有剩余氧存在时所需的空气量称为理论空气量V^0，单位是m³/kg（标准状况下）［对气体燃料是m³/m³（标准状况下）］。V^0可根据燃料中各可燃元素的燃烧化学反应方程式，通过计算得到。以下对燃料的燃烧计算均以1kg收到基燃料为基准。

碳的完全燃烧反应方程式为

$$C+O_2\longrightarrow CO_2$$

$$12\text{kgC}+22.41\text{m}^3O_2\longrightarrow 22.41\text{m}^3CO_2$$

根据此式可计算出1kg碳完全燃烧时需要1.866m³（标准状况下）氧气，并产生1.866m³（标准状况下）二氧化碳。1kg燃料中含有$\frac{C_{ar}}{100}$kg碳，因而1kg燃料中碳完全燃烧必需的氧气量为$1.866\frac{C_{ar}}{100}\text{m}^3$（标准状况下）。

以此类推，由H和S的完全燃烧反应方程式，可得1kg氢和1kg硫完全燃烧时必需的氧气量为$5.56\frac{H_{ar}}{100}\text{m}^3$和$0.7\frac{S_{ar}}{100}\text{m}^3$（标准状况下）。

1kg燃料本身包含的氧量，在标准状态下的容积为$\frac{22.41}{32}\frac{O_{ar}}{100}=0.7\frac{O_{ar}}{100}\text{m}^3$（标准状况

下）。

根据上述燃料中可燃元素碳、氢、硫完全燃烧所必需的氧量以及燃料本身所含的氧量，可得1kg燃料完全燃烧时，必须由外界提供的理论氧气量为

$$V_{O_2}^0 = 1.866\frac{C_{ar}}{100} + 5.56\frac{H_{ar}}{100} + 0.7\frac{S_{ar}}{100} - 0.7\frac{O_{ar}}{100} \quad m^3/kg（标准状况下） \tag{2-19}$$

空气中氧的容积含量为21%，所以1kg固体或液体燃料完全燃烧所需的理论空气量为

$$V^0 = \frac{V_{O_2}^0}{0.21} = \frac{1}{0.21}\left(1.866\frac{C_{ar}}{100} + 5.56\frac{H_{ar}}{100} + 0.7\frac{S_{ar}}{100} - 0.7\frac{O_{ar}}{100}\right)$$

$$= 0.0889(C_{ar} + 0.375S_{ar}) + 0.265H_{ar} - 0.0333O_{ar} \ m^3/kg（标准状况下） \tag{2-20}$$

式（2-20）中把C_{ar}和S_{ar}合并，这是因为碳和硫的完全燃烧反应可写成通式$R + O_2$—RO_2，其中$R = C_{ar} + 0.375S_{ar}$，相当于1kg燃料的“当量碳量”，这纯属为了计算和试验测定（CO_2和SO_2在烟气分析试验中是被同时测定的）方便而进行的特殊约定。

以上计算的空气量V^0是不含水蒸气的理论干空气量。

与V^0对应，1kg燃料完全燃烧时所需的理论干空气质量G^0为$1.293V^0$kg/kg。

由于炉膛的结构原因导致的流场分布和运行手段的不完善，总会使燃料与空气不能做到完全混合，因此为了使燃料在炉内能够尽量燃烧完全，在炉膛内的实际燃烧过程中，实际供给燃烧的空气都要大于理论空气量。由此出现了过量空气的概念。实际供给的空气量V与理论空气V^0的比值称为过量空气系数α（在空气侧则用β表示），即

$$\frac{V}{V^0} = \alpha（或\beta） \tag{2-21}$$

炉内燃烧结束的部位在炉膛出口，因此一般用炉膛出口处的过量空气系数α_f''作为定性值来代表空气量对燃烧过程的影响。最佳的α_f''值与许多因素有关，如燃料种类、燃烧方式以及燃烧设备特性等。对于固态排渣煤粉炉，燃料为无烟煤、贫煤及劣质烟煤时，α_f''的推荐值为1.20～1.25；燃料为烟煤、褐煤时，α_f''的推荐值为1.15～1.20。

现代火力发电厂中的煤粉锅炉一般都采用负压燃烧系统，这将使外界冷空气通过锅炉的不严密处漏入炉膛和烟道中，使烟气中的过量空气增加。相对于1kg燃料而言，漏入的空气量ΔV与理论空气量V^0之比，称为漏风系数$\Delta\alpha$，即

$$\Delta\alpha = \frac{\Delta V}{V^0} \tag{2-22}$$

由于存在漏风，锅炉烟道内的过量空气系数沿烟气流程是逐渐增大的。因此炉膛后任一烟道截面处的过量空气系数为

$$\alpha = \alpha_f'' + \sum\Delta\alpha \tag{2-23}$$

式中$\sum\Delta\alpha$是从炉膛出口到计算的烟道截面处的漏风系数总和。

漏风系数与锅炉结构、安装质量和运行操作有关，一般的锅炉受热面的漏风系数值可参考其他有关文献[1]、[2]、[6]、[8]，对膜式水冷壁全密封、全悬吊的大型现代锅炉，除空气预热器有漏风外，从炉膛到省煤器都取$\Delta\alpha = 0$。漏入烟道的冷空气，会使附近烟气与受热面的热交换变差，排烟热损失和引风机电耗增加，从而使锅炉的经济性降低。

二、燃烧产物（烟气量）的计算

（一）理论烟气容积

烟气是燃料燃烧后生成的气态燃烧产物。如果燃烧产物中含有可燃物质，则是不完全燃烧，否则视为完全燃烧。1kg 收到基燃料，在供应以理论空气量 V^0 的条件下完全燃烧所生成的烟气量称为理论烟气量，以 V_g^0（m^3/kg，标准状况下）表示。理论烟气量包括的成分有二氧化碳 CO_2、二氧化硫 SO_2、氮 N_2 和水蒸气 H_2O。烟气容积的计算思路也是根据可燃元素的燃烧反应方程式，计算出 1kg 收到基燃料中各可燃成分燃烧后生成的燃烧产物的容积，然后相加得到总体积。

1. 理论二氧化碳容积 V_{CO_2}

1kg 燃料中碳完全燃烧生成的 CO_2 容积为

$$V_{CO_2}=1.866\frac{C_{ar}}{100}\quad m^3/kg\,(标准状况下) \tag{2-24}$$

2. 二氧化硫容积 V_{SO_2}

1kg 燃料中硫完全燃烧生成的 SO_2 容积为

$$V_{SO_2}=0.7\frac{S_{ar}}{100}\quad m^3/kg\,(标准状况下) \tag{2-25}$$

通常用 V_{RO_2} 表示二氧化碳与二氧化硫之和，即

$$V_{RO_2}=V_{CO_2}+V_{SO_2}=1.866\frac{C_{ar}+0.375S_{ar}}{100}\quad m^3/kg\,(标准状况下) \tag{2-26}$$

3. 理论氮气容积 $V_{N_2}^0$

氮气有两个来源，一是空气中所含的氮，二是燃料燃烧时释放出的氮，故理论氮气容积为

$$V_{N_2}^0=0.79V^0+\frac{22.41}{28}\frac{N_{ar}}{100}=0.79V^0+0.8\frac{N_{ar}}{100}\quad m^3/kg\,(标准状况下) \tag{2-27}$$

4. 理论水蒸气容积 $V_{H_2O}^0$

理论水蒸气容积来源有几个部分：燃料中的氢燃烧生成、燃料水分蒸发产生、干空气带入以及燃用液体燃料时，有时采用蒸汽来雾化燃油，这部分雾化蒸汽也就成为烟气中水蒸气的一部分。这四部分水蒸气容积的具体计算如下：

（1）根据氢的燃烧反应方程式，1kg 燃料中氢完全燃烧生成的水蒸气容积为 $11.1\frac{H_{ar}}{100}$ m^3/kg（标准状况下）；

（2）1kg 燃料中水分蒸发形成的水蒸气容积为 $\frac{22.41}{18}\frac{M_{ar}}{100}=1.24\frac{M_{ar}}{100}m^3/kg$（标准状况下）；

（3）随同理论空气量 V^0 带入的水蒸气容积为 $\frac{1.293V^0}{0.804}\frac{d_a}{1000}m^3/kg$（标准状况下）。其中 1.293 和 0.804 分别是标准状态下干空气和水蒸气的密度［kg/m^3（标准状况下）］；d_a 是每千克干空气的含湿量，在锅炉热力计算中常取 $d_a=10g/kg$（干空气），这样随同 V^0 带入的水蒸气容积就是 $0.0161V^0$。

(4) 把上述 (1)~(3) 项相加，可得到理论水蒸气容积

$$V_{H_2O}^0 = 11.1\frac{H_{ar}}{100} + 1.24\frac{M_{ar}}{100} + 0.0161V^0 \quad m^3/kg(标准状况下) \tag{2-28}$$

根据上述 (1)~(4)，理论烟气容积可表示为

$$V_g^0 = V_{RO_2} + V_{N_2}^0 + V_{H_2O}^0 \quad m^3/kg\ (标准状况下) \tag{2-29}$$

也可以把理论烟气容积表示成

$$V_g^0 = V_{dg}^0 + V_{H_2O}^0 \quad m^3/kg\ (标准状况下) \tag{2-30}$$

式中 V_{dg}^0——理论干烟气容积，等于 $V_{RO_2} + V_{N_2}^0$

(二) 实际烟气容积

锅炉实际燃烧产生的烟气量比理论值多了一部分过量空气 $(\alpha - 1)V^0$ 以及随其带入的空气中所含的水蒸气容积 $0.0161(\alpha - 1)V^0$。这样，实际烟气容积就可由下式确定：

$$V_g = V_g^0 + (\alpha - 1)V^0 + 0.0161(\alpha - 1)V^0 \quad m^3/kg\ (标准状况下) \tag{2-31}$$

把式 (2-29) 代入式 (2-31)，得

$$V_g = V_{RO_2} + V_{N_2}^0 + V_{H_2O}^0 + (\alpha - 1)V^0 + 0.0161(\alpha - 1)V^0 \quad m^3/kg\ (标准状况下) \tag{2-32}$$

或写成

$$V_g = V_{dg} + V_{H_2O} m^3/kg \quad (标准状况下) \tag{2-33}$$

式中 V_{dg}、V_{H_2O}——总的干烟气容积、烟气中总的水蒸气容积。

$$V_{dg} = V_{RO_2} + V_{N_2}^0 + (\alpha - 1)V^0 \quad m^3/kg(标准状况下) \tag{2-34}$$

$$V_{H_2O} = V_{H_2O}^0 + 0.0161(\alpha - 1)V^0 \quad m^3/kg\ (标准状况下) \tag{2-35}$$

式 (2-32)~式 (2-35) 所计算出的烟气容积是假定燃料完全燃烧情况下的结果。当不完全燃烧时，碳燃烧产物除了 CO_2 还有不完全燃烧产物 CO，甚至出现未能燃烧的氢气和碳氢化合物 C_mH_n，当然，一般情况下燃烧产物中 H_2 和 C_mH_n 的含量极少，可以忽略不计。这时可以认为未完全燃烧产物只有 CO，相应的烟气容积可表示为

$$V_g = V_{CO} + V_{CO_2} + V_{SO_2} + V_{O_2} + V_{N_2} + V_{H_2O} \quad m^3/kg\ (标准状况下) \tag{2-36}$$

式中 V_{O_2}、V_{N_2}——干烟气容积 V_{dg} 中所含的氧气、氮气的容积，m^3/kg。

值得指出：无论燃烧是否完全，即无论烟气中 CO 的容积 V_{CO} 如何变化，根据式 (2-36) 中碳的燃烧得到的燃烧产物总容积是恒定的，且等于 $1.866\frac{C_{ar}}{100}m^3/kg$ (标准状况下)。只是 V_{CO} 的大小对氧的容积 V_{O_2} 的大小是有影响的。

以上是以容积形式表示的烟气量，但某些实际应用中会用到烟气质量的数据。燃料燃烧后生成的烟气质量包括两个部分：其一是燃料本身转变为烟气的质量 $\left(1 - \frac{A_{ar}}{100}\right)$；其二是燃料燃烧所消耗的湿空气质量 $\left(1 + \frac{d_a}{1000} \times 1.293\alpha V^0\right)$，当取 $d_a = 10g/kg$ (干空气) 时，湿空气质量为两部分的质量相加，可得 1kg 燃料燃烧后生成的烟气质量为

$$G_g = 1 - \frac{A_{ar}}{100} + 1.306\alpha V^0 kg \tag{2-37}$$

由上可知，当燃料的元素组成或过量空气系数不同时，每千克燃料燃烧所需的空气量以及生成的烟气量是不同的。

烟气中三原子气体（指二氧化碳和二氧化硫）、水蒸气以及飞灰颗粒对辐射换热量是有贡献的，所以在炉膛和其他受热面的辐射传热计算中，需要用到烟气中三原子气体和水蒸气的容积份额、分压力以及飞灰浓度，可以通过以下公式计算：

三原子气体的容积份额 $$r_{RO_2}=\frac{V_{RO_2}}{V_g} \tag{2-38}$$

分压力 $$p_{RO_2}=r_{RO_2}p \quad \text{MPa} \tag{2-39}$$

水蒸气的容积份额 $$r_{H_2O}=\frac{V_{H_2O}}{V_g} \tag{2-40}$$

分压力 $$p_{H_2O}=r_{H_2O}p \quad \text{MPa} \tag{2-41}$$

烟气中飞灰的浓度

$$\mu=\frac{A_{ar}\alpha_{fa}}{100G_g} \quad \text{kg（烟气）} \tag{2-42}$$

式中 p——烟气的总压力，MPa；

α_{fa}——烟气携带的飞灰量占燃料中灰分总量的百分比，称为飞灰系数。

三、空气和燃烧产物的焓的计算

空气和燃烧产物的焓值计算是锅炉热力计算的基础，也是锅炉进行热工试验需要的必备知识。

锅炉计算中所用到的焓值计算主要包括理论空气焓、理论烟气焓、过量空气焓、飞灰焓四部分。

理论空气焓是指 1kg 燃料燃烧所需的理论空气量 V^0 在等压（通常为大气压）下从 0℃加热到 ϑ℃时所需的热量，按下式计算：

$$h_a^0=V^0(c\vartheta)_a \quad \text{kJ/kg} \tag{2-43}$$

式中 $(c\vartheta)_a$——1m³（标准状况下）干空气连同其带入的水蒸气在温度为 ϑ℃时的焓，可由表 2-4 查得，kJ/m³（标准状况下）。

根据公式（2-43）和空气侧过量空气系数 β[式（2-21）]，可得到对应的实际空气焓：

$$h_a=V(c\vartheta)_a=\beta V^0(c\vartheta)_a=\beta h_a^0 \quad \text{kJ/kg} \tag{2-44}$$

理论烟气焓是指 1kg 燃料燃烧所生成的理论烟气量 V_g^0 在等压（通常为大气压）下从 0℃加热到 ϑ℃时所需的热量，用 h_g^0(kJ/kg) 表示：

$$h_g^0=V_{RO_2}(c\vartheta)_{RO_2}+V_{N_2}^0(c\vartheta)_{N_2}+V_{H_2O}^0(c\vartheta)_{H_2O} \quad \text{kJ/kg} \tag{2-45}$$

式中 $(c\vartheta)_{RO_2}$、$(c\vartheta)_{N_2}$、$(c\vartheta)_{H_2O}$——1m³（标准状况下）三原子气体 RO_2、氮气 N_2、水蒸气 H_2O 在温度为 ϑ ℃时的焓，kJ/m³（标准状况下），可由表 2-4 查得，由于烟气中 $V_{CO_2}\gg V_{SO_2}$ 且两者比热容相近，所以可近似取 $(c\vartheta)_{RO_2}=(c\vartheta)_{CO_2}$。

当过量空气系数 $\alpha\geqslant 1$ 且燃烧完全时，烟气焓等于理论烟气焓 h_g^0、过量空气焓 $(\alpha-1)h_a^0$ 以及飞灰焓 h_{fa} 之和，即

$$h_g=h_g^0+(\alpha-1)h_a^0+h_{fa} \quad \text{kJ/kg} \tag{2-46}$$

飞灰焓为 $$h_{fa}=\frac{\alpha_{fa}A_{ar}}{100}(c\vartheta)_{ash} \quad \text{kJ/kg} \tag{2-47}$$

式中 $(c\vartheta)_{ash}$——1kg 灰在温度为 ϑ℃时的焓，kJ/kg，由表 2-4 查得。

由于飞灰焓的数值相对较小，因此只在 $4190\dfrac{\alpha_{fa}A_{ar}}{Q_{net,ar}}>6$（$Q_{net,ar}$ 的单位是 kJ/kg）时才需在烟气焓中计及 h_{fa}。

因为锅炉烟道中各受热面结构不尽相同，导致烟道各处的漏风量也不相同，因此各部分烟道的过量空气系数也不同，烟气量、烟气的平均特性也各不相同，所以在锅炉热力计算时，要对烟道各受热面分别计算在不同烟气温度下燃烧产物的焓。

表 2-4　1m³（标准状况下）烟气各成分、空气及 1kg 灰的焓

ϑ(℃)	烟气各成分的焓［kJ/m³（标准状况下）］				空气焓［kJ/m³（标准状况下）］	灰焓（kJ/kg）
	$(c\vartheta)_{CO_2}$	$(c\vartheta)_{N_2}$	$(c\vartheta)_{O_2}$	$(c\vartheta)_{H_2O}$	$(c\vartheta)_a$	$(c\vartheta)_{ash}$
30					39	
100	169	130	132	151	132	80.8
200	357	260	267	304	266	169.1
300	559	392	407	463	403	263.7
400	772	527	551	626	542	360.0
500	996	664	699	794	684	458.5
600	1222	804	850	967	830	559.8
700	1461	946	1005	1147	979	663.2
800	1704	1093	1160	1335	1130	767.2
900	1951	1243	1319	1524	1281	874
1000	2202	1394	1478	1725	1436	984
1100	2457	1545	1637	1926	1595	1096
1200	2717	1695	1800	2131	1754	1206
1300	2976	1850	1963	2344	1913	1360
1400	3240	2009	2127	2558	2076	1571
1500	3504	2164	2294	2779	2239	1758
1600	3767	2323	2461	3001	2403	1830
1700	4035	2482	2629	3227	2566	2066
1800	4303	2642	2796	3458	2729	2184
1900	4571	2805	2968	3688	2897	2385
2000	4843	2964	3139	3926	3064	2512
2100	5115	3127	3307	4161	3232	2640
2200	5387	3290	3483	4399	3399	2760

四、烟气分析

（一）烟气分析

烟气分析的方法很多，按其原理分类有化学吸收法、色谱分析法、红外吸收法及电化学传感器法等。各种方法在不同的场合下应用具有各自的优势。

化学吸收法是配制不同的溶液按照一定的顺序吸收气体试样中的不同组分，从而确定各组分含量的一种方法，最具代表性的是奥氏烟气分析仪，如图 2-5 所示。在第一个吸收瓶内装有氢氧化钠溶液用来吸收样品烟气中的二氧化碳，第二个吸收瓶内装有焦性没食子酸 $C_6H_3(OH)_3$ 碱性溶液来吸收烟气中的氧气，第三个吸收瓶装有氯化亚铜氨溶液 $Cu(NH_3)_2Cl$ 用来吸收烟气里的一氧化碳气体。需要注意的是：排在后面的吸收液对前面的烟气成分也可以进行吸收，因此吸收顺序不能打乱。这样在预先称量好容积的检测管内可以对比每次吸收后烟气容积的变化，每次减少的量就代表着三个不同的组分。

由于含水蒸气的烟气试样被吸入奥氏烟气分析仪之后，一直是与水接触的，因此烟气试样中的水蒸气一直处于饱和状态。在定温、定压的条件下，处于饱和状态的水蒸气在烟气试

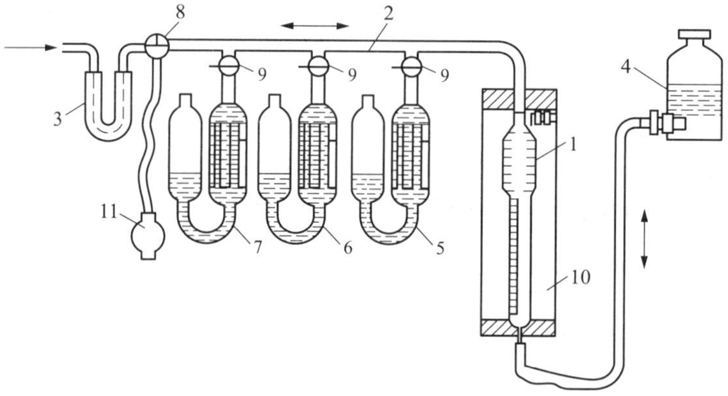

图 2-5 奥氏烟气分析仪

1—量筒；2—梳形连通管；3—过滤器；4—平衡瓶；5～7—吸收瓶；
8—三通旋塞；9—双通旋塞；10—水套；11—抽气波囊

样中的容积百分比是一定的。因此在选择性吸收过程中，随着烟气中各成分被吸收，水蒸气也随之按比例凝结，这样烟气分析仪测得的数值是各成分在干烟气中的容积百分数。

若分别以 RO_2、O_2、CO、N_2 来表示各组分在干烟气容积 V_{dg} 中的容积百分数，则干烟气的组成可表示为

$$RO_2+O_2+CO+N_2=100 \tag{2-48}$$

这样在烟气分析得到 RO_2、O_2、CO 后，就可以由式（2-48）求得干烟气中氮气的容积百分数 N_2。根据烟气分析结果，还可以求得干烟气容积 V_{dg}。由式（2-26）可得

$$V_{RO_2}+V_{CO}=1.866\frac{C_{ar}+0.375S_{ar}}{100}\quad m^3/kg\,(标准状况下) \tag{2-49}$$

又有

$$RO_2+CO=\frac{V_{RO_2}+V_{CO}}{V_{dg}}\times 100 \tag{2-50}$$

根据式（2-49）和式（2-50），可得干烟气容积为

$$V_{dg}=1.866\frac{C_{ar}+0.375S_{ar}}{RO_2+CO}\quad m^3/kg\,(标准状况下) \tag{2-51}$$

奥氏气体分析仪的结构和操作都很简单，但需要人工取样和测试，因此无法实现在线测量。同时，奥氏烟气分析仪不能实现多信号同时输入和输出的处理功能；其次奥氏烟气分析仪只能用于实验室条件下测试精度要求不高的一些场合。即便如此，奥氏烟气分析仪仍然是烟气分析技术的经典代表和溯源基点。

烟气分析的第二类分析法是气相色谱法，其原理是利用被分析试样组分在固定相及流动相中分配系数的微小差异，使两相作相对运动，此时被分析试样组分在两相之间反复多次分配，原微小差异即被放大，从而使组分分离，继而达到分析和测定试样组分的目的。气相色谱法的主要步骤是：利用载气将分析试样带入色谱柱进行分离，然后通过检测器，把经色谱柱分离后的载气中的组分及其浓度变化转变为电信号，经放大器放大后，由记录仪记录下来，然后计算出各组分的含量。色谱分析法分离效能高、样品用量少、可进行多组分同时分析、精度高；但其设备昂贵，操作时间长，对样品要求也很高，因此也无法实现在线测量。

第三类方法是红外吸收法，它是利用某些气体对不同波长的红外线辐射具有选择性吸收

的特性，通过测量红外线辐射的吸收程度，从而得到被测气体的浓度。红外分析法测量精度较高，选择性好，分析快速，并且可以同时分析多组分；其缺点是对某些有对称结构无极性双原子分子及单原子分子气体无法分析。

除以上方法外，电化学传感器法也是烟气分析中应用较多的方法。

（二）不完全燃烧方程式（烟气中一氧化碳含量的计算）

在现代化的大型电站锅炉中，一般情况下，由于锅炉的燃烧相对比较完善，燃烧产物中CO的含量很少，如此采用烟气分析的试验方法很难测准烟气中一氧化碳的含量。实际上，也可采用计算方法得出烟气中一氧化碳的容积百分比CO。

分析式（2-48）中的N_2可以看出，其一部分来自空气，另一部分来源于燃料燃烧，因此式（2-48）可改写为

$$RO_2 + O_2 + CO + N_2^a + N_2^f = 100 \tag{2-52}$$

式中　N_2^a、N_2^f——来自空气的氮和燃料本身释放的氮占干烟气容积的百分比。

如果能够确定式中的N_2^a、N_2^f，那么由烟气分析得到的RO_2、O_2就可求得CO。

由于干空气中氧与氮的容积比例是固定的，这样就可以根据由空气送入的氧量求得N_2^a，根据燃料中可燃物C、S、H燃烧所耗氧的容积与它们燃烧产物的容积之间的定量关系（见前面的燃烧产物计算）、烟气中所含氧量以及燃料本身所含氧量，可得出空气送入的氧量的容积为

$$V_{O_2}^a = V_{CO_2} + \frac{1}{2}V_{CO} + V_{SO_2} + \frac{22.41}{4}\frac{H_{ar}}{100} + V_{O_2} - \frac{22.41}{32}\frac{O_{ar}}{100} \quad \text{m}^3/\text{kg（标准状况下）} \tag{2-53}$$

根据空气中氧与氮的容积比例关系，由式（2-53）可得

$$N_2^a = \frac{79}{21}\frac{V_{O_2}^a}{V_{dg}} \times 100 = \frac{79}{21}\left(CO_2 + \frac{1}{2}CO + SO_2 + O_2 + \frac{8H_{ar} - O_{ar}}{1.428V_{dg}}\right) \tag{2-54}$$

燃料本身释放的氮气占干烟气容积的百分比

$$N_2^f = \frac{22.41}{28}\frac{N_{ar}}{100}\frac{1}{V_{dg}} \times 100 = \frac{N_{ar}}{1.25V_{dg}} \tag{2-55}$$

把式（2-54）和式（2-55）代入式（2-52），并用式（2-51）置换其中的V_{dg}，整理得

$$RO_2 + O_2 + 0.605CO + \beta(RO_2 + CO) = 21 \tag{2-56}$$

$$\beta = 2.35\frac{H_{ar} - \frac{O_{ar}}{8} + 0.038N_{ar}}{C_{ar} + 0.375S_{ar}} \tag{2-57}$$

式（2-56）称为不完全燃烧方程式。系数β称为燃料特性系数，分析可知，β值大小只取决于燃料的基础元素成分，与燃料中的水分和灰分无关。

变换式（2-56）可得到干烟气中一氧化碳容积百分比的计算式：

$$CO = \frac{21 - \beta RO_2 - (RO_2 + O_2)}{0.605 + \beta} \tag{2-58}$$

令 $CO=0$，则式（2-56）变成

$$(1+\beta)RO_2+O_2=21 \tag{2-59}$$

这样式（2-59）就变成了完全燃烧方程式。如果燃烧完全，则烟气分析得到的RO_2、O_2一定满足完全燃烧方程式。

如果燃烧完全且烟气中的 $O_2=0$，则由式（2-59）可得烟气中 RO_2 的最大值为

$$RO_2^{max}=\frac{21}{1+\beta} \tag{2-60}$$

与 β 一样，RO_2^{max} 也只取决于燃料的元素成分。

（三）锅炉运行状态下过量空气系数的确定

锅炉运行状况的好坏如何判断呢？虽然现代化的电站锅炉燃烧可视化技术发展迅速，已使得很多锅炉可以直接在屏幕上观察炉内燃烧工况，但不同的运行人员观测的感觉却不一样，因此仍然不能作为运行的标准参数进行燃烧调节。由于过量空气系数直接影响到炉内燃烧工况的好坏以及排烟热损失的大小，因此对于运行中的锅炉，采用过量空气系数作为调节参数，是一个比较理想的选择。运行中过量空气系数计算如下。

由式（2-21）知，过量空气系数为

$$\alpha=\frac{V}{V^0}=\frac{V}{V-\Delta V}=\frac{1}{1-\dfrac{\Delta V}{V}} \tag{2-61}$$

式中　ΔV——过量空气，m^3/kg（标准状况下）；

　　V——进入炉内的实际干空气量，m^3/kg（标准状况下）。

完全燃烧时，过量空气可以用干烟气中氧的容积含量表示：

$$\Delta V=\frac{O_2}{21}V_{dg}\quad m^3/kg\text{（标准状况下）} \tag{2-62}$$

绝大部分情况下，燃料中含氮量与空气中 N_2 的含量相比都是十分微小的，可以忽略，因而可通过干烟气中氮的容积含量 N_2 来表示 V，有

$$V=\frac{N_2}{79}V_{dg}\quad m^3/kg\text{（标准状况下）} \tag{2-63}$$

把式（2-62）和式（2-63）代入式（2-61），并利用干烟气中三原子气体和氧的容积含量RO_2、O_2 消去 N_2 后，可得过量空气系数的计算式：

$$\alpha=\frac{21}{(1+\beta)RO_2}=\frac{21}{21-O_2} \tag{2-64}$$

式（2-64）给相对完全的燃烧工况下过量空气系数的获得带来了全新的方法，即可通过测量 RO_2（也需要对燃料进行元素分析以得到燃料特性系数 β）来确定 α 的大小；也可通过测量烟气中氧气含量 O_2 来确定 α 的大小。在实际应用中，因为锅炉煤种经常变化，会改变 β 值，这使得前一个方法的应用变得不太理想。但煤种的变化对关系式（2-64）的后半个等式的影响很小。因此，目前电厂锅炉中一般采用磁性氧量计或氧化锆氧量计来测量烟气中的含氧量 O_2，并作为调整锅炉燃烧的依据。

第四节　锅炉热平衡

锅炉热平衡是指在稳定运行状态下，锅炉机组输入热量与输出热量以及各项热损失之间

建立的等量关系，它是锅炉技术中的一项重要内容，对锅炉的设计和运行都具有重要意义。根据热平衡的计算，可以确定锅炉有效利用热量、各项热损失、锅炉热效率及燃料消耗量，从而检查锅炉的设计质量及运行水平，并由此分析造成热损失的主要原因，做到及时改进，提高锅炉热效率，节约能源。输入热量主要包括燃料燃烧放出的热量、燃料的物理显热及其他由外部供给的热量，输出热量包括用于生产蒸汽或热水的有效利用热量和生产过程中的各项热损失。

图 2-6 示出了燃用煤粉的锅炉机组的热平衡关系。在锅炉机组稳定运行的热力状态下，1kg 燃料带入炉内的热量、锅炉的有效利用热量和热损失之间可以建立如下的等量关系：

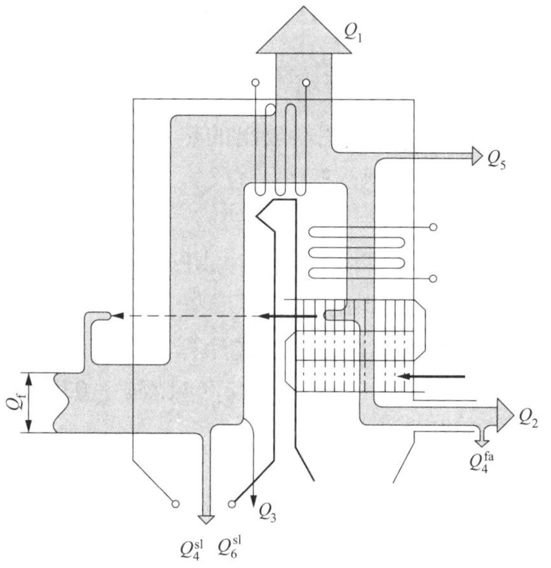

图 2-6　煤粉锅炉机组热平衡示意

$$Q_f = Q_1 + Q_2 + Q_3 + Q_4 + Q_5 + Q_6 \quad kJ/kg \tag{2-65}$$

式中　Q_f——1kg 燃料带入炉内的热量，kJ/kg；

Q_1——锅炉有效利用热量，kJ/kg；

Q_2——排烟热损失，kJ/kg；

Q_3——化学未完全燃烧热损失，kJ/kg；

Q_4——机械未完全燃烧热损失，kJ/kg；

Q_5——锅炉散热损失，kJ/kg；

Q_6——灰渣冷却热损失，kJ/kg。

上式两边同时除以 Q_f，则锅炉的热平衡可以用占输入热量的百分比的形式来表示：

$$100 = q_1 + q_2 + q_3 + q_4 + q_5 + q_6 \tag{2-66}$$

$$q_i = \frac{Q_i}{Q_f} \times 100$$

式中　q_i——有效利用热或各项热损失占输入热量的百分比。

锅炉效率为

$$\eta_b = q_1 = \frac{Q_1}{Q_f} \times 100 = 100 - (q_2 + q_3 + q_4 + q_5 + q_6) \tag{2-67}$$

一、输入热量 Q_f

对于燃煤或燃油锅炉，每千克燃料带入锅炉的热量为

$$Q_f = Q_{net,ar} + Q_{ph} + Q_{at} + Q_{ex} \quad kJ/kg \tag{2-68}$$

式中　$Q_{net,ar}$——燃料收到基低位发热量，kJ/kg；

Q_{ph}——燃料的物理显热，kJ/kg；

Q_{at}——用蒸汽雾化燃料油时，雾化蒸汽带入锅炉的热量，kJ/kg；

Q_{ex}——用锅炉以外的热量加热空气时，空气带入锅炉的热量，kJ/kg。

在全部输入热量中，占比最高的是燃料燃烧放出的热量。对于现代锅炉来说，排烟温度一般都在110～170℃的范围内，烟道中的压力略低于一个大气压，因而，烟气中的水蒸气不可能凝结，所以燃料放出的热量能够被利用的只是燃料的低位发热量$Q_{net,ar}$。

燃料的物理显热为

$$Q_{ph}=c_f t_f \quad kJ/kg \tag{2-69}$$

式中 c_f——燃料的比热容，kJ/(kg·℃)；

t_f——燃料的温度,℃。

燃料油的比热容按下式计算：

$$c_f=1.74+0.0025t_f \quad kJ/(kg·℃) \tag{2-70}$$

固体燃料比热容为

$$c_f=4.19\frac{M_{ar}}{100}+\frac{100-M_{ar}}{100}c_{f,d} \quad kJ/(kg·℃) \tag{2-71}$$

式中 $c_{f,d}$——燃煤的干燥基比热容，kJ/(kg·℃)，无烟煤和贫煤为0.92，烟煤为1.09，褐煤为1.13。

对于燃煤锅炉，Q_{ph}的值相对较小。对于固体燃料来说，如燃料事先经过了预热，必须进行此项计算，如果没有外界热量加热燃料时，只有当燃煤的水分$M_{ar}\geqslant\frac{Q_{net,ar}}{630}$时，才考虑这项热量。

用蒸汽雾化燃料油时，还应计入蒸汽带入的热量Q_{at}，按式（2-72）计算：

$$Q_{at}=G_{at}(h_{at}-2510) \quad kJ/kg \tag{2-72}$$

式中 G_{at}——雾化燃料油的汽耗量，kg（蒸汽)/kg（油)；

h_{at}——雾化蒸汽的初始焓，kJ/kg；

2510——雾化蒸汽变为排烟时的终了焓，取其汽化潜热，即2510kJ/kg。

燃烧所需空气虽说在预热器中被烟气加热，但进入炉膛以后这部分热量又转化为烟气焓的一部分，随后在空气预热器中又由烟气传给空气，如此循环往复，故在锅炉热平衡计算中可不予考虑。

如果对锅炉燃烧的空气用本台锅炉以外的热量进行预热，如在前置预热器（暖风器）中利用汽轮机抽汽加热空气，此时空气带入热量可按式（2-73）计算：

$$Q_{ex}=\beta V^0(c_2t_2-c_1t_1) \quad kJ/kg \tag{2-73}$$

式中 β——通过暖风器的实际空气量与理论空气量之比；

c_2、c_1——暖风器出、入口处的空气比热容，kJ/(kg·℃)（标准状况下)；

t_2、t_1——暖风器出入口处的空气温度,℃。

一般可以做如下的近似约定：对于燃煤锅炉，如果燃料和空气没有利用外界热量进行预热，且燃煤水分$M_{ar}<\frac{Q_{net,ar}}{630}$，那么，输入热量$Q_f=Q_{net,ar}$。

二、机械未完全燃烧热损失Q_4

机械未完全燃烧热损失也称固体未完全燃烧热损失或未燃碳热损失，是指部分煤粒在炉内未能燃烧完全就被排出锅炉而造成的热量损失。这些未燃尽的煤粒一般有两个途径离开炉膛，其一是随灰渣落入冷灰斗被除渣机排出锅炉，其二在烟气中以飞灰形式经烟囱排出。机械未完全燃烧热损失的大小对于不同的燃烧方式，其包含的内容也不尽相同。

对于煤粉炉来说，机械未完全燃烧热损失包含在灰渣和飞灰两部分中：

$$\left.\begin{aligned}Q_4 &= Q_4^{fa} + Q_4^{sl} \\ q_4 &= q_4^{fa} + q_4^{sl}\end{aligned}\right\} \tag{2-74}$$

式中 $Q_4^{fa}(q_4^{fa})$ ——飞灰中未燃尽的炭粒造成的机械未完全燃烧热损失，kJ/kg；

$Q_4^{sl}(q_4^{sl})$ ——炉渣中未参加燃烧或未燃尽的炭粒造成的机械未完全燃烧热损失，kJ/kg。

在锅炉的设计过程中，涉及的机械未完全燃烧热损失 q_4 一般都按照经验推荐的数据来选取。而对于运行中的锅炉，则需要通过热平衡试验来测定。测定机械未完全燃烧损失需要按照国家标准对飞灰和灰渣进行取样，并采用适当的方法测出它们所含的可燃物的百分数。测量飞灰或灰渣含碳量一般可用燃烧法，即按照相关标准将去除水分的灰渣或飞灰制成试样，通过将其在马弗炉（或电阻炉）中灼烧一定时间，测量其失重即可得到灰渣或飞灰的含碳量。不过这一方法所耗时间过长，无法对锅炉实时运行状况进行评估，因此近年来发展了基于图像处理技术和大数据、人工智能算法的灰渣含碳量快速测定方法，可在几分钟内实现灰渣含碳量的快速测量，为锅炉效率的实时测算打下了基础。热平衡试验中，飞灰量一般很难直接测准，因此通常是通过灰平衡来测算。所谓灰平衡是指入炉煤中所含有的总灰量应该等于燃烧后飞灰和灰渣中灰量之和。

对于煤粉炉，进入炉内煤中的总灰量应该等于飞灰和灰渣中灰量之和，灰平衡式为

$$B\frac{A_{ar}}{100} = G_{fa}\frac{100 - C_{fa}}{100} + G_{sl}\frac{100 - C_{sl}}{100} \tag{2-75}$$

式中 B——锅炉燃料消耗量，kg/s；

G_{fa}、G_{sl} ——飞灰、灰渣的质量（包括其中的可燃物），kg/s；

C_{fa}、C_{sl} ——飞灰、灰渣可燃物的含量占飞灰、灰渣量的百分数。

式（2-75）进行整理可得

$$1 = G_{fa}\frac{100 - C_{fa}}{BA_{ar}} + G_{sl}\frac{100 - C_{sl}}{BA_{ar}} \tag{2-76}$$

将

$$\alpha_{fa} = G_{fa}\frac{100 - C_{fa}}{BA_{ar}} \tag{2-77}$$

定义为飞灰系数（或称飞灰份额），用来表示飞灰中灰量占入炉总灰量的份额。α_{fa}一般都在90%以上，也就是说，绝大部分机械未完全燃烧热损失是由飞灰中的可燃物造成的。燃煤的挥发分越高，煤粉越细，灰分越少，由飞灰造成的这一损失也越小。当然延长煤粉在锅炉炉内的停留时间，会降低该损失。另外，运行中过量空气系数减小，一般会使飞灰中的机械未完全燃烧热损失增大。

同理，将

$$\alpha_{sl} = G_{sl}\frac{100 - C_{sl}}{BA_{ar}} \tag{2-78}$$

定义为排渣率，用来表示灰渣中灰量占入炉总灰量的百分比。煤粉炉中，落到冷灰斗中的灰渣只占入炉总灰量的一小部分，约小于10%，所以由灰渣中的可燃物造成的机械未完全燃烧热损失通常只有0.1%～1.0%。则根据定义有

$$\alpha_{fa} + \alpha_{sl} = 1 \tag{2-79}$$

飞灰和灰渣中造成机械未完全燃烧的可燃物含量为

$$\left.\begin{aligned} G_{fa}^{c} &= \frac{C_{fa}}{100} G_{fa} \quad kg/s \\ G_{sl}^{c} &= \frac{C_{sl}}{100} G_{sl} \quad kg/s \end{aligned}\right\} \tag{2-80}$$

由式（2-77）、式（2-78）可以求得G_{fa}和G_{sl}，并将其结果代入式（2-80），可得

$$\left.\begin{aligned} G_{fa}^{c} &= \frac{C_{fa}}{100} \frac{\alpha_{fa} B A_{ar}}{100 - C_{fh}} \quad kg/s \\ G_{sl}^{c} &= \frac{C_{sl}}{100} \frac{\alpha_{sl} B A_{ar}}{100 - C_{sl}} \quad kg/s \end{aligned}\right\} \tag{2-81}$$

一般来说，残存在飞灰和灰渣中的碳都以单质形式存在，不再有挥发性物质，因此可认为是纯碳，故可取其发热量为 32 866kJ/kg。因此，相对于 1kg 燃料来说，总的机械未完全燃烧热损失为

$$\left.\begin{aligned} Q_4 &= Q_4^{fa} + Q_4^{sl} \\ &= \frac{32\ 700(G_{fa}^{c} + G_{sl}^{c})}{B} \\ &= 327A_{ar}\left(\alpha_{fa} \frac{C_{fa}}{100 - C_{fa}} + \alpha_{sl} \frac{C_{sl}}{100 - C_{sl}}\right) \quad kJ/kg \\ q_4 &= q_4^{fa} + q_4^{sl} \\ &= \frac{327A_{ar}}{Q_f}\left(\alpha_{fa} \frac{C_{fa}}{100 - C_{fa}} + \alpha_{sl} \frac{C_{sl}}{100 - C_{sl}}\right) \times 100\% \end{aligned}\right\} \tag{2-82}$$

机械未完全燃烧热损失是燃煤锅炉主要的热损失之一，在火力发电厂应用的煤粉炉中，其大小仅次于排烟热损失而排在第二位；在层燃炉中，机械未完全燃烧热损失一般都可排在第一位，可见其重要程度。影响这项损失的主要因素有燃烧方式、燃料种类和性质、过量空气系数、燃烧设备及炉膛形式、炉膛温度、锅炉负荷、运行水平、燃料在炉内的停留时间及其与空气的混合情况，等等。对于固态排渣煤粉炉来说，这项损失一般在 0.5%～5%，大型电站锅炉在燃用烟煤时，此项损失只有 0.5%～0.8%，而燃用气体或液体燃料的锅炉，在正常情况下这项损失约为 0。

三、化学未完全燃烧热损失 Q_3

化学未完全燃烧热损失又称可燃气体未完全燃烧热损失。它是指锅炉燃料在加热升温过程中析出的可燃气体如 CO、H_2、CH_4 和重碳氢化合物 C_mH_n 等在离开锅炉前，并未完全燃烧而造成的热损失。在计算或测试化学未完全燃烧热损失的具体数值时，一般把含量极小的重碳氢化合物忽略不计，这样可使计算和试验过程得到大大的简化。

根据标准状态下 $1m^3$ 的 CO、H_2、CH_4 等物质的燃烧热数值，如果再能通过试验测定出烟气中各可燃成分的容积百分比，就可以计算出化学未完全燃烧热损失的最终数值，它等于烟气中各可燃气体的容积与其发热量乘积的总和：

$$Q_3 = V_{dg}(126.4CO + 107.9H_2 + 358.2\,CH_4)\left(1 - \frac{q_4}{100}\right) \quad kJ/kg \tag{2-83}$$

式中 CO、H_2、CH_4——干烟气中一氧化碳、氢、甲烷所占的容积份额；

CO 的发热量为 12 640kJ，H_2 的低位发热量为 10 790kJ，甲烷的发热量为 35 820kJ。

计算式中的系数 $\left(1-\frac{q_4}{100}\right)$ 是因为有机械未完全燃烧损失的存在，将使得每千克燃料中只有 $\left(1-\frac{q_4}{100}\right)$ kg 的燃料参与燃烧并生成了烟气，所以应对生成的干烟气容积进行修正。

燃用固体燃料时，气体未完全燃烧产物只考虑一氧化碳，于是

$$\left.\begin{aligned}Q_3&=236(C_{ar}+0.375S_{ar})\frac{CO}{RO_2+CO}\left(1-\frac{q_4}{100}\right)\quad kJ/kg\\q_3&=\frac{Q_3}{Q_f}\times100=236(C_{ar}+0.375S_{ar})\frac{CO}{RO_2+CO}\left(\frac{100-q_4}{Q_f}\right)\end{aligned}\right\}\tag{2-84}$$

煤粉炉中 q_3 一般不超过 0.5%，而现代的大型煤粉锅炉，只要燃烧正常，基本上都可以做到化学未完全燃烧热损失为零。

化学未完全燃烧热损失的大小与燃烧方式、燃煤种类与性质、炉膛过量空气系数、燃烧设备及炉膛的结构以及运行工况等因素有关。

一般燃用高挥发分煤种时，炉内可燃气体量增多，易出现 q_3 较大的现象。

炉膛容积过小、烟气在炉内流程过短时，会使一部分可燃气体来不及燃尽就离开炉膛，从而使 q_3 增大。

炉膛过量空气系数对化学未完全燃烧热损失的影响已在最佳过量空气系数的确定方法中进行了讲解，总的来说，化学未完全燃烧热损失的大小与过量空气系数的大小、燃烧过程的组织方式、可燃气体与氧气的混合工况等密切相关。若过量空气系数 α_f'' 取得过小，可燃气体将得不到充足的氧气而无法燃尽；反之又会使炉温降低，不利于燃烧反应的继续，这都将使 q_3 增大。

四、排烟热损失 Q_2

烟气离开锅炉本体最后一个受热面时的温度称为排烟温度，以 ϑ_{exg} 表示。由于 ϑ_{exg} 高于燃料和冷空气入炉时的温度，因此烟气排出锅炉时所带走的热量要高于燃料和空气入炉时带入的热量，从而造成排烟热损失。锅炉的排烟热损失为

$$\left.\begin{aligned}Q_2&=(h_{exg}-h_{ca})\left(1-\frac{q_4}{100}\right)=[h_{exg}-\alpha_{exg}V^0(ct)_{ca}]\left(1-\frac{q_4}{100}\right)\quad kJ/kg\\q_2&=\frac{Q_2}{Q_f}\times100\end{aligned}\right\}\tag{2-85}$$

式中　h_{exg} ——排烟焓，按排烟过量空气系数 α_{exg} 和排烟温度 ϑ_{exg} 计算，kJ/kg；

h_{ca} ——冷空气的焓，kJ/kg；

$(ct)_{ca}$ ——$1m^3$（标准状况下）冷空气的焓，kJ/m^3，计算中一般取 $t_{ca}=20\sim30$℃。

排烟热损失是室燃煤粉锅炉机组中热损失最大的一项，现代电厂锅炉的排烟热损失一般为 4%～8%。排烟温度 ϑ_{exg} 越高，则排烟损失就越大。一般 ϑ_{exg} 每增高 15～20℃，会使 q_2 增加约 1%，即锅炉效率下降约 1%。值得注意的是，降低排烟温度固然可以节约燃料，但却使得锅炉尾部受热面的传热温差变小，这样，为了回收那些有限的热量，则需要布置更多的受热面，致使金属耗量大量增加，且随着受热面的增加，通风阻力和风机电耗也随之增加，这就使得锅炉的整体经济效益下降，显然是得不偿失的。因此，合理的排烟温度应该对排烟热损失大小和受热面的金属耗量进行总体的技术经济比较来确定，这样得到的锅炉的排烟温

度一般在 110～150℃之间。

除了排烟温度，排烟热损失的大小还与燃料的性质有关。譬如，燃用高水分和高硫分的煤种时，随着水分增大，排烟容积和热容量都将增大，结果会使排烟热损失增大；而为了减轻尾部受热面低温腐蚀，就需要提高空气预热器的管壁温度，这将使得锅炉的设计不得不采用较高的排烟温度。

炉膛出口处的过量空气系数 α''_{f} 一般作为衡量锅炉过量空气系数的特征值，其大小以及沿烟气流程各处烟道的漏风量多少，都会影响排烟处的过量空气系数α_{exg}，因而也将影响排烟热损失。漏风使 q_2 增大的原因可从两方面理解。其一，锅炉烟道的漏风增大了排烟容积，因此导致排烟热损失增大，这一点从公式（2-85）中可以清楚地看出；其二，锅炉烟道的漏风同时会使排烟温度升高。这是因为漏入烟道的冷空气虽然会使漏风点处的烟气温度降低，但同时它使得漏风点以后所有受热面的传热量都减小，而使其后每级受热面出口的烟气温度都有所上升，当然也包括排烟温度的升高，而且漏风点越远离排烟点，这个影响就越大。

锅炉运行中，当某些受热面的管壁内侧发生结垢，而管壁外侧发生结渣、积灰时，烟气与这部分受热面的传热量将大幅度减小，锅炉的排烟温度也将升高。因此，为了保证锅炉的经济运行，必须经常性的保持受热面的清洁。

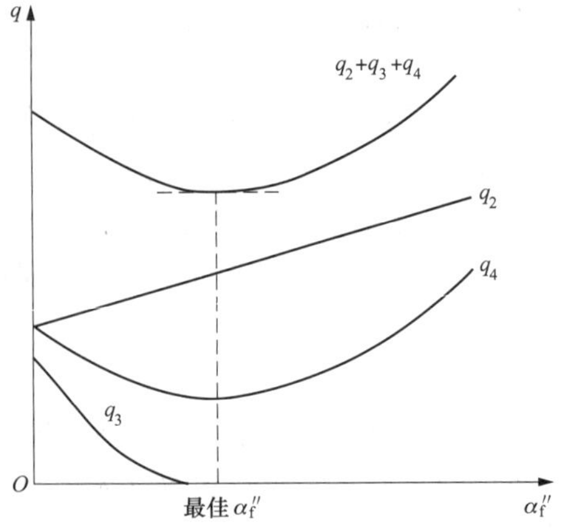

图 2-7　最佳过量空气系数

通过对排烟热损失q_2、化学和机械未完全燃烧热损失q_3 和q_4 的分析可以看出，这三个参数的大小均与炉膛出口过量空气系数α''_f有关，因此如何权衡四者之间的关系，使得总体的经济效益最好，应该是锅炉工作者关切的问题。如图 2-7 所示，给出了最佳的炉膛出口过量空气系数值的确定方法，理论上说，使排烟热损失q_2、化学和机械未完全燃烧热损失q_3 和q_4 的总和最小时，所对应的炉膛出口过量空气系数 α''_f 称为最佳过量空气系数，它的数值一般是通过燃烧调整试验进行确定。

五、散热损失 Q_5

处于工作状态中的锅炉，其所有裸露在外的部分包括炉墙、进出锅炉本体的汽水管道、烟风道、联箱等的温度均远高于周围环境温度，这样就会通过自然对流和辐射的方式向环境中散热，造成了所谓的散热损失。散热损失的大小和锅炉散热表面积的大小、散热外表面温度值的高低、保温层的材料、厚度及完善程度、环境温度等因素密切相关，理论上可以按照传热学的方法进行计算：

$$\left.\begin{aligned} Q_5 &= \frac{\sum S_{hds}}{B}(\alpha_c+\alpha_r)(t_{hds}-t_0)\text{kJ/kg} \\ q_5 &= \frac{Q_5}{Q_f}\times 100 \end{aligned}\right\} \tag{2-86}$$

式中　$\sum S_{hds}$——锅炉散热表面积，m^2；

α_c——对流换热表面传热系数，$kW/(m^2\cdot ℃)$；

α_r——辐射换热表面传热系数，$kW/(m^2\cdot ℃)$；

t_{hds}——锅炉散热表面温度，℃；

t_0——周围空气温度℃；

B——燃料消耗量，kg/s。

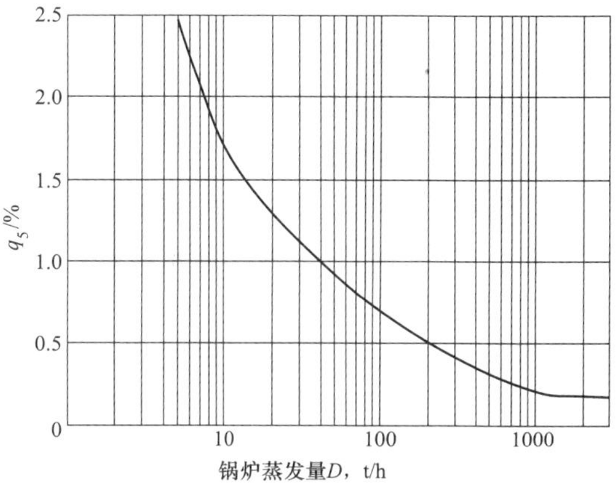

图 2-8　额定容量下锅炉的散热损失

但实际上，由于散热表面的复杂程度非同一般，且不同的表面处热流密度也各不相同，例如在不规则的外表面上分布着大小粗细不一，内部介质温度不同的各类穿墙管道，使得简单的传热公式变得非常复杂，因此使得整个锅炉的散热量计算或者实验测量都变成了非常困难的问题，一般都是根据锅炉额定容量由图 2-8 来查取。从图中可以看出，随着锅炉额定蒸发量增大，散热损失 Q_5 与 q_5 随之减小。这是因为，蒸发量增大则燃料消耗量 B 与其近似成正比地增加（前提是锅炉参数基本不变，锅炉效率基本不变，而这实际上是无法做到的），但锅炉的散热表面积 $\sum S_{hds}$ 却增加得慢些（这是因为容量的增加正比于锅炉线性尺寸的三次方，而面积的增加只是正比于线性尺寸的平方），因此相对 1kg 燃料的散热表面积 $\sum S_{hds}/B$ 是减小的。当锅炉在非额定容量下运行时，由于散热表面的温度变化不大，因此总散热量的变化较小。但相对于 1kg 燃料的 Q_5 却有明显变化，可以近似地认为散热损失与锅炉运行负荷是成反比变化的，即

$$q_5 = q_5^r \frac{D_r}{D} \tag{2-87}$$

式中　q_5、q_5^r——锅炉运行容量和额定容量下的散热损失；

D、D_r——锅炉的运行容量和额定容量，kg/s。

在进行锅炉热力计算时，需要计算每一段受热面所在烟道的散热损失，这显然是一项非常复杂的问题。工程上的处理方法是将各段烟道在结构和所处环境上的差别予以忽略，假定各段烟道的散热损失仅与该烟道中烟气传给受热面的热量成正比，并用所谓的保热系数 φ 来考虑这段烟道的散热损失：

$$\varphi = \frac{\text{受热面传给工质的热量}}{\text{烟气放热量}} = \frac{\text{受热面传给工质的热量}}{\text{受热面传给工质的热量} + \text{烟道的散热量}}$$

即

$$1 - \varphi = \frac{\text{烟道的散热量}}{\text{烟气放热量}}$$

由此可见，保热系数 φ 表示在锅炉烟道中，烟气的放热量被受热面有效吸收的程度。而 $1-\varphi$ 则表示受热面所在烟道的散热程度，也称散热系数。在实际锅炉热力计算中，各段烟道的保热系数可取为同一值，并按整台锅炉的保热系数计算：

$$\varphi = \frac{Q_1 + Q_{ah}}{Q_1 + Q_{ah} + Q_5} \tag{2-88}$$

式中　Q_1——锅炉有效利用热，kJ/kg；

Q_{ah}——空气预热器吸热量，kJ/kg；

Q_5——散热损失，kJ/kg。

实际上，锅炉空气预热器的吸热量相对锅炉有效利用热量 Q_1 的数值还是很小的，因此可以将 Q_{ah} 忽略，这样保热系数即为

$$\varphi = 1 - \frac{q_5}{\eta_b + q_5} \tag{2-89}$$

式中 η_b——锅炉机组的效率。

大型电站锅炉的散热损失值一般为 0.1%～0.2%，保热系数可高达 0.998 以上。

六、灰渣冷却热损失 Q_6

锅炉机组的灰渣冷却热损失主要是指灰渣带走的物理显热损失 Q_6^{sl}，其次还有对锅炉一些耐高温承重的支吊管（内部通水冷却）通水冷却造成的损失，这一项由于数目很小，现代大型锅炉往往不做计算。

燃用固体燃料时，由于从炉膛落入冷灰斗时的灰渣的温度（600～800℃）远高于燃料入炉温度，因此造成了热量损失，称为灰渣物理热损失。其大小与燃料的灰分、燃料的发热量和排渣方式等因素有关。一般选择液态排渣方式的锅炉以及沸腾炉等，灰渣物理热损失相对较大。而对于固态排渣煤粉炉，只有当燃料灰分较大时（$A_{ar} \geqslant \frac{Q_{net,ar}}{419}$）才计算灰渣物理热损失，计算方法为

$$\left.\begin{aligned} Q_6^{sl} &= \alpha_{sl}(ct)_{sl}\frac{A_{ar}}{100}\text{kJ/kg} \\ q_6^{sl} &= \frac{Q_6^{sl}}{Q_f} \times 100 \end{aligned}\right\} \tag{2-90}$$

式中 $(ct)_{sl}$——1kg 灰渣的焓，根据灰渣温度由表 2-4 查取。

七、锅炉机组热效率和燃料消耗量

通过前面的介绍可知，锅炉燃料的输入热量 Q_f 并不能被工质全部吸收利用，而是要损失一部分，我们把能够利用的部分称为锅炉机组的有效利用热 Q_1(kJ/kg)，它包括过热蒸汽从给水温度加热到过热温度所吸收的热量、再热蒸汽从进口温度加热到出口温度所吸收的热量以及排污水从给水加热到排污时的温度所吸收的热量。可按下式计算：

$$Q_1 = \frac{D_{sh}(h''_{sh} - h_{fw}) + D_{rh}(h''_{rh} - h'_{rh}) + D_{bl}(h' - h_{fw})}{B} \quad \text{kJ/kg} \tag{2-91}$$

式中 B——燃料消耗量，kg/s；

D_{sh}——过热蒸汽流量，kg/s；

h''_{sh}——过热蒸汽焓，kJ/kg；

h_{fw}——给水焓，kJ/kg；

D_{rh}——再热蒸汽流量，kg/s；

h''_{zr}、h'_{rh}——再热蒸汽出、入口焓，kJ/kg；

D_{bl}——排污水流量，kg/s；

h'——汽包压力下饱和水焓，kJ/kg。

式（2-91）分子上的第三项为排污水吸收的热量，排污水是将锅炉汽包水位面附近的锅水通过排污管道排至排污扩容器，目的是为了减小过热蒸汽携带锅炉水中的盐分而导致过热器管道结垢。其大小与锅炉排污水量与总蒸发量的比值（称为排污率）有较大的关系。小型

工业锅炉排污水流量与过热蒸汽流量的比值较大，可达5%～10%，因此排污水带走的热量值很大；但在现代凝汽式电站中，锅炉的排污量一般不超过蒸发量的2%，该项热量的值就很小，有时可忽略。

需要特别指出的是，在以式（2-91）计算锅炉的有效利用热时，锅炉排污水的吸热量并没有作为损失而是作为有效利用热量的一部分来处理的。这是因为虽然从电站锅炉所在的机组系统角度分析，锅炉排污水吸收的热量与过热蒸汽及再热蒸汽吸热有本质的不同，随排污水跑掉的热量并不会转化成机组系统的产品，最多会被回收利用一部分，基本可以认为是热损失。但是，从锅炉的角度出发，排污水已经吸收了燃料的化学能，完成了从给水到锅炉汽包饱和水的加热任务，并没有在锅炉中成为损失，这好比将饱和蒸汽用来吹灰是一个道理，并不能将其算为损失。但如果单从式（2-91）的角度看，排污水的吸热量增加将增加锅炉的有效利用热量，从而得出机组效率提高的结论，显然是有悖常理的。所以说，从整个电厂的角度来看，排污吸收的热量确实是一种损失，如果想要提高机组系统的整体效率，锅炉排污的吸热量要越少越好。

根据锅炉机组的有效利用热 Q_1、输入热量 Q_f 和燃料消耗量 B，可以计算锅炉机组的热效率 η_b；或者如果已知输入热量 Q_f、有效利用热 Q_1 及热效率 η_b，可以求出锅炉机组的燃料消耗量 B

$$\eta=\frac{Q_1}{Q_f}\times 100=\frac{100}{BQ_f}[D_{sh}(h''_{gr}-h_{fw})+D_{rh}(h''_{rh}-h'_{rh})+D_{bl}(h'-h_{fw})] \quad (2-92)$$

$$B=\frac{100}{\eta Q_f}[D_{sh}(h''_{sh}-h_{sh})+D_{rh}(h''_{rh}-h'_{rh})+D_{bl}(h'-h_{fw})] \quad \text{kg/s} \quad (2-93)$$

在进行燃料的燃烧计算时，我们总是假定燃料是烧完的，但由于机械未完全燃烧损失 q_4 的存在，实际上入炉的燃料只有一部分 $\left(1-\frac{q_4}{100}\right)$kg 参加了燃烧反应。这就使得实际燃烧所需的空气量和燃烧产物——烟气量都相应的减小，因此在热力计算中，涉及这些计算时，都要考虑燃料量的修正。实际参与燃烧的燃料量成为计算燃料消耗量，用 B_{cal} 表示：

$$B_{cal}=B\left(1-\frac{q_4}{100}\right) \quad (2-94)$$

锅炉热力计算过程中，绝大多数情况下都应采用 B_{cal}，但在燃料供应和制粉系统的计算中，则应按实际燃料消耗量 B 进行。

八、锅炉机组热平衡试验

锅炉机组热效率可用热平衡试验来测定，测定方法有正平衡和反平衡两种。所谓正平衡方法是直接确定锅炉机组的有效利用热量 Q_1、燃料消耗量 B 及燃煤的低位发热量等，然后按照式（2-92）计算出锅炉热效率。由正平衡法测出的锅炉效率称为正平衡效率。亦称作输入—输出法效率。

所谓反平衡确定锅炉热效率的方法，就是通过试验测定出锅炉的各项热损失 q_2、q_3、q_4、q_5 和 q_6，然后按下式计算出锅炉机组的热效率：

$$\eta=100-\sum_{i=2}^{6}q_i \quad (2-95)$$

热平衡试验是锅炉众多热工试验项目中最重要也是最基础的一项试验。热平衡试验有以下作用：

（1）可对新出厂的锅炉进行性能鉴定。考察新产品的技术经济指标是否达到设计要求，并查明设备在运行中的缺陷。

（2）作为锅炉运行调整试验的一部分，确定锅炉设备最佳运行方式，规定设备的技术经济指标，作为制订、修订运行规程和运行技术管理的依据。

（3）对改造或检修前后的设备进行技术经济效果的对比；煤种、操作技术有较大改变时，需确定合理的运行参数，掌握设备运行的经济性。

锅炉热平衡试验涉及的测量参数众多，测量难度较大，需要的人力物力等客观条件较多，因此进行一次试验，需要相当长的准备时间和较长的试验时间。尤其是正平衡试验，需要测量原煤的消耗量以及过、再热蒸汽的流量等参数，都很难测准，况且正平衡试验要求试验期间锅炉的负荷和主要参数都要长时间保持稳定，这是相当不容易做到的。因此大型电站锅炉一般都采用反平衡方法测定锅炉效率。反平衡试验中，需要测量的项目众多，许多称重、化验等项目都需要对原煤、灰渣、飞灰进行精确的取样，因此工作量大，任务繁重。但是反平衡实验过程中，对负荷的平稳性要求较低，况且可以了解锅炉的热损失的具体分布状况，这对提高整个机组的经济性是有益处的。

第五节 磨 煤 机

在室燃方式的锅炉中，煤是要被制成很细的煤粉来进行燃烧的，这一点与层燃方式和流化床燃烧方式都不同。将原煤制成煤粉需要很多设备协同工作才能完成，而这些设备中最主要的就是磨煤机，它与其他设备组成制粉系统，从而实现制备煤粉的目的。磨煤机一般通过撞击、挤压和研磨三种作用方式将煤块破碎并磨制成煤粉，在破碎的同时，通过对磨煤机进行通热风实现煤粉的干燥。以方便继续磨碎并方便输送。磨煤机的种类很多，电力工业中通常根据磨煤机转速大致把磨煤机分为三类：

低速磨煤机：转速为 15～25r/min，如筒式钢球磨煤机，也称球磨机；

中速磨煤机：转速为 50～300r/min，如碗式磨煤机、轮式磨煤机、环球式磨煤机（E型磨）等；

高速磨煤机：转速一般在 500～1500r/min 范围，如风扇磨煤机等。

当前国内电厂采用最多的是中速磨煤机，当然筒式钢球磨煤机和风扇磨煤机也有一定的应用。

一、筒式钢球磨煤机

筒式钢球磨煤机又可简称为球磨机，传统的球磨机为单进单出球磨机，20 世纪末期又在其基础上发展出了双进双出球磨机。

（一）单进单出钢球磨煤机

单进单出磨煤机的结构如图 2-9 所示，它由金属外壳、钢制筒体、锰钢护甲、绝热石棉垫、隔声毛毡层等组成，筒身直径约 2～4m，长 3～10m，内装适量直径为 25～60mm 的钢球，筒身两端制成空心轴颈架在大轴承上，一端是原煤与热空气进口，另一端是气粉混合物出口。

磨煤机工作时，筒内钢球和煤粒被旋转的筒体提升至一定高度后脱离旋转的筒身自由下落或作斜抛运动，对堆积在筒体下部的煤粒进行撞击，与此同时钢球与钢球之间、钢球与护

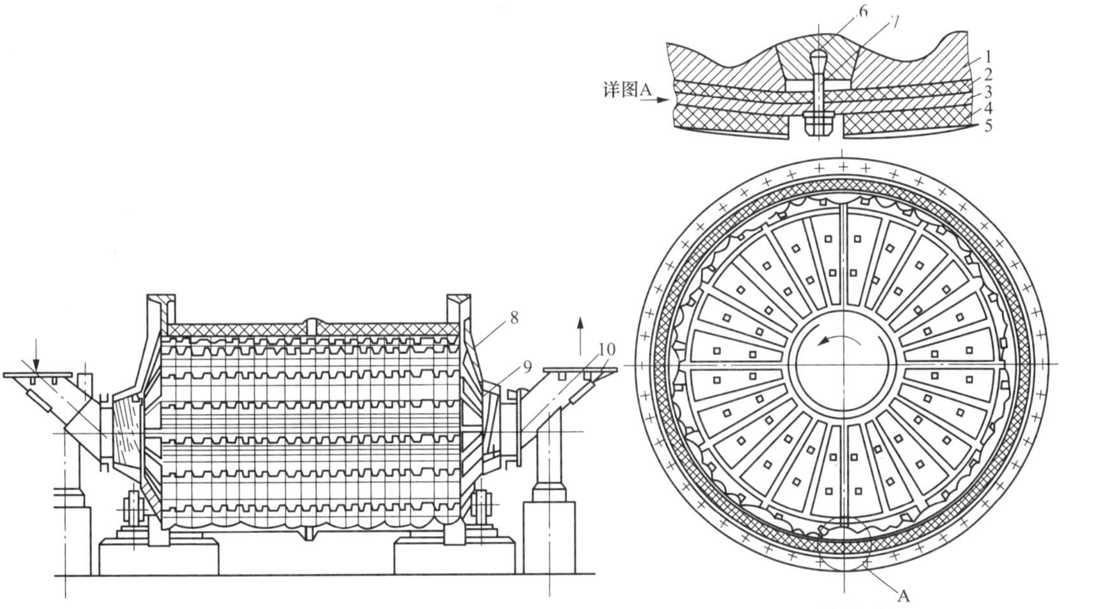

图 2-9　单进单出磨煤机

1—波浪形护甲；2—绝热石棉垫；3—筒体；4—隔声毛毡层；5—钢板外层；6—定位压紧楔块；7—螺栓；8—筒体封头；9—空心轴颈；10—短管

甲之间的挤压和研磨也使得裹挟在其间的煤粒被粉碎成煤粉。与原煤一同进入的热空气既干燥了煤粉，又可将煤粉吹送出筒体。显然，干燥剂流速大小，决定了带出的煤粉量多少，流速越大，磨煤机的出力越大，但带出的煤粉越粗。一般为了减小粗粉分离器的工作压力，常将筒体内干燥剂流速控制为1～3m/s。

钢球磨煤机有很多优点，如宽广的煤种适应性，对杂质的敏感性低，工作可靠性高，运行维护方便等。尤其有利于无烟煤、贫煤和劣质煤的制粉过程。但由于钢球磨煤机筒体和护甲、钢球的重量远大于原煤的重量，因此造成了该磨煤机的缺点也是非常明显：电耗过高，低负荷运行不经济。此外，钢球磨煤机还有噪声大、设备庞大、初投资高、煤粉均匀性较差等缺点。

钢球磨煤机的工作状况受很多因素影响，其中影响较大的是临界转速与工作转速、护甲性能、钢球直径、钢球充满系数、通风量、筒内载煤量。

1. 临界转速与工作转速

磨煤机的转速对磨煤过程的影响很大，图 2-10 示出了筒体内的钢球随转速变化的运动状态。当筒体转速很低时，钢球不能被护甲带动完成必要的转动，因此无法提升到应有高度，其下落的动能十分有限，再者，筒内钢球与煤粉拥塞在一起，既没有足够的相对运动也不易被输送介质带走，而是在筒内反复翻滚，导致煤粉磨得过细，磨煤出力很低；再看筒体转速过高的情况，护甲对钢球的摩擦力足够大，可以带动钢球贴着筒壁一起旋转，宏观上形成一个整体，不再具备相对运动能力，其结果是对煤粒失去破碎功能；由此可以看出：筒体的转速只有处于上述两者之间时，才可能将钢球对煤粒的破碎、挤压和研磨功能发挥至最大。我们把对应于钢球随筒壁一起旋转时的筒体旋转速度称为临界转速，以 n_{cr}表示。在临界状态下钢球所受的离心力与重力相等，据此可以推导得出：

$$n_{cr}=\frac{42.3}{\sqrt{D}}\quad r/min \tag{2-96}$$

式中 D——筒体内径，m。

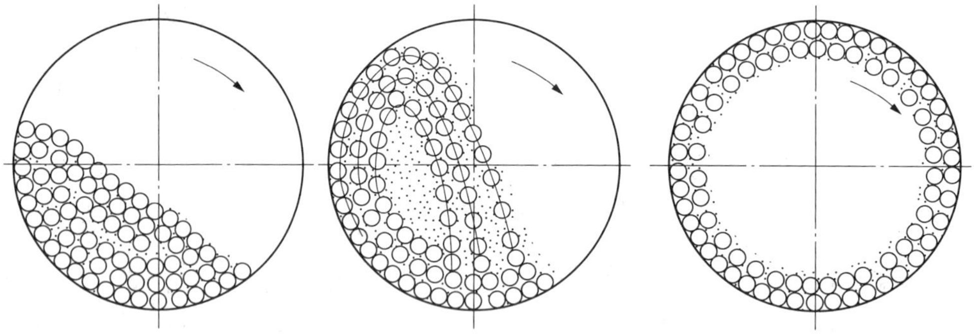

图 2-10 筒体不同转速时钢球的运动状况

不同的球磨机其工作转速 n 与临界转速 n_{cr} 之间的关系略有不同，我国生产的钢球磨煤机一般为 $n/n_{cr}=0.74\sim0.8$。

2. 护甲性能

护甲的形状及表面摩擦系数对磨煤出力有很大影响。随着护甲的磨损增大，磨煤出力将逐渐降低。在钢球磨煤机的筒体内，钢球是被筒体带动旋转的，故钢球旋转速度永远小于筒体本身的旋转速度，两者的差值取决于钢球与护甲间的摩擦系数，摩擦系数愈小，筒体和钢球的速度差越大，也即表明钢球与护甲间相对滑动较大，这将造成较大的能量浪费，降低磨煤的经济性；反之如果护甲的摩擦系数高，则表示可以在较小的能量消耗下达到钢球的最佳工作状态。因此，护甲的性能对磨煤机工作状况的影响也是显而易见的。

3. 钢球充满系数

钢球磨煤机筒体内所装载的钢球量通常用钢球容积占筒体容积 V 的百分数来表示，称为钢球充满系数或充球系数 ψ，其表达式为

$$\psi=\frac{G_b}{\rho_b V} \tag{2-97}$$

$$V=\frac{\pi}{4}D^2L \tag{2-98}$$

式中 G_b——钢球装载量，t；

V——磨煤机筒体容积，m^3；

L——磨煤机筒体长度，m

ρ_b——钢球堆积密度，取 $4.9t/m^3$。

筒体内处于不同层次的钢球，其制粉能力是不同的。从最外层到最里层，钢球磨粉能力逐渐递减。因此，磨煤出力不随 ψ 值成正比增加，而是与 $\psi^{0.6}$ 成正比。与此情况类似，磨煤机消耗的功率也并不与 ψ 值成正比增加，而是正比于 $\psi^{0.9}$。大量试验和运行数据表明，在 $\psi^{0.6}=0.10\sim0.35$ 的范围内，磨煤出力 B_g 和磨煤机电功率 P_g 与充球系数 ψ 之间具有如下关

系式：

$$\left.\begin{aligned} B_g &= a_1 G_b^{0.6} = c_1 \psi^{0.6} \\ P_g &= a_2 G_b^{0.9} = c_2 \psi^{0.9} \end{aligned}\right\} \tag{2-99}$$

因此，磨煤单位电耗 $E_g = P_g / B_g$ 与 $\psi^{0.3}$ 成正比。这就是说，增加钢球磨煤机的装载量，虽可增大磨煤出力，但磨煤单位电耗也增加。在相同煤粉细度下，单位电耗最小的充满系数称为最佳充球系数ψ_{opt}。根据经验，带波形护甲的钢球磨煤机的最佳充球系数可由下面的经验公式计算：

$$\psi_{opt} = \frac{0.12}{\left(\dfrac{n}{n_{cr}}\right)^{1.75}} \tag{2-100}$$

磨煤机制造商在提供设备和相关技术数据时，一般也提供产品的最大充球系数ψ_{max}。根据国内经验，波形护甲钢球磨煤机的最佳充球系数ψ_{opt}与最大充球系数之间有如下关系：

$$\psi_{opt} = (0.8 \sim 0.88)\,\psi_{max} \tag{2-101}$$

4. 钢球直径

当钢球充满系数一定时，减小钢球直径，则撞击次数与作用面积将增大，使得磨煤出力提高，但同时加剧了钢球的磨损。另外随钢球直径减小，撞击力减弱，不宜磨制硬煤及大块煤。因此，总原则是容易磨的煤采用较小的钢球直径（30～40mm），难磨的煤或大块煤时选用较大直径的钢球（50～60mm）。若根据煤种及磨煤机工作条件，将不同直径的钢球按比例搭配使用，也会有较好的磨煤效果。总之，钢球直径应按磨煤电耗与磨煤金属磨耗总费用最小的原则确定。

5. 筒内存煤量

球磨机筒内存煤量是一个具有双向影响的变量，如果球磨机运行过程中筒内存煤量过少，势必造成钢球之间的无效碰撞增多，磨煤有效功率减少，电能浪费严重；反之若筒内存煤量过多，将使钢球下落距离大幅度减小，钢球间的煤层厚度加大，钢球对煤粒的撞击和研磨功能减弱，磨制煤粉能力大大削弱，致使磨煤出力下降，严重时会造成筒体内原煤拥塞，磨煤机停止工作。

6. 通风量

通入钢球磨煤机筒体的风量大小对磨煤出力的影响很大，同时还会影响沿筒体长度方向煤的分布均匀性。对于通风量很小的情况，由于燃料主要富集在进口端。因此除了进口处沿筒体长度的其他部位基本上很少有煤炭，然而钢球沿筒体长度的分布基本上是均匀的，这样产生的结果就是大部分长度上钢球的能量没有被充分利用，而主要消耗在钢球之间以及钢球和护甲之间的无效碰撞中了。此外，因筒内风速过低，带粉能力不足，只有极细的煤粉才有可能被带出筒外，磨煤出力很低。随着通风量的增加，磨煤出力增大，磨煤的单位电耗也降低。但如通风量过大，则不合格的粗煤粉也将被带出，造成粗粉分离器回粉量增多，在系统内造成无益的循环，无谓地增加通风电耗。如果选择合适的通风量，使得磨煤与通风的电耗达到最佳匹配。这一通风量就称为最佳通风量，以 $Q_{V.opt}$ 表示。

磨煤机$Q_{V.opt}$的大小与煤的可磨性、粗粉分离器出口煤粉细度 R''_{90}、筒体容积 V 以及充球系数 ψ 等有关。钢球磨煤机最佳通风量可按如下经验公式计算：

$$Q_{V.opt} = \frac{38V}{n\sqrt{D}}\left(1000\sqrt[3]{K_{gr}} + 36R''_{90}\sqrt{K_{gr}}\sqrt[3]{\psi}\right)\left(\frac{0.1013}{p}\right)^{0.5}\ \mathrm{m^3/h} \tag{2-102}$$

式中 K_{gr}——煤的可磨性系数；

p——当地大气压力，MPa。

电力生产中，应尽量使磨煤机的通风量接近于最佳通风量，已达到最理想的磨煤效果。

（二）双进双出钢球磨煤机

双进双出钢球磨煤机是20世纪末期针对传统球磨机磨煤反应延迟过大、体积过大等缺点研制出的，其结构和工作原理与传统的钢球磨煤机类似，不同之处在于热风和原煤不再从一端进入筒体，而是从筒体两端的空心轴同时进入，而磨好的煤粉和输送介质也从两端引出。从两端进入的干燥介质气流在磨煤机筒体中间部位对冲反向流动，携带磨制好的煤粉从两空心轴的环状空间流出，进入煤粉分离器，形成两个相互对称又彼此独立的磨煤回路。

双进双出钢球磨煤机的结构示意于图2-11。在筒体的两端设计成中空轴，中空轴内设有一中心管，环绕中心管外侧固定一螺旋输送装置。在中空轴与中心管之间形成环状通道。螺旋输送装置像连续旋转的铰刀，使下落的原煤由端部环状间隙的下半部不断被刮向筒体内进行磨制。热风则经中空轴的中心管进入筒体，在筒体内对磨制中的原煤和煤粉进行干燥后，按与原煤进入磨煤机的相反方向，经中心管与中空轴之间的环形通道的上半部，将煤粉带出磨煤机，送入粗粉分离器进行分离。分离出来的粗煤粉经回粉管回到中空轴入口，与原煤混合，重新进入磨煤机研磨。

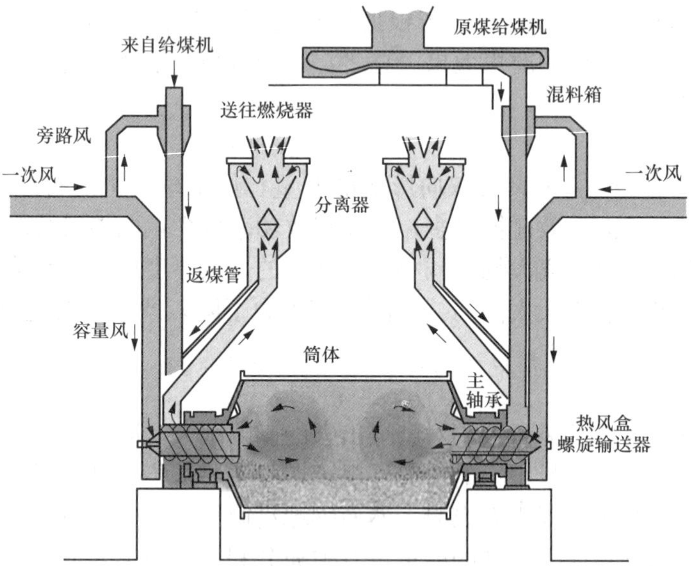

图2-11 双进双出钢球磨煤机

双进双出钢球磨煤机保持了单进单出钢球磨煤机的煤种适应性广等优点，同时，与单进单出钢球磨煤机相比，通风量可以大幅度增加，磨煤机出力和制粉单位电耗可以适当降低，同时大大缩短了煤粉制备的时间，减小了煤粉供应的迟延时间，缩小了设备尺寸，减小了占地面积。

二、中速磨煤机

中速磨煤机是我国电力生产中应用最多的一类磨煤机。此类磨煤机的工作原理均可追溯到传统的家用磨盘。目前国内大型电站锅炉上应用最多的是碗式磨煤机和轮式磨煤机，球环式磨煤机（E 型）在我国大型电厂中采用的不多。图 2-12～图 2-14 分别示出了这三种磨煤机的结构和工作原理。

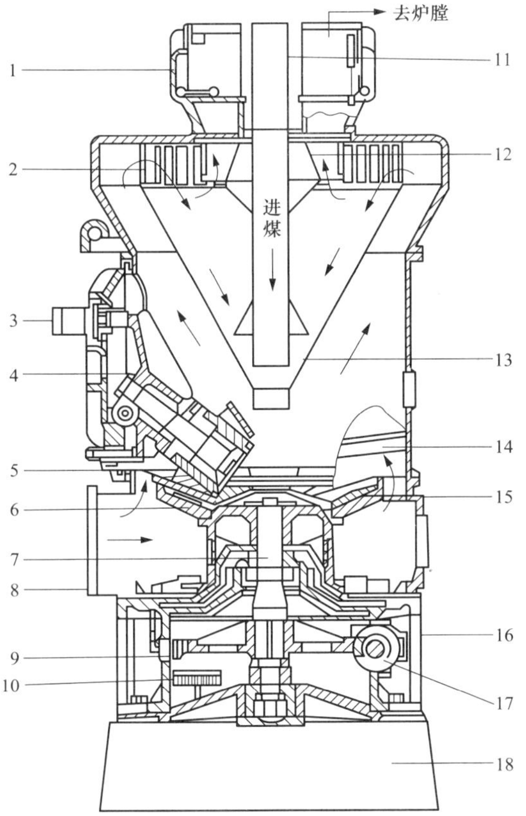

图 2-12　碗式中速磨（HP 型）

1—排放阀；2—煤粉分离器导流叶片；3—辊轴；4—压紧装置；5—磨辊；6—磨碗；7—主立轴；8—进风口；9—蜗轮；10—油冷却器；11—中心进煤管；12—出口挡板；13—分离器；14—分离器防磨套；15—磨环；16—底座与齿轮箱；17—蜗杆；18—基座

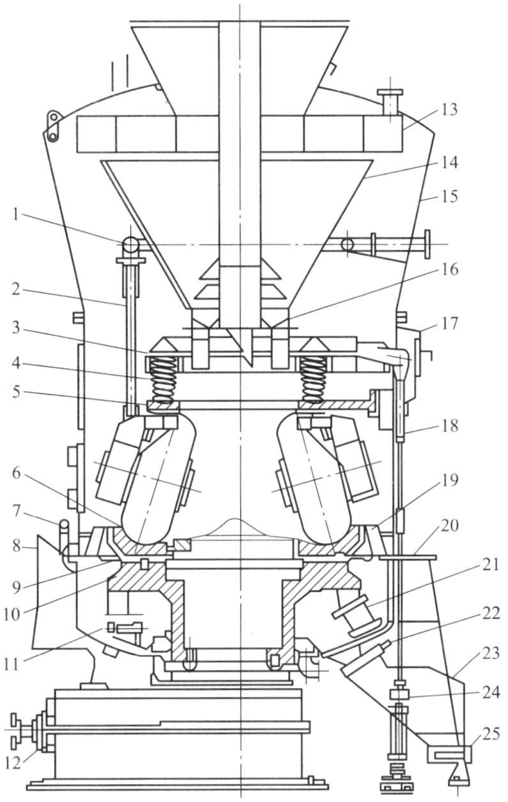

图 2-13　轮式中速磨（MPS 型）

1、2—密封空气总管；3—加载弹簧架；4—弹簧；5—压力架；6—磨环衬块；7—惰性气体总管；8—空气进口总管；9—磨环座；10—磨轭；11—石子煤内通道；12—驱动齿轮箱；13—百叶窗进口；14—分离锥；15—磨煤机上部机体；16—分离粗粉排出口；17—机体；18—加载弹簧组件；19—旋转叶片环组件；20—机座；21—石子煤出口；22—石子煤出口截门；23—石子煤室；24—加载油缸；25—石子煤底部截门

中速磨虽然种类繁多，构造各异，但其工作原理、结构基本相同。整体布局上，中速磨煤机均呈立式布置，自下而上由驱动装置、研磨部件、干燥分离设备和气粉混合物分配装置组成。不同类型中速磨煤机结构上最大的区别基本在于研磨部件的不同。碗式磨煤机的研磨部件为磨碗与磨辊的组合，轮式磨煤机为磨环与滚轮的组合，E 型中速磨煤机则为磨环与钢球的组合。磨辊和磨轮的数目均为 3 个，在圆周上相隔 120°布置，E 型磨的钢球个数稍多，约为 10 只。

中速磨煤机大都采用磨盘转动方式进行煤粉制备工作：由电动机经减速装置驱动立式主

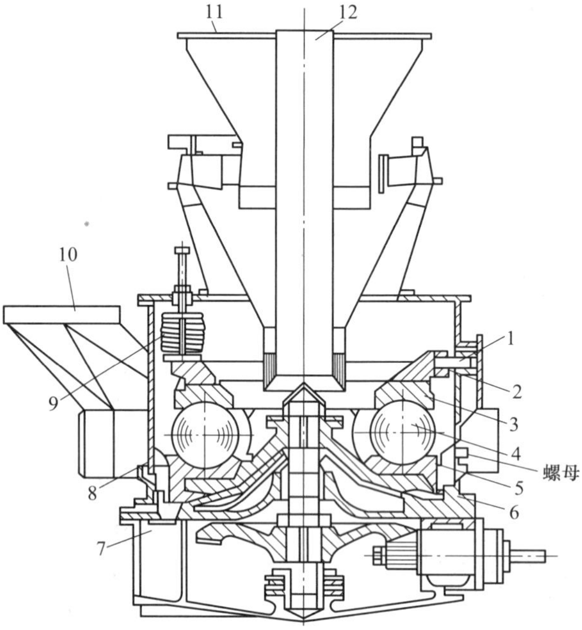

图 2-14　球形中速磨（E 型）

1—导块；2—压紧环；3—上磨环；4—钢球；5—下磨环；6—轭架；7—石子煤箱；8—活门；9—压紧弹簧；10—热风进口；11—煤粉出口；12—原煤进口

轴，带动磨碗或磨环（E 型磨则为下磨环）转动。原煤经中心落煤管落入磨盘，磨辊或磨球在压紧力的作用下对煤粒施以挤压和研磨作用，将原煤粉碎为煤粉。磨制好的煤粉在离心力和中心落煤的推挤下，自内向外缘运动，被抛甩至磨碗或磨环周缘的风环上方。进入风室的热风干燥剂，经过随磨碗或磨环一起转动，由导向叶片或喷嘴组成的风环均匀进入煤粉研磨区的外缘环状空间，并沿原煤与煤粉移动的相反方向，对煤粉进行干燥，随后将煤粉带入磨煤机上部空间的煤粉分离器进行分离，不合格的粗煤粉在分离器中分离下来，在锥形分离器底部与原煤混合后返回研磨区重新研磨；而合格的煤粉则由干燥剂输送，经气粉混合物分配器分配至各一次风管，然后进入燃烧器后被吹入炉膛燃烧。原煤中夹带的难磨杂质（煤矸石、石块，硫铁矿石等）在磨煤过程中也被甩至风环上方，因风环风速还不足以将其带出而下落至杂物箱内，定期作为杂质排出。

三、风扇磨煤机

风扇磨煤机属于高速磨煤机，图 2-15 示出了风扇磨煤机的结构和工作原理。它由叶轮和蜗壳组成。叶轮上装有 8～12 块锰钢制成的冲击叶片，蜗壳内衬有耐磨护甲。原煤进入磨煤机后，被高速转动的冲击叶片击碎后抛掷到蜗壳护甲上，煤粒与护甲的撞击以及煤粒的相互撞击，致使煤二次破碎而成为煤粉。煤粉被热空气干燥后带入分离器进行粗粉分离。蜗壳下方设有活门，以便排放杂物。

由于煤粉在风扇磨煤机中大多处于悬浮状态，再加上风扇磨煤机本身的扇风作用（可用热风或炉烟做干燥剂），使得风扇式磨煤机具有极强烈的干燥作用，因此可以磨制高水分煤。不过也正因为风扇磨煤机的高转速，才造成了冲击叶片和护甲的严重磨损，且磨出的煤粉也较粗，因此风扇磨煤机不宜磨制硬煤、强磨损性煤及低挥发分煤。一般适合磨制 $K_{gr}>1.3$、

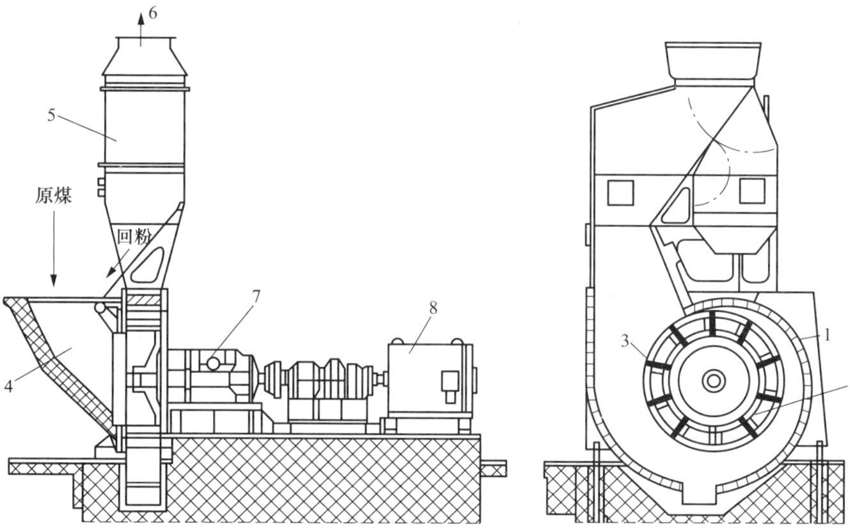

图 2-15　风扇式磨煤机结构

1—窝壳状护甲；2—叶轮；3—冲击板；4—原煤进口分离器；5—煤粉分离器；6—煤粉流出口；7—轴承箱；8—电动机

(HGI)>70 的褐煤和烟煤。风扇磨煤机本身具有风机的作用，因此可以省掉排粉机而大大简化了系统。风扇磨煤机还具有结构简单、尺寸小、金属耗量少、运行电耗低等优点。其主要缺点是易磨部件磨损严重，机件磨损后磨煤出力明显下降，煤粉品质恶化，因此维修工作频繁。此外，煤粉细度值过大且煤粉均匀性指数低。

第六节　制　粉　系　统

从原煤仓出口开始，经给煤机、磨煤机、分离器等一系列煤粉的制备、分离、分配和输送设备，包括中间储存等相关设备和连接管道及其部件和附件，直到煤粉和空气混合物均匀分配给锅炉各个燃烧器的整个系统，简称为制粉系统。根据送粉方式不同，制粉系统主要分为储仓式和直吹式两种。储仓式制粉系统是磨制好的煤粉先储存在煤粉仓，给粉机从煤粉仓将煤粉送入炉内燃烧所对应的系统，这种系统一般使用球磨机，因为仓储式系统可以使球磨机一直工作在满负荷状态下，刚好克服了球磨机低负荷下运行不经济的主要缺点。直吹式制粉系统是指磨煤机磨制好的煤粉，由一次风直接经由燃烧器送入炉膛内燃烧。因此任何时候，直吹式制粉系统的磨煤量均与锅炉负荷相匹配。

与直吹式制粉系统比较，中间储仓式制粉系统的优点是：

(1) 利用给粉机调节送入锅炉的煤粉量，增强了各燃烧器煤粉流量的均匀性。同时，对锅炉负荷变化的响应比直吹式系统快（因直吹式系统须从给煤量开始调节，迟延较大）。

(2) 磨煤机出力不受锅炉负荷限制，可以一直在最经济出力下运行，磨煤电耗和金属耗量低。

(3) 便于实现母管制燃料供应系统，各锅炉煤粉仓之间的煤粉可通过螺旋输粉机相互输送，提高了机组运行的可靠性，同时也使磨煤机的备用容量减少。

与直吹式制粉系统相比，中间储仓制粉系统的缺点是：

（1）系统复杂庞大，建设初投资大。

（2）由于系统设备多，管路长，增加了煤粉爆炸的可能性，需增设防爆装置。

（3）系统中负压较大，漏风量大，致使输粉电耗增大，锅炉效率降低。

一、中间储仓式制粉系统

图 2-16 示出传统的钢球磨煤机中间储仓式制粉系统。原煤经给煤机 4 在下降干燥管 5 入口处与来自空气预热器 2 的热风混合后一边干燥，一边进入磨煤机 6。磨制好的煤粉被干燥剂带进粗粉分离器 8 中进行分离，分离出的不合格的粗煤粉返回磨煤机重磨，合格的煤粉则随干燥剂进入细粉分离器 10，细粉分离器的作用是将煤粉与干燥基分离以利于煤粉的储存，但经过细粉分离器（也叫旋风分离器）中一般只有大约 90%的煤粉能被分离出来，由细粉分离器下部落入煤粉仓 16，或经由螺旋输粉机 15 转送到其他锅炉的煤粉仓。而剩余的约 10%的极细的煤粉无法从干燥剂中分离出来，被称为乏气。经排粉机 22 提升压力后，可作为一次风去吹送给粉机 17 落入一次风管的煤粉直接送入锅炉燃烧，如图 2-16（a）所示；也可以作为三次风直接送入炉膛主燃烧器上部炉膛参与燃烧如图 2-16（b）所示。前者称为

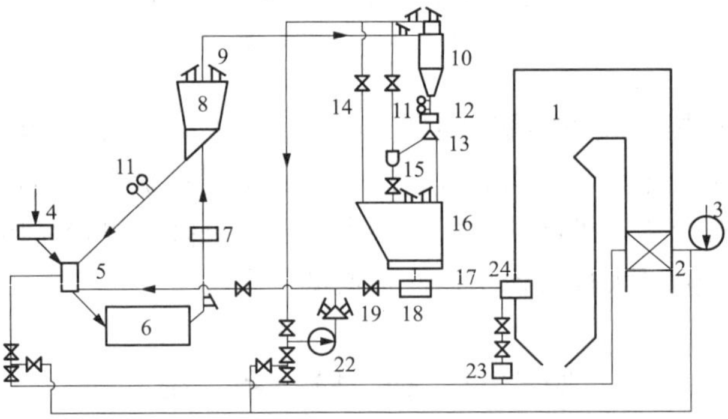

(a) 乏气送粉系统

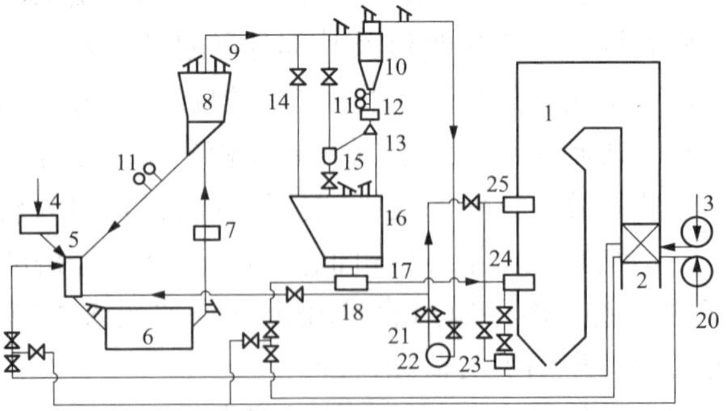

(b) 热风送粉系统

图 2-16 中间储仓式制粉系统

1—锅炉；2—空气预热器；3—送风机；4—给煤机；5—下降干燥管；6—磨煤机；7—木块分离器；8—粗粉分离器；9—防爆门；10—细粉分离器；11—锁气器；12—木屑分离器；13—换向阀；14—吸潮管；15—螺旋输粉机；16—煤粉仓；17—给粉机；18—风粉混合器；19— 一次风箱；20— 一次风机；21—乏气风箱；22—排粉机；23—二次风箱；24—燃烧器；25—乏气喷嘴

乏气送粉系统，此系统由于一次风温偏低，只适用于高挥发分煤种；而对于着火温度高、反应性能差的无烟煤、贫煤和劣质烟煤，一般采用后一种系统，称为热风送粉系统，即直接采用温度较高的热风作为一次风来输送煤粉进入炉内燃烧，而乏气作为锅炉的三次风直接送入炉膛。

对于中间储仓式制粉系统，在排粉机出口与磨煤机入口之间，设有乏气再循环管可使部分乏气回到磨煤机中再循环，其作用是协调磨煤通风（输送风）、干燥通风和一次风（或三次风）三者之间的风量。如燃烧挥发分含量高水分低的优质烟煤，由于挥发分含量高，着火燃烧迅速，可以将煤粉磨的粗一些，这就需要增大磨煤通风量。但水分很低需要的干燥通风量却不大，因此加大磨煤通风量的同时也增大了干燥通风量，煤粉水分值就会过低，这对设备的安全性是十分不利的。如果采用向系统内加冷风的做法可以解决上述矛盾，但却会排挤空气预热器中的有组织的空气流量，致使排烟温度升高，锅炉效率降低。因此，采用乏气再循环的方式即可很好地解决上述风量难以协调的矛盾。煤粉在储存和运输过程中，煤粉水分值过高或过低都有害处，过高会使煤粉受潮结块，过低则会导致自燃爆炸。因此在煤粉仓的顶部一般设有吸潮管，以将系统中的潮气吸出，而对于自燃爆炸倾向较强的烟煤、褐煤粉，在磨煤机和排粉机的进、出口，分离器和煤粉仓顶部以及煤粉管道最高部位等处都设有防爆门，以防煤粉发生爆炸时损坏制粉设备。

中间储仓式制粉系统内部为了防止煤粉泄漏，一般从磨煤机至排粉机入口整个区域都处于负压下运行，在磨煤机入口处一般维持 200Pa 的负压，在到达排粉机入口时，负压已达 6000～8000Pa。所以，制粉系统中环境漏入系统的风量非常大。这些漏入的空气，将进入炉内参与燃烧，从而减少了空气预热器中的计划空气量，导致锅炉排烟温度升高。

二、直吹式制粉系统

所谓直吹式制粉系统就是磨煤机磨制好的煤粉，由煤粉输送介质直接吹送进入炉膛内部燃烧。因此，在任何时候，一台锅炉磨煤机的制粉总量，总是等于锅炉的煤消耗量。

前已述及，传统的单进单出筒式钢球磨煤机在低于满负荷下运行不经济，如若采用单进单出钢球磨煤机，则机组将不能参与电网调峰或变负荷运行，因此一般只有中速磨煤机、双进双出钢球磨煤机和风扇式磨煤机才选配直吹式制粉系统。

配中速磨煤机的直吹式制粉系统按排粉风机在系统中的安装位置，可以将系统分成两类：排粉机装在磨煤机之后，使得整个系统处于负压下工作的称为负压直吹式制粉系统；而排粉风机装在磨煤机之前的使磨煤机工作在正压状态下的则称为正压直吹式制粉系统。

在图 2-17（a）所示的负压直吹式制粉系统中，来自空气预热器的热风与原煤斗下落的煤通过各自的入口分别进入磨煤机，煤在磨煤机内一边干燥一边被磨煤机磨成煤粉。磨制好的煤粉与完成干燥任务的干燥剂（也称为乏气）一同由排粉机通过燃烧器送入炉膛燃烧；而补充煤粉燃烧所需氧量的热空气由燃烧器的二次风喷口直接进入炉膛参与燃烧过程。由于中速磨煤机下部局部有正压，故需引入一股压力冷风起密封作用。在这种负压直吹式制粉系统中，燃烧所需的煤粉全部需要通过排粉机，因此对排粉机的磨损非常严重，常常使得排粉机效率下降，电耗增加，甚至要经常停机维护，既增加了维护费用又大大降低了系统可靠性。此外，负压直吹式制粉系统漏风大，锅炉效率低，但其最大的优点是不会造成煤粉外漏，工作环境好。

在图 2-17（b）所示的是正压直吹式制粉系统，这一系统最大的优点是排粉机前置，不

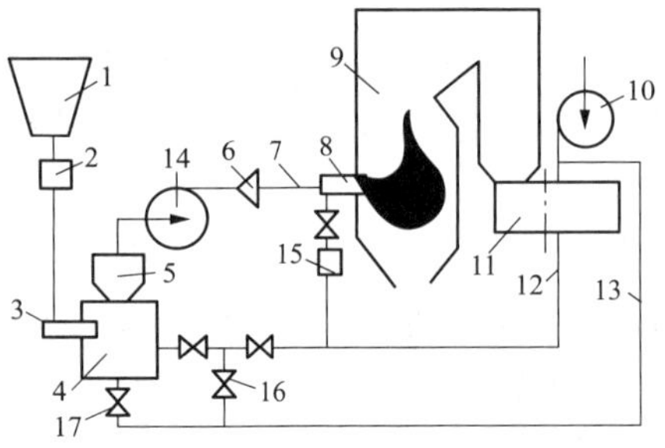

(a) 负压系统

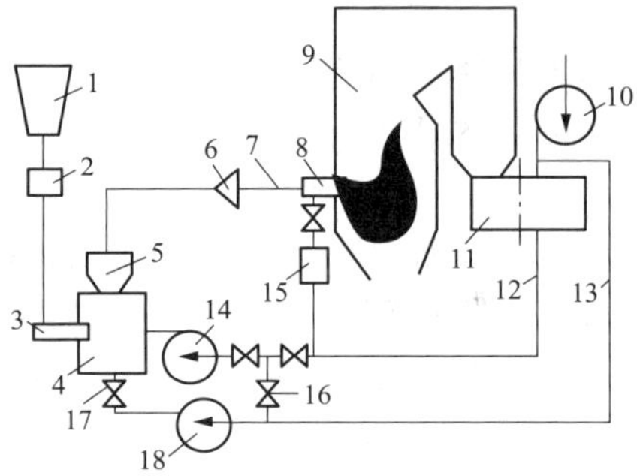

(b) 正压系统(带热一次风机)

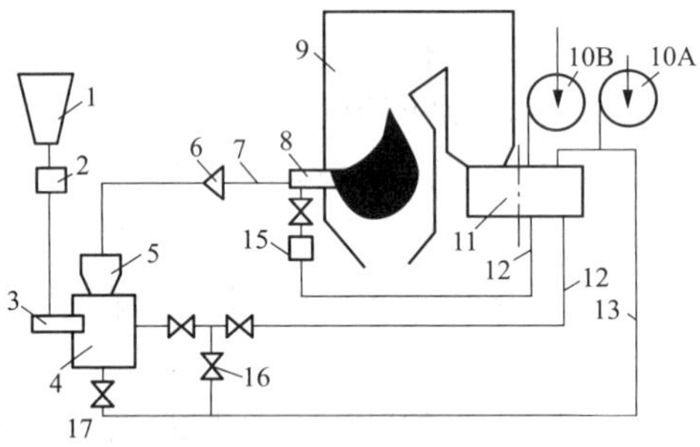

(c) 正压系统(带冷一次风机)

图 2-17 带中速磨煤机的直吹式制粉系统

1—原煤仓；2—煤秤；3—给煤机；4—磨煤机；5—粗粉分离器；6—煤粉分配器；7— 一次风管；8—燃烧器；9—锅炉；10A— 一次风机；10B—二次风机；11—空气预热器；12—热风道；13—冷风道；14—排粉风管；15—二次风箱；16—调温冷风门；17—密封风机；18—密封风机

存在磨损问题，且不会漏入冷风，经济性好。但问题是系统处于正压状态工作，容易造成煤粉外泄，从而导致工作环境恶化。煤粉的外漏不仅会造成燃料的损失，同时增加了自燃和爆炸的危险性。

图 2-17（b）和（c）的区别在于前者的一次风机（排粉机）所输送的介质是高温空气，也称为热一次风机。热一次风机的润滑油系统以及动静部分配合方式等均有结构上的特殊要求，因此造价高、制造困难且运行可靠性差，效率也较低。而后者为了避免热一次风机系统的缺点，将排粉机（一次风机）移置到空气预热器之前，这样通过风机的介质就变为冷空气，称为冷一次风机系统。冷一次风机的工作条件大为改善，且因冷空气比体积小，通风电耗也将明显降低。与此相适应，需采用三分仓回转式空气预热器，以分别加热工作压力不同的一次风和二次风。

作为燃料的干燥剂，并非只能采用热空气。一般情况下，我国采用风扇磨煤机直吹式制粉系统磨制烟煤时，大多采用热风作干燥剂；而磨制高水分褐煤时则利用热风掺混烟气作为干燥剂。这种干燥剂不仅可以提高干燥能力，而且降低了干燥剂的氧浓度及炉膛燃烧区域的温度水平，可大大减少制粉系统自燃爆炸及燃烧器喷嘴被烧坏的危险性，同时可以减少炉膛内 NO_x 的生成量。

采用直吹式系统的磨煤机除了中速磨外，还有双进双出球磨机，如图 2-18 所示。它与中速磨直吹式制粉系统比较，具有以下优点：广泛的煤种适应性，尤其对于高灰分、磨损性强的煤种，以及无烟煤等研磨困难的煤种更显优越性；系统可通过调节磨煤通风量来调节给粉量，对负荷的跟随性好，在较宽的负荷范围内有快速反应的能力；钢球磨煤机的煤粉细度稳定，不受负荷变化影响；钢球磨煤机结构简单，故障少，可定期添加钢球，保证系统正常供粉，连续运行时间长，因此，可采用较小的备用容量；负荷调节范围大，一台磨煤机的两路制粉系统彼此独立，可两路并用，亦可只用一路，大大增加了系统的负荷调节范围；煤粉细度稳定，不受负荷变化的影响；一次风的煤粉浓度高，有利于低挥发分煤的燃烧。

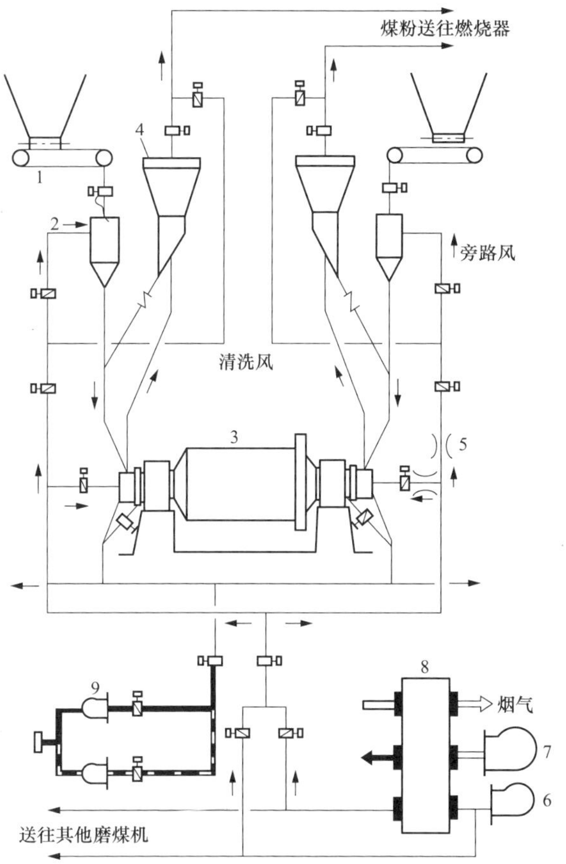

图 2-18　双进双出钢球磨煤机正压直吹式制粉系统

至于风扇磨煤机直吹式系统，由于风扇磨煤机同时具有磨煤、干燥、干燥介质吸入和煤粉输送等功能，使得煤粉分离器与磨煤机连成一体，因此，其制粉系统比其他形式磨煤机的制粉系统更简单，设备少，投资省。根据煤的水分不同，风扇磨煤机制粉系统可采用单介质或多介质混合干燥的模式组成直吹式制粉系统。

三、制粉系统主要辅助部件

（一）粗粉分离器

粗粉分离器是制粉系统中除磨煤机外的最为重要的辅助设备，其作用是将磨煤机磨制的煤粉中的不合格粗粉分离出来，再将其送回磨煤机重新磨制。此外，粗粉分离器还有一重要功能，就是调节煤粉细度，以便在运行中当煤种改变或磨煤出力（或干燥剂量）改变时能保证所要求的煤粉细度。

煤粉在粗粉分离器中的分离作用主要是通过重力、惯性力和离心力三种力的形式来实现分离的。根据作用形式的不同可将分离器分为不同的类型。本书只介绍其中的离心式和回转式粗粉分离器。

1. 离心式粗粉分离器

图 2-19 所示的是一种离心式粗粉分离器。它由内、外锥体、调节锥帽、导向板、可调折向门和回粉管组成。从磨煤机出来的气粉混合物以 20m/s 左右的速度自下由进口管进入分离器锥体。在通过内外锥体之间的环形空间时，由于强烈的扩流作用使其速度骤降至 4～6m/s，此时粗煤粉受到的拖曳力因气流降速而大幅下降，粗粉受重力的作用从气流中分离出来，经外锥体回粉管返回磨煤机重新磨制；而细粉气流则进入分离器上部，经安装在内外圆柱壳体间环形通道内的折向门产生旋转运动，通过撞击和离心力作用使较粗的煤粉颗粒进一步分离落下，合格的细煤粉则被气流从出口管带走。分离下来的粗粉经内锥体的回粉管返回磨煤机重新磨制。分离器的内锥体上面装有可上下移动的锥形调节帽，用以粗调煤粉细度。离心式粗粉分离器分离效果好，煤粉的均匀性较高；调节幅度较宽，适应煤种较广，可配用于各种形式的磨煤机，故应用较为普遍。

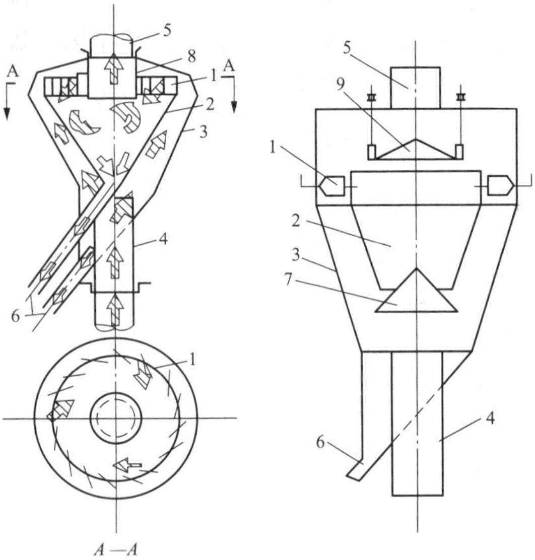

(a) 普通径向型　　(b) 轴向改进型

图 2-19　离心式粗粉分离器结构

1—折向挡板；2—内锥体；3—外锥体；4—进口管；5—出口管；6—回粉管；7—锁气器；8—活动环；9—圆锥帽

2. 回转式粗粉分离器

回转式粗粉分离器结构如图 2-20 所示。分离器的内部有一个转子，通常在转子上安装大约 20 个叶片，叶片一般由角钢或扁钢制成。当煤粉从底部入口引入时，由于气流速度突然减小，在重力作用下会分离出一些粗煤粉，然后煤粉气流继续上升，进入转子内部区域，在转子的驱动作用下，粗煤粉被甩至圆锥形筒体内壁，经回粉管返回磨煤机再磨。而细煤粉则随着气流穿过叶片间隙流到分离器上部，沿切向送出。改变转子的速度，可以调整煤粉细度值。转子转速越高，分离作用越强，煤粉越细；相反，降低转速，就可使煤粉变粗。

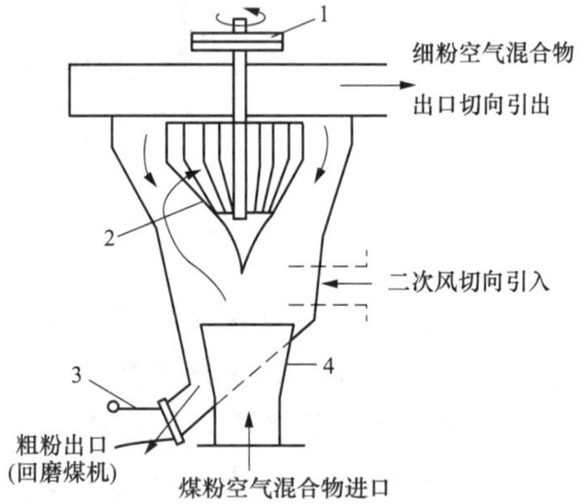

图 2-20　回转式粗粉分离器结构

1—减速皮带轮；2—转子；3—锁气器；4—进口管

为了减少回粉中的细粉量，可在分离器的下部安装二次风，二次风沿切向进入分离器，吹散回粉，使回粉再次分离，将合格的细粉带走，从而提高磨煤出力，降低磨煤功耗。回转式粗粉分离器的特点是：结构紧凑，流动阻力小，磨煤功耗低，调节灵活方便，适应负荷变化性能好，分离出的煤粉细度小且均匀性指数高；但是该分离器的结构比较复杂，磨损严重，运行中维护工作量很大。

（二）细粉分离器

细粉分离器是中间储仓式制粉系统中的重要组成部件，它的作用就是把煤粉从输送介质中分离出来，以利于储存。从气流中分离出固体颗粒，按其分离的方法和原理可分为离心分离法、惯性力分离法、重力沉降法、百叶窗撞击式分离法等。现代火力发电厂中的细粉分离器一般采用的是靠旋转运动所产生的惯性离心力实现气、粉分离的，故又称旋风分离器。

图 2-21 示出了目前电厂中常用的旋风分离器的结构原理。气、粉混合物从切向经舌形挡板以 20m/s 左右的速度送入分离器上部，在内外筒之间的环形通道内做旋转向下的运动，在离心力的作用下，绝大部分较粗的煤粉颗粒被抛向筒壁并沿着筒壁下落至筒底。筒底装有锁气装置，气流无法通过，煤粉可以通过，因此，气流到达旋风筒的中下部后就将转弯向上进入中心管，此时只有那些极细的煤粉才有可能跟随气流进入中心管。这就是所谓的二次分离，被分离出来的煤粉经锁气器进入煤粉仓或螺旋输粉机，而气流夹带着 5%～10%的极细煤粉由中心管被排粉机排出。目前采用的旋风分离器一般都采用小直径圆筒的设计方法，这是因为，在气流总量不变的条件下，旋风筒直径越小，则环形通道的流通面积也越小，这将使得煤粉气流的旋转流速增高，因此施加在煤粉颗粒上的离心力就越大，分离效率越高，这也是当前采用离心设备分离气固两项介质时普遍采用的设计方向。

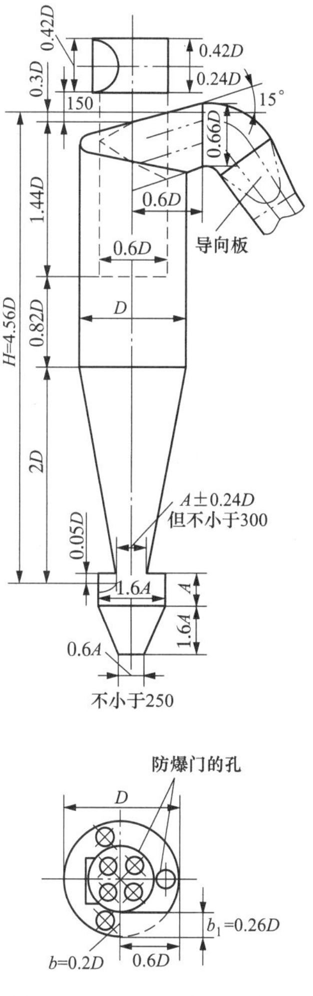

图 2-21　小直径旋风分离器

（三）给煤机和给粉机

给煤机是制粉系统供给锅炉燃料的主要辅机之一，其作用是将原煤按要求数量均匀、连续、可调地送入磨煤机。给煤机种类较多，火电厂中目前主要采用电子称重式给煤机和刮板式给煤机，而在国产大型机组中，以电子称重式给煤机为主。

电子称重式给煤机是集给煤机与皮带秤为一体的给煤机，具有自动调节和控制功能，可根据磨煤机筒体内煤位的要求，将原煤精确地从原煤仓输送到磨煤机。电子秤重式给煤机具有给煤连续性好，给煤量可根据磨煤机内煤量储存情况自动调节而准确均匀，测重精度高，具有过载保护、自动检测系统，安全性高，工作可靠等优点；其缺点是结构复杂，造价高，占地面积大，运行维护工作量大。

刮板式给煤机的构造相对简单，两副平行布置的链条（类似于两副平行的自行车链条）挂在各自的链轮上，由减速电机带动链轮转动，两组平行链条间等距离布置一定高度像桥梁一样的刮板，链条转动时，由刮板将自煤斗下落的原煤刮成一定厚度的煤层，供应磨煤机制粉。这种给煤机调节煤量主要依靠调节煤层厚度和改变链轮转速调节煤量。其特点是结构简单，布置灵活，可满足长距离供煤；不足之处是占地面积较大，易卡涩。

在仓储式制粉系统中，煤粉仓中的煤粉要通过给粉机均匀地送入一次风管。常用的螺旋给粉机见图 2-22。这种螺旋给粉机的螺旋杆起始端为非等直径设计，这是为了加强前后螺旋杆间煤粉的流通，避免造成只有与进粉口对应的几节螺旋进粉，而其他螺旋处于无粉状态而造成给粉不匀现象。给粉不匀对于高挥发分燃料会引起火焰脉动，而对于低挥发分煤种，甚至导致燃烧中断、灭火等事故的发生。

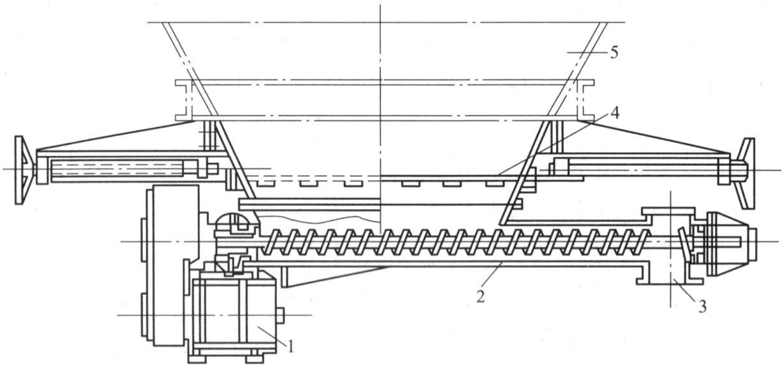

图 2-22 螺旋给粉机
1—电机；2—螺杆；3—出粉口；4—闸门；5—煤粉仓

除上述螺旋给粉机外，电厂应用较多的还有叶轮式给粉机，它是由直流电动机经减速器带动给粉机主轴转动，使固定在轴上的上下两个叶轮同时转动，煤粉仓下落的煤粉首先送到上叶轮，通过固定盘上的落粉孔落入下叶轮，然后落入一次风管。给粉量的大小通过改变电机转速实现。叶轮式给粉机的优点是给粉均匀，调节方便，不易发生煤粉自流，并可以防止一次风冲入煤粉仓；缺点是结构复杂，电耗较大，易被杂物卡住。

（四）锁气器

锁气器是一种在结构上可以实现只允许煤粉通过，而不允许气流通过的设备。常用的锁气器有翻板式和草帽式两种，其结构如图 2-23 所示。它们的工作原理都是利用杠杆原理，当翻板或活门上的煤粉超过一定重量时，翻板或活门就在压力的作用下自动打开使煤粉通过；而当煤粉重量减小后，翻板或活门又因平衡重锤的作用而自动关闭。这两种锁气器的特

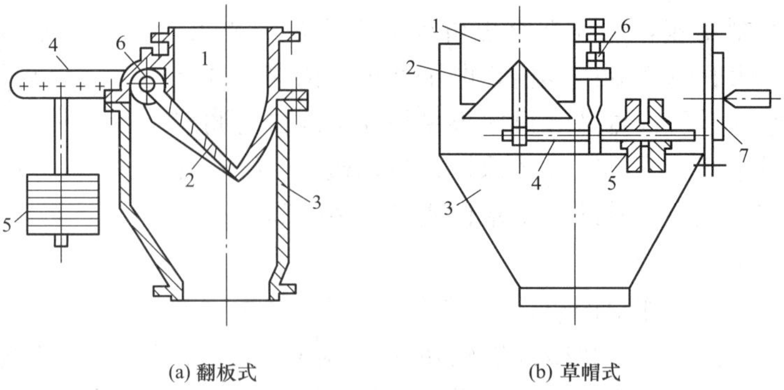

(a) 翻板式 (b) 草帽式

图 2-23 锁气器
1—煤粉管；2—翻板或活门；3—外壳；4—杠杆；5—平衡重锤；6—支点；7—手孔

点是：翻板式不易卡塞，工作可靠，一般用于垂直或倾斜的管道上；草帽式动作灵敏，落粉均匀，严密性也较好，只用于竖直管道。

四、磨煤机及制粉系统的选择

磨煤机与制粉系统的选择依据主要是煤种特性，特别是煤的挥发分、水分、可磨性系数以及煤粉细度。由于受机组运行的经济性和可靠性的制约，各参数的影响应综合考虑。表 2-5 示出了根据相关规定建议的各类磨煤机及制粉系统的适用范围。

表 2-5　磨煤机及制粉系统的适用范围

煤种	煤特性参数						磨煤机及制粉系统	机组容量
	V_{daf}(%)	T_{ig}(℃)	K_e①	M_f②(%)	R_{90}(%)	R_{75}(%)		
无烟煤	≤10	>900	不限	≤15	5	8	钢球磨煤机储仓式热风送粉	不限
		800～900	不限	≤15	5～10	8～15	钢球磨煤机储仓式热风送粉或双进双出钢球磨煤机直吹式	不限
贫瘦煤	10～20	800～900	不限	≤15	5～10	8～15	同无烟煤	不限
		700～800	>5.0	≤15	10	15	双进双出钢球磨煤机直吹式	不限
		700～800	≤5.0	≤15	10	15	中速磨煤机直吹式	不限
烟煤	20～37	700～800	—	≤15	10	15	中速磨直吹式或双进双出球磨机直吹式	不限
		600～700	≤5.0	≤15	10～15	15～20	中速磨煤机直吹式	不限
		600～700	>5.0	≤15	10～15	15～20	双进双出钢球磨煤机直吹式	不限
		<600	≤5.0	≤15	15～20	20～26	中速磨煤机直吹式	不限
褐煤	>37	<600	≤5.0	≤15	30～35	—	中速磨煤机直吹式	不限
		<600	≤3.5	>15	45～55		风扇磨直吹式干燥介质加高温烟气	不限

① K_e——煤的磨损指数。

② 煤的外在水分 $M_f=100(M_{ar}-M_{ad})/(100-M_{ad})$。

第三章　燃烧理论基础与燃烧设备

第一节　燃烧化学反应动力学基础

一、燃烧反应速度及影响因素

燃烧一般是指燃料与氧化剂之间进行的剧烈的发光发热的化学反应。燃料与氧化剂可以是同一形态的，如气体燃料在空气中的燃烧，称为单相（均相）燃烧；也可以是不同形态的，如固体燃料在空气中的燃烧，称为多相燃烧。电厂锅炉中主要以煤为常规燃料，以空气代替氧气作为氧化剂。

（一）化学反应速度

燃烧速度可以用化学反应速度来表示，当然前提是化学反应必须是速控步骤。燃烧是一个复杂的过程，由许多步骤按照一定的顺序组合起来，完成燃料的燃烧过程。其中化学反应是最重要的一个步骤，如果它是所有步骤中进行的最慢的，就是燃烧过程的速控步骤，就可以用化学反应速度来表示燃烧的速度。

锅炉内的燃烧反应，无论是均相燃烧还是多相燃烧方式，其化学反应都可用下面的通式表示：

$$aA+bB \rightleftharpoons gG+hH \tag{3-1}$$

上式中左边的物质 A 和 B 分别表示反应物——燃料和氧化剂，右边的 G 和 H 分别表示不同的燃烧产物。在定容条件下，化学反应速度一般既可以用一定时间内反应物的减少量又可用生成产物的增加量来表示。例如参与式（3-1）反应的各物质的浓度变化可表示为

$$\left.\begin{aligned} w_A &= -\frac{dC_A}{d\tau} \\ w_B &= -\frac{dC_B}{d\tau} \\ w_G &= +\frac{dC_G}{d\tau} \\ w_H &= +\frac{dC_H}{d\tau} \end{aligned}\right\} \tag{3-2}$$

式中　w_A、w_B、w_G、w_H——反应物 A、B 和生成物 G、H 的浓度变化速度；

C_A、C_B、C_G、C_H——反应物 A、B 和生成物 G、H 的浓度；

τ——反应进行的时间。

式中物质 A 和 B 的浓度项前的负号，表示燃料和氧化剂的浓度是减小的，燃烧产物的浓度是增加的，因此速度项前面为正号。根据化学反应方程式可知，式（3-2）中的各反应速度间存在如下的关系：

$$w_A = -\frac{dC_A}{d\tau} = -\frac{a}{b}\frac{dC_B}{d\tau} = \frac{a}{g}\frac{dC_G}{d\tau} = \frac{a}{h}\frac{dC_H}{d\tau} \tag{3-3}$$

一般，化学反应速率与反应物浓度之间的关系可以用质量作用定律来表述，质量作用定律是反映浓度对化学反应速度影响的规律，表示在温度不变时，化学反应速度与该瞬间各反应物浓度幂的乘积成正比。各反应物浓度的幂指数等于其相应的化学计量系数，即 a、b、g、h 等。因此式（3-2）中的各反应速度可以写成

$$\left.\begin{aligned} w_A &= -\frac{dC_A}{d\tau} = k_A C_A^a C_B^b \\ w_B &= -\frac{dC_B}{d\tau} = k_B C_A^a C_B^b \end{aligned}\right\} \tag{3-4}$$

式中　C_A、C_B——反应物 A 和 B 的浓度；

a、b——化学反应方程式中反应物 A 和 B 的化学计量数；

k_A、k_B——反应速度常数。

针对炭粒燃烧这类多相反应，一般可认为燃烧是发生在炭粒的表面，这样就可认为炭粒的浓度是不变的。也就是说化学反应速度只和炭粒表面的氧浓度有关，即

$$w_B = -\frac{dC_B}{d\tau} = k_B C_B^b \tag{3-5}$$

式中　C_B——反应物 B 的浓度，即炭粒表面处氧的浓度。

从以上的叙述可以看出，当反应温度一定时，提高炭粒表面处氧的浓度，就能提高化学反应速度。而反应速度越快，燃料所需的燃尽时间就越短。

我们知道，任何化学反应都是正负两个反应同时进行的。我们可以通过改变反应条件来实现反应向着对我们有利的方向进行。对于燃烧反应来说，我们需要及时地供应燃料和氧化剂，及时地排出燃烧产物，使得由生成物至反应物的负反应速度远低于正反应速度，才能使燃烧过程得以持续。当正反应速度和负反应速度相等时，化学反应达到平衡，如下式所示：

$$\left.\begin{aligned} &\text{正反应} & w_1 &= k_1 C_A^a C_B^b \\ &\text{逆反应} & w_2 &= k_2 C_G^g C_H^h \\ &\text{平衡} & w_1 &= w_2 \\ && k_1 C_A^a C_B^b &= k_2 C_G^g C_H^h \end{aligned}\right\} \tag{3-6}$$

式中　k_1、k_2——正负反应速度常数。

化学反应平衡时的正、负反应速度常数之比称为平衡常数：

$$K_C = \frac{k_1}{k_2} = \frac{C_G^g C_H^h}{C_A^a C_B^b} \tag{3-7}$$

（二）影响化学反应速度的因素

质量作用定律揭示了化学反应速度与反应物浓度之间的关系，表明了反应速度和反应速度常数与反应物浓度的关系。但化学反应速度不仅与反应物浓度有关，还与温度及煤的性质有关。这些关系可用阿累尼乌斯（Arrhenius）定律表示：

$$k = k_0 \mathrm{e}^{-\frac{E}{RT}} \tag{3-8}$$

式中　k_0——频率因子，相当于单位浓度中，反应物质分子间的碰撞频率及有效碰撞次数的系数；

E——反应活化能；

R——通用气体常数；

T——反应温度；

k——反应速度常数。

利用式（3-8）可以将固体多相燃料的反应速度式（3-5）写成

$$w_B=-\frac{dC_B}{d\tau}=k_BC_B^b=k_0\ C_B^be^{-\frac{E}{RT}} \tag{3-9}$$

根据式（3-9），可以对影响燃料化学反应速度的因素进行分析。

1. 反应活化能

化学反应发生的先决条件是参加反应的反应物分子必须相互碰撞。由于分子间的碰撞次数很多，假如每一次碰撞均为有效碰撞，则一切气体反应都可在瞬间完成，显然事实并非如此，也就是说并非所有的碰撞都是有效碰撞，而只有少数能量较大的分子碰撞后才能发生反应，这类分子就是活化分子。使普通的分子（即具有平均能量的分子）变为活化分子（能量大于某一定值）所需的能量称为活化能，用 E 表示。一般情况下，活化能有两种来源：一是热活化；另一种是不须加热，如光量子辐射等。

在一定温度下，某一种燃料的活化能越小，这种燃料的反应能力就越强，因为它达到活化状态所需的能量小，因此，即使在较低的温度下这类燃料也容易着火和燃尽；活化能愈大的燃料，其反应能力愈弱，即在较高的温度下才能达到较大的反应速度。这种燃料不仅着火困难，其燃烧时间以及完全燃尽所需要的时间都比一般燃料要长。

燃料的活化能水平是决定燃烧反应速度的内因条件。一般化学反应的活化能为 42～420kJ/mol，活化能小于 42kJ/mol 的反应，反应速度极快；而活化能大于 420kJ/mol 的反应，反应速度缓慢，可认为几乎不发生反应。通常挥发分含量高的烟煤，其活化能较小，而挥发分含量较少的无烟煤，其活化能较高。

2. 反应物浓度

前面讲到炭粒的燃烧时，假定了参加反应的物质浓度是不变的，这在理论上大大简化了燃烧问题。但实际上，锅炉的燃烧过程中，炉膛内部不同部位在不同的燃烧阶段，反应物的浓度变化是很大的。在着火区域，可燃物浓度比较高，而氧浓度比较低。这主要是为了增大着火区内煤粉的浓度，使其集中吸热，快速升温并达到着火温度。但过低的氧浓度不仅无法维持碳的燃烧，甚至无法维持挥发分的燃烧，这样燃料的着火就会终止，因此在着火区控制燃料与空气的比例达到一个恰到好处的状态，是实现燃料快速稳定着火的重要条件。

3. 温度对燃烧速度的影响

从阿累尼乌斯定律可以看出，温度对化学反应的影响十分显著。随着反应温度的升高，分子运动的平均动能增加，活化分子的数量大大增加，有效碰撞频率和次数增多，因而反应速度加快。对于那些活化能较大的燃料，提高反应系统的温度，会非常有效地提高反应速度。

（三）氧的扩散速度

炭粒与氧的燃烧化学反应是在炭粒表面进行的。由于化学反应消耗氧，炭粒反应表面氧浓度 C_S 小于周围介质中的氧浓度 C_0，周围环境的氧就会不断地向炭粒表面扩散。氧扩散过程的快慢用氧的扩散速度 w_d 来表示。扩散速度 w_d 可由式（3-10）确定：

$$w_d=\alpha_d(C_0-C_s) \tag{3-10}$$

式中　α_d——扩散速度系数。

根据传质学的理论可知，氧的扩散准则数为

$$(Nu)_d^{O_2}=\frac{\alpha_d d}{D} \tag{3-11}$$

式中　$(Nu)_d^{O_2}$——氧扩散的努谢尔特准则数；

d——燃料颗粒的粒径；

D——氧分子的扩散系数。

由式（3-11）可得

$$\alpha_d=\frac{D}{d}(Nu)_d^{O_2} \tag{3-12}$$

根据实验结果

$$(Nu)_d^{O_2}=2(1+0.08Re^{\frac{2}{3}}) \tag{3-13}$$

式中　Re——根据燃烧粒子与主气流相对运动速度计算得出的雷诺数。

由式（3-12）、式（3-13）可知，氧的扩散速度 w_d 不仅与氧的浓度差成正比，还与炭粒直径及气流与炭粒的相对速度有关。炭粒燃烧过程中，气流与炭粒的相对速度越大，扰动越剧烈，则整体传质过程加快，就是说不仅氧向炭粒表面的扩散速度增大，同时燃烧产物从炭粒表面向环境中扩散的速度也增大。由于碳的燃烧是在炭粒表面进行的，炭粒直径愈小，单位质量炭粒的表面积愈大，与氧的接触、反应面积也愈大，化学反应消耗的氧量就越多，炭粒表面的氧浓度则会降低。炭粒表面与周围环境的氧浓度差越大时氧的扩散速度越大。因此，供应燃烧足够的空气量、增大炭粒与气流的相对速度和减小炭粒直径都可增大氧的扩散速度。

二、燃烧速度与燃烧区域

炭粒的燃烧过程是一个相当复杂的物理化学过程。伴随着燃烧化学反应进行的同时还存在着传质和传热、动量和能量的交换过程。

一般来说，炭粒的多相燃烧反应由以下 5 个步骤组成，即

（1）环境中的氧气向炭粒的表面扩散；

（2）氧气被炭粒表面吸附；

（3）炭粒表面进行燃烧化学反应；

（4）燃烧产物由炭粒表面解吸附；

（5）燃烧产物离开炭粒表面向环境中扩散。

炭粒燃烧速度 w_c 是指炭粒单位表面上的实际反应速度。它取决于上述阶段中进行得最慢的步骤，也就是该反应的速控步骤。研究表明，上述五个步骤中，吸附和解吸附进行得最快，燃烧产物离开炭表面、扩散出去的阶段也较快。因此炭的多相燃烧速度取决于氧向炭粒表面的扩散速度和在反应表面上进行的燃烧化学反应，最终决定于其中速度最慢的一个：炭粒表面按完全燃烧反应的化学反应速度 $w_b=kC_B^b=kC_s$，氧向炭粒表面的扩散速度 $w_d=\alpha_d(C_0-C_s)$。当燃烧过程稳定时，氧的扩散速度与化学反应速度应该相等，并都等于燃烧速度，即

$$w_b=w_d=w_c \tag{3-14}$$

此时炭粒表面上氧的供应和消耗达到了平衡，炭粒表面的氧浓度 C_s 固定不变。用 w_c 取代

w_b 和 w_d，并消去该两式中的 C_s，炭粒表面燃烧速度 w_c 的表达式如下：

$$w_c = \frac{1}{\frac{1}{k}+\frac{1}{\alpha_d}} C_0 = k_{ap} C_0 \tag{3-15}$$

$$k_{ap} = \frac{1}{\frac{1}{k}+\frac{1}{\alpha_d}} \tag{3-16}$$

式中 k_{ap}——折算速度系数。

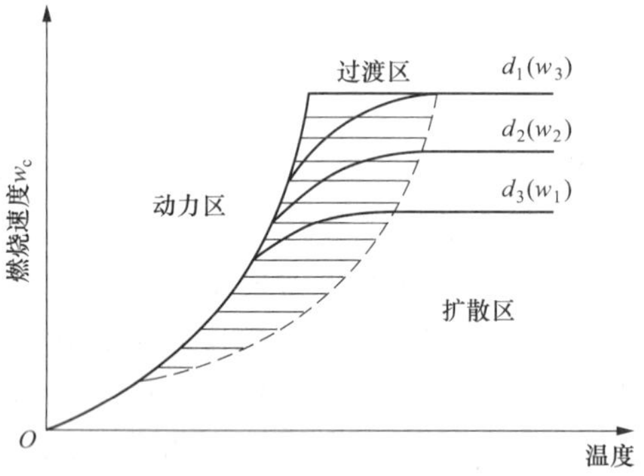

图 3-1 燃烧分区特性示意

$w_1 < w_2 < w_3$；$d_1 < d_2 < d_3$

在不同温度下，由于化学反应条件与气体扩散条件的影响因素不同，燃烧过程可能处于以下三种不同区域（见图 3-1）：

1. 动力燃烧区

当温度较低时（<1000℃），炭粒表面化学反应速度较慢，供应炭粒表面的氧量远大于化学反应需氧量，即 $\alpha_d \gg k$。由式（3-16）可知，此时燃烧速度 $w_c = kC_0$。也就是说此时燃烧速度主要取决于化学反应动力因素（温度和燃料的反应特性），而环境中氧扩散到炭粒表面的速度足够快，因此与氧的扩散速度关系不大，这种燃烧反应温度区域称为动力燃烧区，即需要提高动力的区域。在该燃烧区内，温度对燃烧速度起决定性的作用。因此，提高温度是强化动力区燃烧工况的有效措施。

2. 扩散燃烧区

当温度很高时（>1400℃），化学反应速度常数 K 随温度的升高而呈指数关系急剧增大，炭粒表面的化学反应速度很快，以致氧气消耗速度远远超过供应速度，炭粒表面的氧浓度实际为零。此时 $k \gg \alpha_d$，则 $k_{ap} \approx \alpha_d$，$w_c \approx \alpha_d C_0$。由于扩散到炭粒表面的氧远不能满足化学反应的需要，氧的扩散能力已成为制约燃烧速度的主要因素，此时温度的影响已然关系不大，这种燃烧反应温度区称为扩散燃烧区。在扩散燃烧区内，改善氧的扩散和气粉混合条件，加大气流与炭粒的相对速度或减小炭粒直径都可成为强化燃烧的有效手段。

3. 过渡燃烧区

介于上述两种燃烧区的中间温度区域，化学反应速度常数 k 与氧的扩散速度系数 α_d 处于同一数量级，因而氧的扩散速度与炭粒表面的化学反应速度相差不多，这时化学反应速度和氧的扩散速度都对燃烧速度有影响。这个燃烧反应温度区域称为过渡燃烧区。在过渡燃烧区内，采用动力区内强化燃烧的手段和扩散燃烧区内强化燃烧的手段都是有效的。

动力区或扩散区的划分是根据 k 和 α_d 在不同的阶段的表现强度而划分的，因此随着一些必要条件的变化，动力区或扩散区的界限将会发生变化。如随着燃烧炭粒直径的减小，或气流与离子的相对速度的增大，氧向炭粒表面的扩散过程加强，燃烧过程的动力燃烧区可以扩散到更高的温度范围，也就是说从动力燃烧区过渡到扩散燃烧区的温度将相应提高，如图 3-1 所示。在扩散混合条件不变的情况下，降低反应温度，可以将燃烧过程由扩散燃烧区移向过渡燃烧区甚至动力燃烧区。一般情况下，在煤粉锅炉中，只有那些粗煤粉在炉膛的高温区才有可能接近扩散燃烧；而在炉膛燃烧中心以外，绝大部分煤粉是处于过渡区甚至动力区的。因此提高炉膛温度和氧的扩散速度都可以强化煤粉的燃烧过程。而对层燃炉来说，燃烧块煤时，一般燃烧是在扩散区进行的。因此只要能保证及时着火即可，过分提高燃烧区的温度对强化燃烧的作用不大，强化燃烧的最有效手段就是增强气流的扩散。

第二节　旋流射流和旋流燃烧器

燃烧器是电站锅炉燃烧设备的重要组成部分，其性能对燃烧的稳定性和经济性都有很大的影响。燃烧设备除包括煤粉燃烧器外，还有炉膛及点火设备等。随着锅炉容量的不断增加和环保要求的进一步提高，对煤粉燃烧器的要求也随之提高。从锅炉运行的安全性和经济性上考虑，一般对燃烧设备有下列要求：

（1）燃料和氧化介质需连续稳定的送入炉膛并在炉内形成良好的空气动力场，保证燃料能迅速稳定地着火。

（2）燃料和氧化剂的供应必须保证炉内的燃烧强度，使燃料在炉内完全燃烧。

（3）燃烧设备对燃料必须要有良好的适应性，燃烧调节性好、调节范围大；燃烧可靠稳定，炉内不结焦，不出现水冷壁的腐蚀等不良倾向。

（4）满足环保要求，主要大气污染物的生成量低于相关标准。

在煤粉锅炉中，燃料和空气都是由燃烧器以射流形式喷入炉膛的。常见的射流形式有直流射流和旋流射流两种，因此按照燃烧器出口气流的形式可以把燃烧器分为直流燃烧器和旋流燃烧器，即出口气流为直流射流或直流射流组的燃烧器称为直流燃烧器，而出口气流为旋转射流的燃烧器称为旋流燃烧器。旋流燃烧器的出口气流可以是几个同轴旋转射流的组合，也可以是以旋流为主的旋转射流与直流射流进行组合。直流燃烧器和旋流燃烧器因气流结构的差异，会导致它们在空气动力特性方面（如速度分布、射程、卷吸特性和回流区等）出现很大不同，而这些不同将会对燃料的着火及后续的燃烧发展以及燃尽条件等造成根本性影响，因此有必要了解直流燃烧器和旋流燃烧器及其依赖的直流射流和旋流射流的基本特性。由于直流射流可以看成是旋流射流的特例，因此，首先了解旋流射流及旋流燃烧器的有关内容。

一、旋转射流

旋流燃烧器是通过旋流装置将出口的二次风射流变成围绕燃烧器轴线旋转的射流，而一次风射流既可以设计成旋转射流，也可以保持直流射流状态。这种燃烧器因其良好的着火性能而得到了广泛的应用。

产生旋流的装置称为旋流器。当旋转气流由燃烧器出口喷出后，气流在炉膛内就形成了旋转射流，如图 3-2 所示。

射流进入炉膛空间后，由于射流内部和环境中的介质流速、密度、温度等参数存在着巨大差异，因此在射流与周围介质的分界面上，出现了分子微团的紊流脉动并与环境中介质发生物质交换和动量、能量交换。结果使得射流不断地吸引一些环境中的介质一起流动，从而使射流质量逐渐增加，这个过程称为卷吸。射流卷吸量的大小取决于速度梯度、紊流交换系数、射流的形状以及射流内外介质密度比等因素。旋转射流的主要特点如下。

（1）旋转射流内部及边界上任一点的速度可以分解成三个方向的分速度，即轴向速度

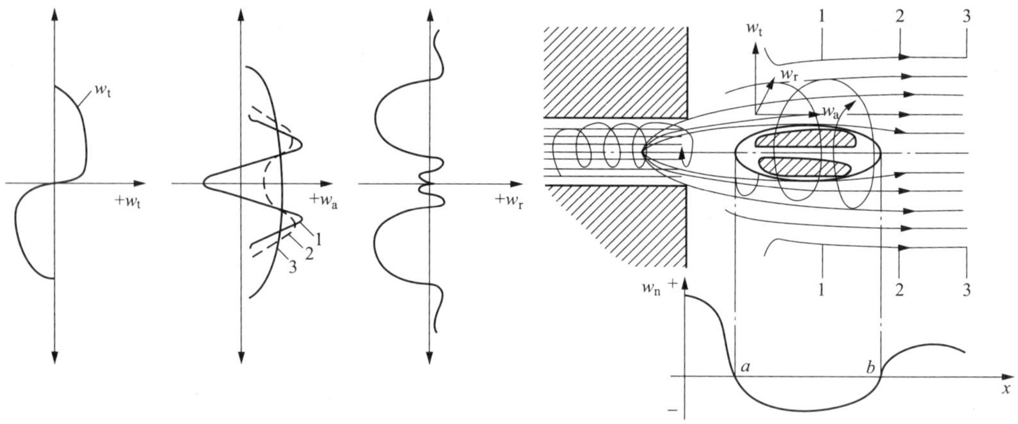

(a) 截面1-1内切向速度w_t的分布 (b) 截面1-1、2-2、3-3内轴向速度w_a的分布 (c) 截面1-1内径向速度w_r的分布 (d) 沿射流轴线方向，轴向速度w_a的分布

图 3-2 旋转射流

w_a、径向速度 w_r 以及切向速度 w_t，见图 3-2（a）～（c）。旋转气流喷入环境中后造成的实际结果是在射流的中心部位产生一个具有径向和轴向压力梯度的低压区，尤其是轴向方向上，出现了反向的压力梯度，这将吸引射流远端的烟气沿轴线反向流动，即在燃烧器出口附近形成和主气流流动方向相反的回流运动，如图 3-2（d）所示。因而在旋转射流的内部产生了回流区，这一回流区由于包裹在射流的内部，故称内回流区，这是旋转射流与直流射流的重要区别。内回流区的尺寸和卷吸量大小取决于旋转射流的旋转强弱程度强度。除了内回流区外，旋转射流中的介质还将在与环境介质的外分界面上对环境中的介质发生卷吸作用，从而造成射流根部的环境区域呈现出负压状态，这样一来，旋转射流就将从两个方面来卷吸周围介质。而锅炉正常燃烧状态中，环境中介质是高温烟气，而喷入炉膛的旋流射流从内、外两侧卷吸高温烟气，这对于旋流射流所携带的新鲜煤粉的稳定着火起着十分重要的作用。当然对煤粉着火起关键作用的是内回流区的高温烟气。因为这种旋流燃烧器的结构是煤粉气流处于外围二次风射流的包围之中，射流外边界卷吸的高温烟气，首先是加热外围的二次风，只有内回流区的高温烟气才是直接加热煤粉气流的。径向的压力梯度导致旋转射流内径向速度分布情况变得复杂，如图 3-2（c）所示。一般情况下，旋转射流的 W_r 比起 W_a 和 W_t 来，数值要小些，对气流运动的影响也小些，但燃烧器出口射流的径向速度分量对煤粉颗粒的运动有较大影响。径向速度增大，将会使煤粉颗粒发生离析，大颗粒将更加靠近外围的二次风层，甚至陷入其中，而能够直接被内回流区冲刷的都是较细的煤粉颗粒，这一现象对煤粉的燃烧是不利的。因为大颗粒才需要更多的热量加热才能着火、燃烧，而离析的大颗粒煤粉刚好不能得到内回流区充足的热量。

（2）由于和周围介质进行强烈的紊流交换，因此沿射流的运动方向，切向速度 w_t 的衰减速度很快。轴向速度 w_a 的衰减比切向速度 w_t 慢些，但大大快过直流射流。因此同样的初始动量下，旋转射流的射程要比直流射流短。

（3）在初始动量相同的情况下，旋转射流的扩展角总是比直流射流大，而且随着旋转强度的增大而增大。

（4）旋流燃烧器一般是多股气流组成的同轴射流。旋转作用使多股气流之间的前期混合较好，但后期混合较差，因此旋流燃烧器一般适合于燃煤挥发分较高、发热量较大的烟煤燃烧。

研究表明，在自由旋转射流的任一截面上，其旋转动量矩 M 和轴向动量 K 都是守恒的，即

$$M=\int_0^R \rho w_t r w_a 2\pi r \mathrm{d}r=\text{const} \tag{3-17}$$

$$K=\int_0^R w_a \rho w_a 2\pi r \mathrm{d}r+\int_0^R p 2\pi r \mathrm{d}r=\text{const} \tag{3-18}$$

式中　M——旋转射流对轴线的旋转动量矩；

K——轴向动量；

R——射流截面的半径；

ρ——射流介质的密度；

p——射流任意截面上的静压。

这两个特征量反映了旋转射流的空气动力特性，目前国内外都推荐采用以这两个量为基础组成的一个无因次准则来表征旋转射流的特性。这个准则称为旋转强度或旋转数。国内大多采用下面的无因次准则表征旋转射流的旋转强度或旋流强度，它是射流的旋转动量矩与轴向动量矩的比值，以 n 来表示：

$$n=\frac{M}{KL} \tag{3-19}$$

$$L=\frac{d_{eq}}{4} \tag{3-20}$$

式中　L——燃烧器喷口的特征尺寸；

d_{eq}——喷口的当量直径。

旋转射流随旋转强度 n 的不同存在三种不同的流动状态，图 3-3 示出旋流燃烧器中常见的三种流动状态。

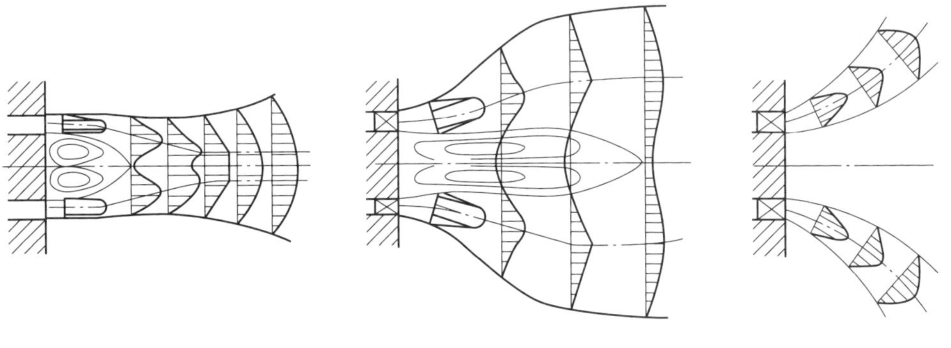

(a) 封闭气流—弱旋转射流　(b) 开放式旋转射流　(c) 全扩散式旋转射流

图 3-3　旋转射流的流动状态

当出口气流的旋转强度 n 小于一定数值时，射流中的负压区被封闭在射流之内，不可能产生内回流区，见图 3-3（a）。没有内回流流动的旋转射流称为弱旋转射流或封闭气流。

弱旋转射流的流动特性与直流射流基本相同，也可以认为直流射流的旋转强度 n 等于 0。

旋转强度 n 增大到一定值后，被封闭在射流内部的负压区逐渐增大，使得靠近射流出口的负压区外部相对旋转动量最弱的区域被外部环境中的介质首先冲破从而形成一个轴向内回流区，也称为中心回流区。这种流动状态称为开放式旋转射流。锅炉燃烧设备中，从旋流燃烧器出来的旋转射流，大多属于这种流动状态，见图 3-3（b）。中心回流区的尺寸和回流介质流量均随旋转强度 n 的增大而增加。内回流区的存在对煤粉射流的着火和燃烧具有极其重要的作用。因为内回流将高温烟气抽吸到射流的根部，可使刚喷出燃烧器的煤粉气流立即被加热点燃，从而着火稳定。

如果继续增大旋转强度，由于射流紊流程度增大很多，这将使得射流外边界的卷吸能力增强，因而周边环境中的压力下降过快；另外，气流的开放程度越来越大，使得内回流区的补气条件强于外回流区，这就有可能导致气流外边界的压力低于射流中心的压力，在这一压力差的作用下，射流就向四周扩展，形成所谓的全扩散式旋流射流，如图 3-3（c）所示。锅炉燃烧技术中，把这种流动状态称为“飞边”。飞边会使火焰贴墙，从而使得熔点较低的煤在燃烧过程中造成熔融的灰渣飞溅到炉墙或水冷壁上而引起结渣。

旋流煤粉燃烧器和油燃烧器的调风器中一般都采用旋流器来使出口介质的气流产生旋转，目前经常使用的旋流器主要有蜗壳、切向叶片及轴向叶片等几种（见图 3-4）。蜗壳式产生旋流的方法因其不具备良好的旋转强度调节性以及轴向速度不均，如今已被淘汰，因此现代电厂中的燃烧器广泛采用轴向叶片和切向叶片产生旋流，即气流经布置在圆形或环形通道中一圈的轴向或切向叶片产生旋转流动。

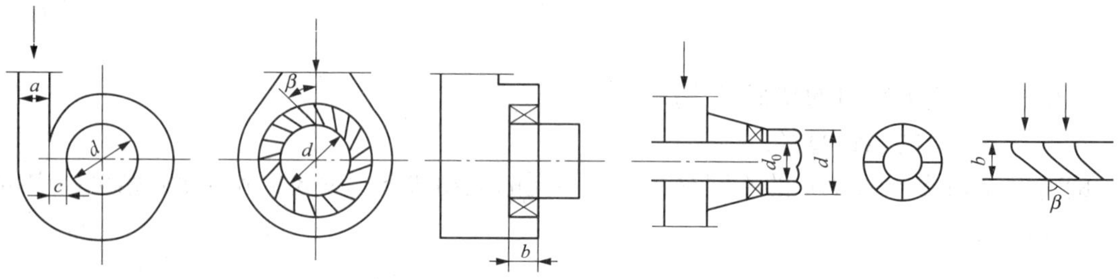

(a) 蜗壳旋流器　(b) 切向叶片旋流器　(c) 轴向叶片旋流器

图 3-4 旋流装置

二、旋流煤粉燃烧器的射流特性

旋流煤粉燃烧器的射流大多为两股或多股射流叠加组成的同轴射流。一般一只旋流燃烧器至少由一股一次风和一股二次风组成同轴射流，这样，每只旋流燃烧器都可独立完成煤的燃烧任务，其带来的优势在于：各燃烧器可在锅炉中相对自由的布置，不必像直流煤粉燃烧器那样必须依靠各喷口的紧密配合来共同完成燃烧任务。

旋流燃烧器理论上可相对自由布置，但也必须使炉内的空气动力工况满足燃料稳定、充分且经济的燃烧，最大限度地减小热偏差，保证传热效果。因此旋流燃烧器在炉内的布置也要遵循一定的原则。如图 3-5 所示，电站锅炉大多采用前后墙对冲（或交错）布置方式。小型锅炉也可采用独立前墙布置方式或两侧墙对冲布置。但在大型电站锅炉中，因燃烧太集中，容易造成水冷壁结渣和炉内过高的 NO_x 排放，因此前墙布置方式已不再采用，两侧墙布置随着锅炉尺寸的增大，极易造成沿炉膛宽度方向热负荷分配不均匀，以及出口过热器区域内热负荷分布不均匀，故也很少采用。前后墙布置时，炉内火焰充满度得到改善，有利于增强炉内流体的混合扰动，且在炉膛宽度方向上烟气分布和烟温比较均匀，有利于高温对流受热面（高温级过热器和再热器）的可靠运行。

燃烧器的间距以及燃烧器与炉墙的距离是对多个燃烧器运行有重要影响的参数，既要使燃烧器的火焰在炉内能够充分自由扩展，减少同墙相邻燃烧器射流的相互干扰，又要保证良好的火焰充满度，以及较小的旋转残余。因此一般将相邻燃烧器出口射流设计为反向旋转，或者采用优化设计理论，按照整个炉膛气流达到最大均匀性的条件设计每个喷口的旋转方向。

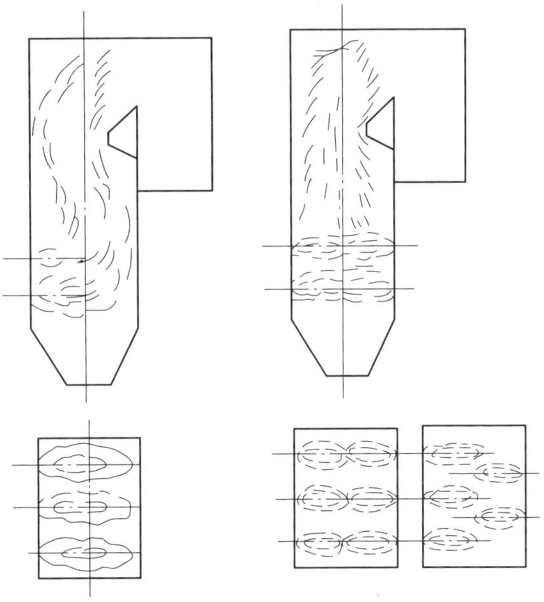

(a) 前墙布置　　(b) 前后墙对冲(交错)布置

图 3-5　旋流燃烧器的布置

三、典型的旋流煤粉燃烧器

旋流燃烧器的种类很多，不同的制造公司都有各自的专利技术。如三井—巴布科克公司的LNASB燃烧器，德国巴威公司的DS燃烧器、美国巴威公司的DRB燃烧器，巴布科克—日立公司的HT-NR系列燃烧器等。这些燃烧器总的来说根据其是否带有中心风管而分为两类。中心风管的作用之一是放置点火用的油枪，另一个作用是在锅炉正常运行（点火油枪停用退出）期间，作为调节二次风使用。自中心风开始，由里及外，分别为一次粉气流、内二次风和外二次风三个环形通道；而对于不带中心风管的燃烧器，则缺少了中心风管，其余的与有中心管的结构相同。

一般情况下，一次风粉射流有直流和旋转两种，而二次风大都采用旋转射流，且内、外二次风的旋转方向相同。在所有的燃烧器中，二次风量和风速都要大于一次风，因此，二次风射流的形貌和参数对整个燃烧器的燃烧特性有相当大的影响。随着二次风旋流强度的增加，其射流扩展角将增大，这样使得内回流区范围增大，同时会有更多的高温烟气被卷吸到火焰根部，这对加速燃料的着火和燃烧速度是十分有利的，但这也可能会造成二次风射流与煤粉的过早混合，从而降低煤粉气流的温度，反而对燃料着火造成不利影响，甚至造成射流飞边。对于二次风分为内、外双通道的旋流燃烧器，内、外二次风射流的流量比、流速比和旋流强度（旋转动量）比对旋流燃烧器的工作特性也同样有重要影响。内二次风射流如与一次风粉气流距离过近，则其旋转强度不仅影响内回流区的大小，还影响卷吸量。如果内二次风旋转强度过大，虽然对回流区的生成有利，但旋转离心力会大量卷吸一次风中煤粉颗粒，造成煤粉与二次风混合过快而影响其稳定着火。因此，运行经验表明，内二次风的风量和风速一般都要小于外二次风的风量和风速，才能使该类燃烧器正常发挥其作用。

旋流燃烧器喷口一般都设计成扩张性的有一定倒角的结构，这称为璇口。其作用是使旋转射流从燃烧器进入炉膛时能顺利向外扩张，有利于在射流中心部位形成内回流区，对煤粉的稳定着火是有利的。璇口向外扩张的角度越大，则气流扩张性越明显，内回流区的范围也越大。但璇口角度太大也容易造成射流飞边。因此璇口的角度一般设计为30°～35°。

下面以三井—巴布科克的LNASB燃烧器为例，介绍典型的旋流煤粉燃烧器。

三井—巴布科克燃烧器由主燃烧器和燃尽风喷口组成，燃尽风是采用分级燃烧降低NO_x技术或低NO_x燃烧器中的重要组成部分。燃尽风的喷口一般都设计在主燃烧器的上部与主燃烧器区域内最上层燃烧器相隔一定距离的部位，该燃烧器的燃尽风率为16%。主燃烧器结构示于图3-6。该型燃烧器是具有中心风管的一类，管内布置点火油枪。在锅炉正常运行期间，油枪将停用并从中心管中撤出，此时中心风可微调风量以及内回流区的前后位置。

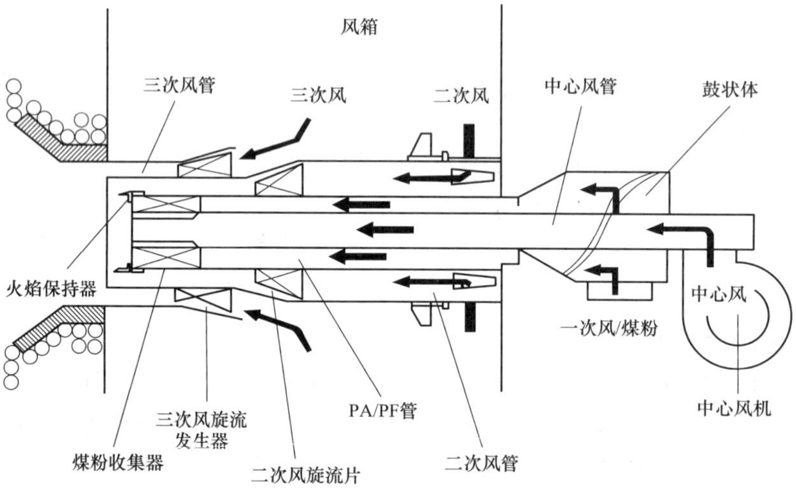

图3-6 三井—巴布科克公司的旋流煤粉燃烧器（LNASB）

携带煤粉的一次风进入带有旋流片的鼓形管，并在旋流片的作用下，以旋转方式进入一次风管与中心风管之间的环状通道，旋流片还可以改善煤粉沿周向的均匀分布。在一次风管喷口端的内侧均匀布置着4只煤粉收集器，旋转的一次风通过收集器后，在一次风喷口形成4股独立的高浓度煤粉气流，与周围相对较淡的煤粉气流组成煤粉的浓淡两相，实现煤粉的浓淡分离燃烧。一次风喷口端设有稳燃装置，由焊有稳燃齿的稳燃环组成。其作用是可以阻止煤粉向外层扩散并推迟内二次风过早地与煤粉气流混合，使燃烧的早期阶段处于还原性气氛（“富燃”燃烧），从而大大地抑制了NO_x的生成。

内外层二次风都采用旋流设计，而且内二次风可通过机械装置控制旋流叶片的轴向移动距离来实现旋流强度的调节。至于外二次风旋流片的位置，一般在安装时已经预先调好，所以在运行过程中一般不再变动。当内二次风的旋流片前后移动时，绕过叶片的部分二次风由于没有通过旋流片，因此不发生旋转；而通过旋流叶片的部分二次风则将产生旋转，这样将使得通过叶片的旋流风与绕过叶片的直流风之间的比例发生改变，因而改变了二次分的总体旋流强度。内、外二次风均来源于二次风总风箱，且内、外二次风总风量均可由设置在内、外二次风箱上的进口开度调节装置进行调节。燃烧器的中心风、一次风、内二次风和外二次风的风率按分别占主燃烧器总风量的5%、25%、10%和60%设计。小的内二次风量设计是为控制燃烧初期的氧量，造成燃烧的还原性气氛，加上燃尽风的设计可以实现分级燃烧空气燃烧技术，故可大幅减少 NO_x 的排放。三井—巴布科克公司把这种燃烧器称为低 NO_x 旋流燃烧器（LNASB）。

目前国内电站锅炉中 NO_x 排放量较低的旋流燃烧器就是三井—巴布科克的燃烧器。调节良好时，运行中的排放量约为 $300mg/m^3$（标准状况下，折算到6%含 O_2 量）。该燃烧器在我国很多电厂中均有应用，但在燃烧灰熔点较低的烟煤时，这种燃烧器的喷口附近容易产生结渣现象。

第三节　直流射流和直流燃烧器

一、直流射流

直流煤粉燃烧器是由一组喷口所构成的一个整体。在这一组喷口中，各喷口的形状可以相同也可以不同，一般多用矩形、圆形或多边形。煤粉空气混合物（一次风气流）和燃烧所需空气（二次风）从各自喷口以直流射流形式喷进炉膛，这些射流在炉膛中的发生和发展情况基本上决定了燃料的着火条件和燃烧强度。因此，有必要了解燃烧器的射流特性。

直流煤粉燃烧器单个喷口喷出的气流是最简单的圆形或平面紊流直流射流，它们被喷进充满炽热烟气的炉膛中。图3-7所示为喷入炉膛的煤粉空气自由紊流射流。射流的初速（燃烧器出口速度）为 w_0，初温为 T_0，煤粉初始浓度为 C_0。炉内烟气构成射流的外部环境，环境介质速度 $w_{amb}=0$，环境内煤粉浓度 $C_{amb}=0$，环境温度 $T_{amb}>T_0$。直流射流由于不像旋转射流那样存在内回流区，因此是不具备内卷吸能力的，只能从外侧卷吸烟气，卷吸的结果使得射流流动方向流量逐渐增加，射流外边界的直径也同时加大，但射流速度却逐渐降低；混合物中煤粉浓度也逐渐降低，但温度却逐渐升高。射流中流动速度、煤粉浓度和温度的分布如图3-7所示。

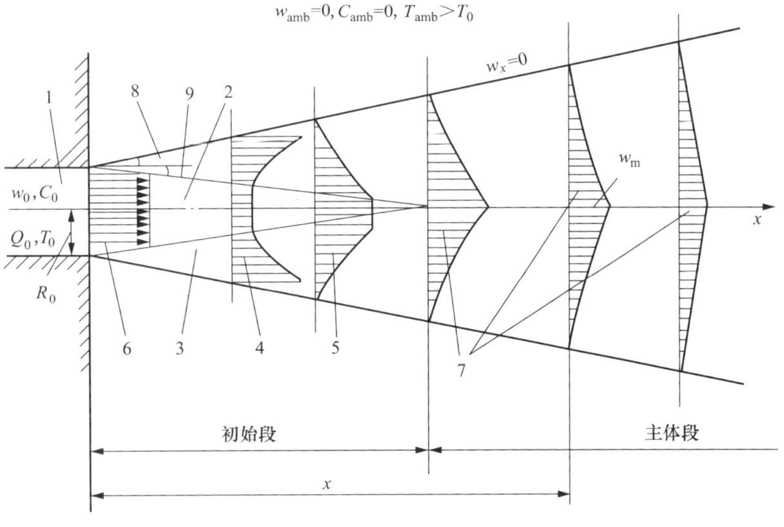

图3-7　自由紊流煤粉空气射流

1—煤粉空气喷口；2—射流等速核心区；3—射流边界；4—射流内温度分布；5—射流内速度分布（初始段内煤粉浓度分布图与此相似）；6—出口速度分布图；7—主体段内速度分布图；8—外扩展角；9—内扩展角

射流轴线上的速度 w_m 沿射流运动方向的衰减情况反映了射流在环境介质中的贯穿能力，通常用射程来表示。所谓射程，常用的有两种定义，一种定义是指从喷口截面沿射流轴线方向到达某一截面的距离 L，该截面内最大轴向速度 $w_m=0.05\%w_0$，其实，这是一种相对射程的概念。而在锅炉技术中，衡量煤粉燃烧器的工作特性时通常采用另一种射程定义，即规定当射流在某一截面上的最大轴向流速 w_m 降低到某一数值（即仍保持一定的余速）时，该截面至喷口的距离定义为射流的射程。显然，此射程具有绝对射程的意味，其大小既与喷口尺寸 R_0（或 b_0）有关，又与初速 w_0 有关。喷口直径 D_0 和射流初速 w_0 越大时，射程也就越大。表明射流在烟气介质中有较大的贯穿能力，可以射到炉膛中较远的地方。

射流的卷吸能力和射程是射流最为重要的两个性质，两个性能指标对燃料的燃烧过程具有不同的影响。卷吸能力主要有益于新燃料的着火，因为从炉膛中卷吸过来的高温烟气是燃料着火热的重要来源，所以对于那些难以着火的煤种，在燃烧器的设计上，应该特别注意其卷吸能力的提升；而射程是表征气流穿透力的参数，也就是说，射程大的射流可以在炉膛中射的更远，这对于燃料的中、后期燃烧具有非常积极的意义。射程大说明在炉膛更广阔的范围内，气流都有一定的速度，这为组织燃料和空气良好的混合进而稳定的燃烧提供了有力的保障。另外，气流的射程对于确定燃烧器的功率和炉膛尺寸等也是一个重要的依据。在直流煤粉燃烧器中，空气和燃料是分别通过不同的喷口喷入炉膛的。因此喷口的几何形状和尺寸以及气流出口速度对炉膛内气流的特性就会有很大影响。由上面分析可知，若初速不变时，喷口截面尺寸减小，射流就不能更深地射入炉膛；那么如果需要增加气流对烟气的贯穿能力，使远处的燃料与空气也能够得到充分的混合扰动，就需要将射流射到离开喷口更远的地方，而把小喷口合并起来，采用集中布置的大喷口，就会实现这一目的；反过来，如果对于难于着火的煤种，为了增大燃烧器的卷吸能力，可以将一个大喷口分成若干个小喷口，就会实现强化卷吸的目的，这是由于射流外边界面（发生卷吸作用面）相对增加所致。当然，这是以损失射程为代价的。

一般的可以将喷口的几何尺寸和气流的初速综合起来考虑并用射流的初始动量 K_0 来表示：

$$K_0=\rho A_0 w_0^2 \quad \text{kg}\cdot\text{m/s}^2 \tag{3-21}$$

式中 ρ——射流介质的密度，kg/m^3；

A_0——喷口的流通面积，m^2

w_0——射流的初速，m/s。

射流的初始动量越大，射程就越大，就能在炉膛内射到更远的地方。

对于平面射流来说，矩形喷口的高宽比对射流的特性也有较大的影响。对于一个矩形截面来说，当其面积一定时，正方形的周长最小，所以当射流初速和喷口流通面积不变时，高宽比越大，喷口的周界长度也越大，射流的外边界面也随之增大，这将导致射流的卷吸能力也增大。当然，从矩形喷口喷出的射流，在流动过程中随着射流与周边环境介质的紊流传质过程的发展，射流的尖角部位会很快发展成为强烈的旋涡，这些旋涡不仅改变了原来射流截面的矩形形状，还会使射流的卷吸能力得到增加。

在实际的锅炉燃烧过程中，直流燃烧器喷出的空气或煤粉是非等温射流。而实验表明，在不等温射流内部的温度分布情况与煤粉浓度分布情况与射流中速度分布情况相类似，无因次浓度差的变化规律与无因次温度差的变化规律基本相同。

二、直流煤粉燃烧器的配风方式

直流煤粉燃烧器与前面讲过的旋流煤粉燃烧器不同，它无法由一个独立的射流完成煤的燃烧任务，而是由多股平行射流组合成一个燃烧器组，燃烧所需的煤粉和空气分别由不同的喷口以直流射流形式喷进炉膛，多个相同结构的燃烧器组等高度布置在炉膛的四个角，四角射流在炉内相切于一个或同轴的两个假想切圆。根据流过介质的不同，喷口可分为一次风口和二次风口。所谓一次风是指由空气预热器引出，进入磨煤机（直吹式制粉系统）或煤粉仓（仓储式制粉系统）吹送合格煤粉经由燃烧器进入炉膛燃烧的空气，其主要作用是输送煤粉和满足燃烧初期挥发分燃烧对氧气的需要。二次风是直接由空气预热器引出然后送入炉膛助燃的空气，其主要作用是补充煤粉继续燃烧所需的氧气，并起到强烈的混合、扰动作用。

煤粉燃烧器的功能，应该是组织煤粉连续稳定地着火、强烈地燃烧和充分地燃尽，并且在燃烧过程中不发生炉膛水冷壁的结渣。因此在组织燃料的着火和燃烧时，应该根据不同的煤种对着火燃烧的具体要求来选择燃烧器的结构和运行参数。在所有煤的特性参数中，燃煤挥发分的影响最大。譬如，对于低挥发分的无烟煤或贫煤，以及灰分高、水分高而发热量低的劣质烟煤，它们着火困难，燃烧也不易稳定，因此对于无烟煤、贫煤和劣质烟煤，其所选用的燃烧器首要任务是解决稳定的着火和燃烧问题。而这些问题的解决，反映在燃烧器的设计方面，就是解决好一、二次风喷口的形状及相对位置。根据燃烧器中一、二次风口的布置情况，可以把直流煤粉燃烧器分为均等配风燃烧器和分级配风燃烧器两种。

1. 均等配风直流煤粉燃烧器

均等配风方式是指一、二次风口相间布置，即每两个二次风喷口之间均等布置一个一次风喷口，或者在每个一次风喷口的背火侧均等布置一个二次风喷口。这样的配风方式，一、二次风喷口相距较近，气流自喷口喷出后能很快得到混合，故一般适用于容易着火，燃烧迅速的烟煤和褐煤，所以又称为烟煤—褐煤型直流燃烧器。我国的电厂中，一般的烟煤、褐煤大部分采用这样的配风方式，部分贫煤采用侧二次风均等配风燃烧器，然而美国燃烧工程公司（CE）对于挥发分$V_{daf}>13\%$的煤种几乎全部采用一、二次风口间隔布置的均等配风直流燃烧器，这在燃烧的组织上还是需要一定的技术含量的。图 3-8（a）所示的是比较典型的均等配风燃烧器。可以看出，一、二次风喷口间隔排列，即在每一个一次风喷口的上下方都有二次风喷口，而且喷口间距也较小。这样的布置可使一、二次风尽早地混合，使一次风煤粉气流在着火后就能获得足够的空气，着火和早期燃烧都十分迅速，对于高挥发分煤种十分适应。在直流燃烧器的喷口布置方式中，一般在整个燃烧器的上下端都布置二次风喷口。上面的为上二次风喷口，其作用是除供应上排煤粉燃烧所的需空气外，还可以补充炉膛内未燃尽的煤粉继续燃烧所需的空气此外，具有明显的压火作用，就是压住一次风火焰避免其直接冲向炉膛上方，延长了煤粉颗粒在炉内的停留时间，降低了飞灰含碳量。最低层的二次风喷口称为下二次风，它的作用是能把从煤粉射流中离析的粗煤粉托浮起来，使其继续燃烧，同样也延长了煤粉在炉内的停留时间，从而减少了机械未完全燃烧热损失。

燃烧器的喷口可以设计成固定的，也可以设计成可动的，可以整组或分组上下、左右摆动一定的角度，燃烧器中每一层的二次风都设有独立可调的风门挡板，用以调节二次风速。一般为了加强二次风对炉内气流的穿透能力，都将二次风速值设计得比较高，常用的二次风速值一般在 40～50m/s，二次风量占总风量的 60%～70%。

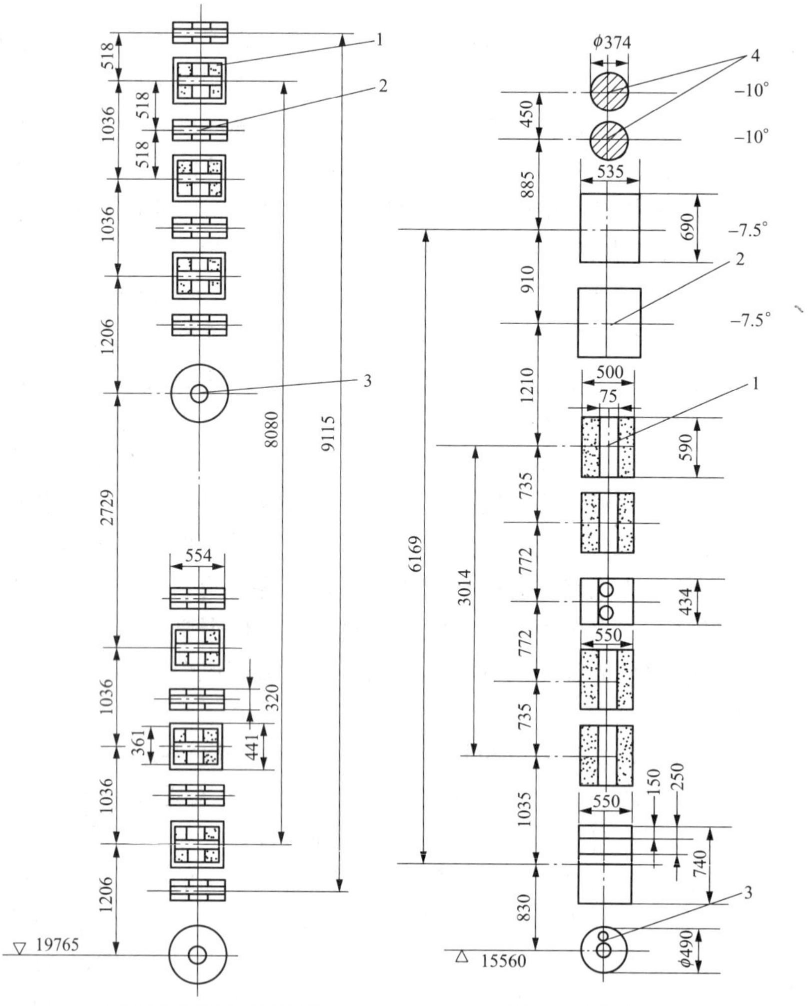

(a) 均等配风直流煤粉燃烧器　　(b) 分级配风直流煤粉燃烧器

图 3-8　直流煤粉燃烧器

1—次风喷口；2—二次风喷口；3—安放油枪的二次风喷口；4—三次风喷口

2. 分级配风直流煤粉燃烧器

分级配风是指把二次风分期分批地送入燃烧的煤粉气流中的配风方式。由于分级配风方式是针对低挥发分煤种而开发的，因此该类型燃烧器处处围绕着低挥发分煤种的燃烧特性进行设计布置。首先，由于低挥发分煤种着火困难，因此如何在短时间内将煤粉气流的温度升高至着火温度是一个非常重要的环节。分级配风燃烧器为了实现这一目的，采用了较低的一次风速和较低的一次风率（一次风量占总风量的百分比），这样就大大提高了煤粉浓度，让卷吸过来的高温烟气集中加热煤粉（因空气量少）；其次考虑到低挥发分煤种挥发分含量少，燃烧需要的空气量少，而焦炭的燃烧比较缓慢，因此分期分批混入二次风，以满足各阶段燃烧所需要的空气量。在一次风煤粉气流着火后送入一部分二次风，促使已着火的煤粉气流得以继续燃烧放热，来加热后续燃料；待全部燃料着火后再分批地高速喷入其余二次风，使其与着火燃烧的煤粉火炬强烈混合，借此加强气流扰动以提高扩散速度，促进煤粉的燃烧和燃尽。而要做到这些，是需要在设计时对燃烧器的结构进行特殊考虑的，具体做法是将一次风喷口相对集中地布置在一起，而二次风喷口则分层布置，并保持较大的一、二次风喷口间距，以此来控制一、二次风射流在炉内的混合点。煤的挥发分越低、灰分越高，一、二次风喷口间的距离应越大些，两者的混合自然也就晚些。

典型的分级配风直流煤粉燃烧器喷口的布置形式如图 3-8（b）所示。为了增强燃烧器卷吸高温烟气的能力，相对集中布置的一次风喷口一般都做成了高宽比较大的直立矩形截面。这样可以加大煤粉射流截面的周界长度，就是增大了煤粉射流与高温烟气间的接触面积，显然强化了卷吸能力。值得注意的是燃烧器的高宽比是一个非常敏感的参数，它对于燃料的着火、燃烧及燃尽过程有很大影响。高宽比过大，则喷口截面狭长，虽然得到了较强的卷吸能力，但气流的抗偏转能力（也称为气流刚性）减弱。射流在外力的作用下很容易改变自己的流动方向，会在炉膛内发生贴墙流动造成水冷壁结渣；反之，如果高宽比过小，则气流虽然获得了较强的刚性，但其卷吸力不足，对煤粉气流的着火不利。

分级配风燃烧器的一次风速一般设计为 20～25m/s。由于二次风是在煤粉气流着火以后才与一次风混合，此时煤粉气流温度已较高，烟气黏度也较大，为保证二次风足够的穿透能力，二次风射流速度必须足够高。此外运行中的二次风速要随锅炉负荷的降低而减小，因此为保证低负荷时二次风仍有一定的速度，通常在设计的额定负荷下二次风速为 $w_2=40\sim55$m/s。

分级配风燃烧器在燃用无烟煤、贫煤和劣质烟煤时，为了保证煤粉稳定着火，增大着火热量，因此对储仓式制粉系统都采用热风送粉方式。这时磨煤乏气是作为三次风而单独送入炉膛的。由于三次风为磨煤乏气，水分大，温度低（约为 100℃），相对炉内烟气而言，是一股冷气流。大量的三次风进入炉内，会使炉膛温度下降，燃烧延缓。因此如果三次风喷口布置不当，将会对主煤粉气流的着火燃烧产生很大影响，如使炉膛温度降低、着火推迟以及燃烧不稳定等，同时还会使煤粉火炬的燃尽条件变差，造成飞灰含碳量增大，火焰中心上移，炉膛出口和过热器前烟温增高，从而引起炉膛出口附近结渣、过热器超温爆管等事故。鉴于此，在设计中一般将三次风喷口放在离最上排燃烧器喷口一定距离的炉膛上部，并设计成向下倾斜的射流方式。这样既不会对主煤粉气流的燃烧造成明显影响，又可起到压火作用，增加三次风气流在炉内逗留的时间，有利于三次风中细煤粉的燃尽，减少飞灰含碳量。三次风速一般不宜过低，大致与二次风速相仿。

三、直流煤粉燃烧器的射流特性

1. 四角切圆布置直流煤粉燃烧器射流特性

直流煤粉燃烧器的射流都是直流形式，这一特性使其不具备旋流燃烧器仅通过采用多股射流进行同轴射流就可以完成一、二次风混合从而实现独立燃烧过程的功能，而只能通过上下左右的相邻喷口之间的相互协作才能完成燃烧过程。事实上，在现代锅炉技术中，对于直流煤粉燃烧器来说，所采用的喷口组合方式基本上都是炉内四角切圆布置燃烧方式。这种方式是将直流煤粉燃烧器布置在炉膛的四个角或接近四个角形成四组燃烧器组合喷口，这四组燃烧器出口射流的几何轴线与炉膛中心的一个或两个假想圆相切，如图 3-9 所示。从图中可以看出，除了典型的四角单切园布置方式外［图 3-9（a）］，还有四角同心双切园布置方式［图 3-9（b）］，多角单切园布置［图 3-9（c）］，多角异心双切园布置［图 3-9（d）］等方式。

采用四角切圆的布置方式时，一般可把炉膛横断面上气流的结构划分成三个区域，如图

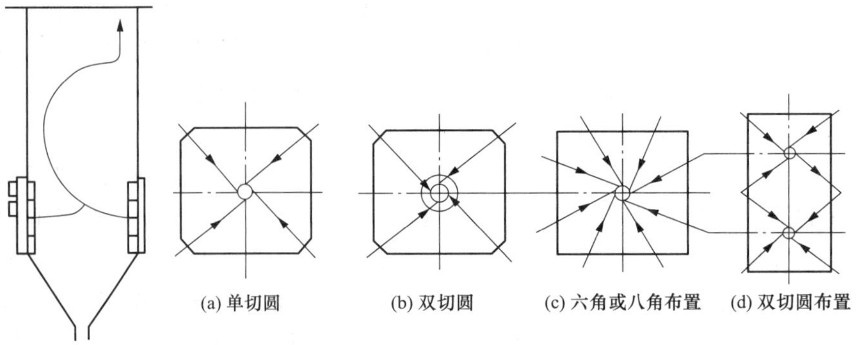

图 3-9 直流煤粉燃烧器切圆燃烧布置方式

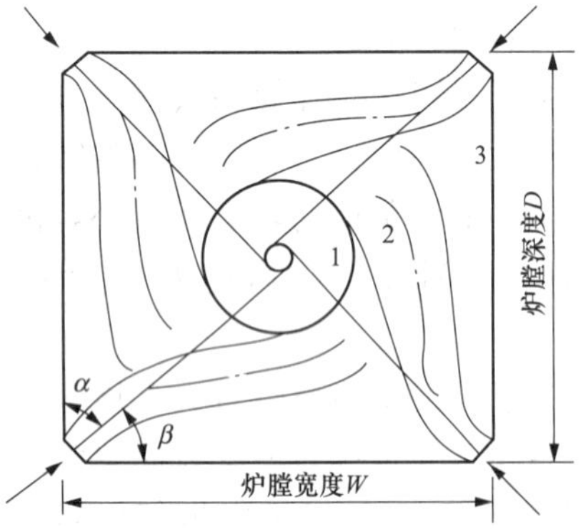

图 3-10 炉膛截面气流分布及气流偏斜
1—无风区；2—强风区；3—弱风区

3-10所示。炉膛中心处假想切圆内部为负压区，该区域从立体上看是由假想切圆内部沿炉膛高度方向自下而上形成的类似于圆柱形的空腔，该区域内，气流切向速度很小，也可称为无风区；紧贴无风区的外沿，是旋转上升的气流，其间流体切向速度很大，为强风区；旋转气流外围与水冷壁之间的区域，气流的切向速度很小，为弱风区。从煤粉着火角度来看，无风区的大小，对煤粉着火有较大影响。当无风区较大时，意味着假想切圆直径较大，每个角喷射出的射流向纵深发展时，将更靠近邻角的射流根部，这就会对邻角刚喷射出的煤粉气流进行冲刷传热，客观上起到了协助邻角煤粉气流着火的作用；反之，射流纵深发展靠近炉膛中心区，距离邻角刚喷射出的煤粉气流的根部较远，协助着火的作用则极其有限。当然，无风区也不能过大，否则强风区将太靠近水冷壁壁面，容易出现火焰贴墙的现象，导致水冷壁结渣。

切圆燃烧煤粉锅炉炉内空气动力特性，既和每个燃烧器喷口的结构特点和射流参数有关，又和一个燃烧器组的不同喷口之间的距离以及配风方式，一、二次风风速比等参数有关，同时还与四角布置的切圆大小、炉膛断面形状及尺寸等参数有关，是一个受多变量影响的复杂问题。譬如，一个角的煤粉气流着火所需的热量，除了自身卷吸的高温烟气的对流放热以及炉膛辐射热外，主要还是依靠上游邻角火焰的冲刷加热。就是说在切圆燃烧方式中，各个角的燃烧器组之间的射流的相互作用对炉内新燃料的着火及燃烧以及燃尽过程有着重要影响。其一，从着火角度来看，每个角的燃烧器喷出的煤粉气流，都会受到来自上游邻角正在剧烈燃烧的高温火焰的冲刷加热，使之迅速升温并快速放出挥发分而完成着火过程，已经着火并迅速燃烧的煤粉气流一边继续燃烧放热，一边被吹到纵深处再去点燃下游邻角的煤粉气流，使得相邻角的煤粉气流互相引燃。再加上每股煤粉气流本身还卷吸部分高温烟气以及接受炉膛辐射放热，因此四角切圆布置直流煤粉燃烧器的着火条件虽不及旋流燃烧器的双面着火（内外卷吸），但还是比较理想的。其二，从燃烧角度来看，由于直流射流的特点是射程长，刚性大，对烟气的穿透力强，而且燃烧的煤粉火炬与分批混入的二次风相互卷吸，扰动混合。此外由于炉内火炬的强烈旋转，使得炉内的温度、氧浓度等更趋均匀，因此强化了煤粉与空气的后期混合，也加速了煤粉的燃烧过程。其三，从燃尽的角度看，由于气流是呈火炬状旋转上升的，这一方面增大了火焰在炉内的充满度，另一方面也延长了煤粉在炉内的停留时间，对煤粉的燃尽也十分有利。

综上分析，直流燃烧器采用切圆布置方式具有着火条件优越，燃烧中、后期气流扰动强烈，有利于燃尽等优点。此外，该布置方式还可以通过喷口的多种组合布置方式实现对不同煤种的良好适应性，因而得到了广泛的应用。

2. 射流偏斜

在四角切圆布置的燃烧方式中，比较容易出现的一个不利现象是燃烧器喷口射流不能保持沿喷口几何轴线方向前进，而是会向炉墙一侧发生一定程度的偏转，如图 3-10 所示。前已述及，当气流偏斜严重时，会导致燃烧器的燃烧火焰出现贴墙，造成炉膛水冷壁结渣，直接影响锅炉的安全运行，甚至造成损失与重大事故。

燃烧器的射流一般包含一次风射流和二次风射流，中间储仓式热风送粉系统的锅炉还会有三次风射流，还有相当数量的锅炉会有燃尽风等。这些射流中，一次风煤粉气流为了燃料着火的需要，一般不可能采用过大的流速，因此动量最小，刚性最差，其射流的偏斜也最严重。而在所有的射流中，只有一次风射流中是有煤粉的，因此也只有一次风煤粉射流贴壁冲墙才会造成结渣。故从减轻或避免水冷壁结渣的角度来讲，我们应该对一次风煤粉气流的偏斜有足够的了解和认识，以尽量减小气流偏斜带来的危害。

一次风气流偏斜主要有以下影响因素：

（1）燃烧器的结构特性。

1）射流两侧的补气条件。对于一个角的燃烧器来说，是由若干个一二次风喷口组合而成具有一定高度的射流组。这个射流组的宽度就是单个燃烧器喷口的宽度，而高度是所有喷口及间距的总和。我们把每个喷口的高度与宽度的比值称为喷口的高宽比，用h_i/b表示，而燃烧器组的高度与燃烧器宽度的比值称为燃烧器组的高宽比，用h/b表示。四角切圆布置煤粉燃烧器就是由四个射流组组成的。每个射流组在炉内射流的扩展过程中将会卷吸周围的高温烟气。由于燃烧器组的h/b较大，因此主要是在射流的左右两侧卷吸高温烟气，结果在射流的两侧造成负压。负压形成后，远端的介质将向负压区流动补充气压的不足。如图 3-10 所示，由于假想切圆的直径总是大于 1 的，因此即便是正方形的炉膛截面，也会使$\alpha>\beta$，造成射流两侧的补气条件不同，进而造成两侧的负压不同，在射流两侧出现压差。此压差将迫使射流偏向压力更低的一侧。由于α侧（向火侧）角度大，空间广阔，加之上游邻角气流横扫过来，补气条件优越；而β侧（背火侧）需从射流较远处回流烟气或越过高高的燃烧器组由射流上下两端来补气，显然无法和α侧的补气条件相比。于是就形成了炉膛内部压力高，而靠近水冷壁处压力低的现象，使得气流偏向炉墙。

2）燃烧器的高宽比。喷口的高宽比h_i/b影响射流的卷吸能力、气流刚性和射程等性能，因此，如果对于单只喷口来说，h_i/b越大，则气流的刚性越差，其抗偏转能力也越差。但对于炉内气流的偏斜问题，影响最大的还是射流组的高宽比h/b，该值越大，射流组整体刚性下降，抗偏转能力随之下降。另外由射流上下两方补充的烟气就更不容易到达燃烧器射流沿高度的中间部位，因此，射流中部两侧压差要比两端更大些。就是说，燃烧器高度方向的中间部位气流的偏斜会更严重些。因此，对于h/b较大的锅炉，更应高度关注燃烧器射流的偏斜。此外，为减少切圆燃烧器的气流偏斜，燃烧器的布置角度 α 与 β 不能相差太大，这就要求炉膛断面的形状最好接近正方形，即锅炉的宽深比 a/b（此处的 b 是指锅炉深度）不宜过大。

3）燃烧器喷口间距。燃烧器喷口之间的距离对一次风气流的偏斜也有一定影响。若干只燃烧器喷口组成的射流组具有相当的高度，因此射流喷出后相当是一面高大的“屏风”，两侧补气条件不均衡就会导致“屏风面”的偏斜，如果射流与射流之间没有空隙，则压力高的一侧的气流需要从“屏风”的上下两侧翻越才能到达另一侧，显然迟延很大，会造成“屏风面”严重的偏斜。但是喷口之间如果留有一定的距离，则两个喷口喷出的射流面之间就存在着一个三角形区域，形成了所谓的压力平衡孔，可以使两侧的气流得以串通。显然，喷口间距越大，平衡孔面积就越大，补气条件就会越好。

（2）假想切圆直径。

运行经验表明，实际燃烧的炉膛中形成的火炬切圆的直径远大于假想切圆的直径，而且实际切圆直径随设计假想圆直径的增大而增大，如图 3-10 所示。前已述及，较大的切圆直径可以使邻角火炬的高温烟气更易于达到下角射流的根部，有利于煤粉气流着火。但过大的切圆直径将会造成 α 与 β 相差更大，补气条件的差异也随之增大，造成一次风射流的偏斜也变得更加严重。结果使气流容易偏斜贴墙，引起水冷壁结渣。另外假想切圆过大还会导致炉内旋转气流到达炉膛出口时，仍然会有较大的残余旋转而引起炉膛出口烟温分布不均导致过热汽温偏差。因此，从防止结渣的角度来看，假想切圆直径与炉膛的宽度比一般宜在0.05～0.12。对于大容量锅炉，由于射流组的高度较高，气流整体刚性变差。因此切圆直径更应取偏小值。

（3）邻角气流的横向推力。

从一个射流组喷出的射流有多种，但最常见的就是一二次风的组合。为了燃料着火和燃烧的需要，一二次风的风速有比较大的区别，尤其对于挥发分小的难以燃烧的煤种来说，这一区别更大。我们知道，当喷口形状一定时，如果射流的初速度高，则射流的动量就大，穿透力强，而本身的抗偏转能力也强；反之，那些初速度小的射流穿透力较差，且容易被吹偏。从这个角度看，射流组内的二次风具有很强的穿透力和刚性，因此很容易将相邻射流组中刚性较差的一次风吹得偏离轴线而贴近炉壁，而本身却不容易被邻角的二次风气流吹偏。因此，为了减轻一次风气流的偏斜，除了需要增强一次风射流的刚性外，还需要适当弱化二次风气流的穿透力，即适当增大一次风速，减小二次风速。当然，这需要综合考虑到燃料的着火、燃烧及燃尽特性而定。

四、典型的直流煤粉燃烧器

煤粉燃烧器的设计布置的依据是煤的种类和着火燃烧特性。本节介绍的燃烧器是在锅炉运行中取得成功经验的两种典型燃烧器，第一种燃烧器是美国燃烧工程公司（CE）设计的切圆燃烧直流煤粉燃烧器，采用均等配风和一次风强化着火技术并设置了燃尽风，并具有一定的浓淡分离功能。对于燃用有结渣倾向的煤种，还采用了二次风偏流设计。该燃烧器煤种适应性广、着火稳定、燃烧安全、NO_x 生成量低、并可减轻水冷壁结渣和高温腐蚀。第二种燃烧器是由日本三菱公司设计开发，也具有浓淡分离功能的均等配风低污染燃烧器，其特点是煤种适应广泛，着火稳定，NO_x 生成量低。下面分别介绍。

（一）均等配风宽调节比燃烧器（WR 燃烧器）

1. 一次风设计特点

美国燃烧工程公司设计的宽调节比燃烧器（WR 燃烧器）用于配 600MW 等级的机组，设计成可以上下摆动的形式，其一角的结构示于图 3-11，整个燃烧器为四组，分布于四个角上。为了提高低挥发分煤的着火稳定性和在低负荷运行时着火、燃烧的稳定性，燃烧器的一次风喷嘴设计成具有浓淡分离的功能，其结构如图 3-12 所示。从图中可以看出，连接煤粉喷嘴的一次风道尽头有个弯头，煤粉与空气流经此弯头时，由于离心力的作用，将使大部分煤粉沿弯头外侧进入煤粉喷嘴，而设置在煤粉喷嘴中间的水平隔板，将煤粉气流自然地分成浓淡两股，上部的煤粉浓度很大，下部则以空气居多。浓煤粉着火温度低，有利于低负荷下着火的稳定性。对煤粉进行浓、淡分离还有利于减少燃烧时 NO_x 的生成量。这种燃烧器一次风的设计风率一般为 20%（可在 15%～25%之间），风速 20～25m/s。

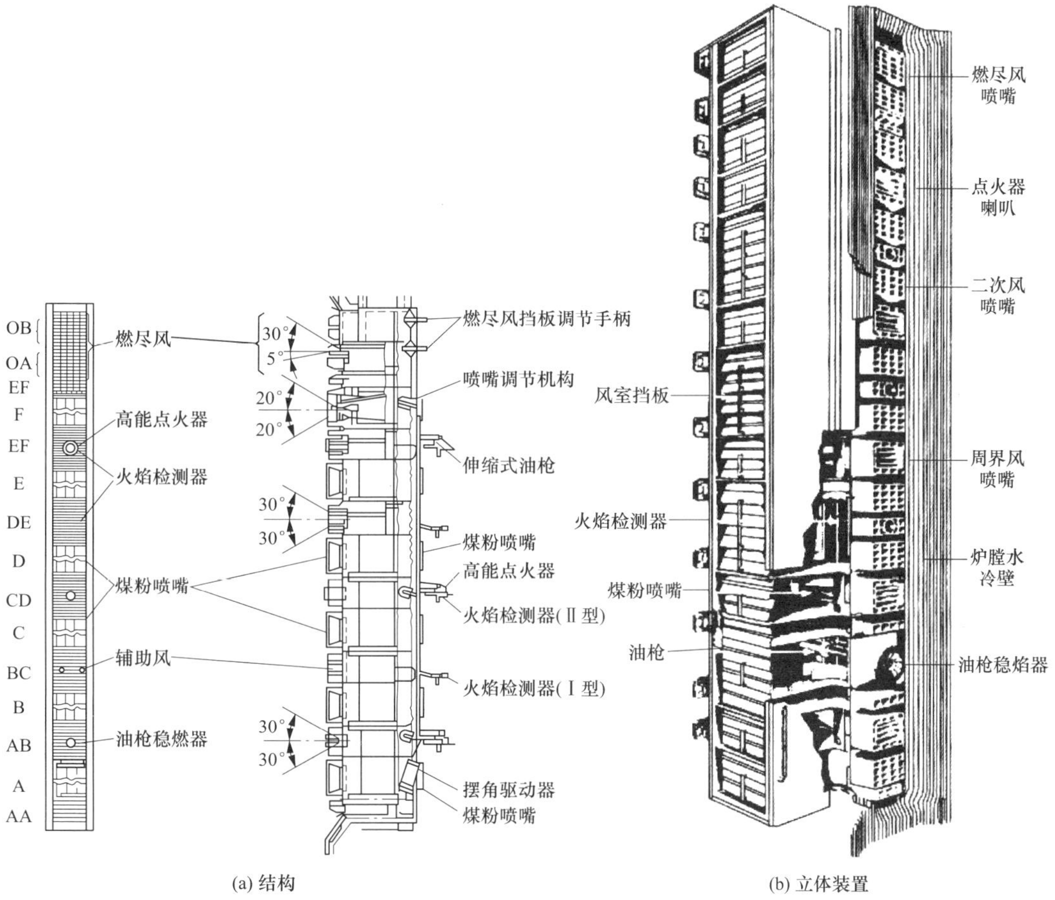

图 3-11 600MW 等级的 WR 燃烧器

在一次风喷嘴出口部位装有钝体，钝体的形式有两种，一种是光滑的 V 形钝体，另一种是锯齿波形状的 V 形钝体。由于采用了钝体，就会使煤粉气流喷出喷口后在钝体后面形成负压区，负压区的存在会使远端的高温气流回流进入负压区并到达煤粉射流的根部，也就是说，通过使用钝体，可以得到一个稳定的内回流区，使射流出现了内卷吸从而维持煤粉气流的稳定着火。钝体装在煤粉管道内，不断有一次风煤粉气流流过对其冷却，使其温度可以

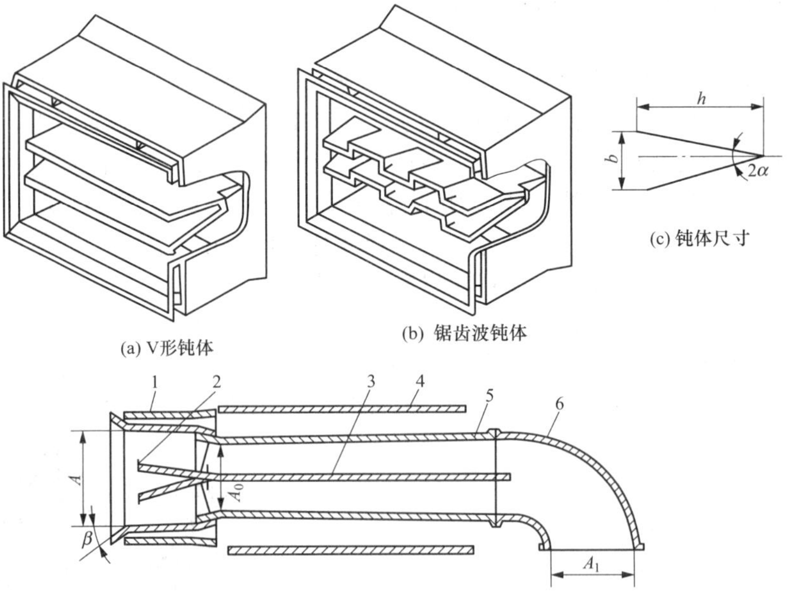

(a) V形钝体 (b) 锯齿波钝体 (c) 钝体尺寸

(d) 一次风喷嘴

图 3-12 带 V 形钝体的 WR 煤粉燃烧器

1—摆动喷口；2—钝体；3—水平隔板；

4—二次风箱；5—次风管；6—入口弯头

维持在 400℃以下。钝体与煤粉和空气接触的表面采用锯齿波形状可以有效地增大一次风煤粉空气混合物和回流高温烟气的接触面积，加快煤粉的预热和着火过程。运行实践表明，该燃烧器可稳定地燃用低挥发分的无烟煤和贫煤。

为了扩大煤种适应范围，在一次风喷嘴的四周配有周界风，或称燃料风，它属于二次风的一部分。燃料风的存在可以使一次风喷口出口的煤粉浓度变成可调模式，从而可调节燃料的着火热，也就是扩大了燃料的适应范围。燃料风率设计为 15%左右，风速 35m/s。设计时保证燃料风挡板关闭时仍可保持约 5%的风率，用于冷却煤粉喷嘴，防止燃烧器停运时喷嘴烧毁。一次风喷口的外圈设计成外翻的璇口形式，且燃料风与一次风射流出口呈一定角度，不会立即掺进一次风气流中，这样做的目的是既保证一次风的稳定着火，同时防止煤粉气流冲刷水冷壁或者在水冷壁区域出现还原气氛，这对对防止煤粉离析和水冷壁结渣都是有利的。

2. 二次风的设计特点

为了防止水冷壁结渣和出现高温腐蚀（还原性气氛时可在高温区形成 H_2S 腐蚀），对燃烧器中间的二次风喷嘴（见图 3-13）沿水平方向采取了不同的射流角度进行设计。如图 3-14 所示，称之为预置水平偏转二次风。由偏转（偏角）二次风组成的假想切圆直径大于一次风的假想切圆。偏转二次风处于水冷壁与一次风粉气流之间，其一可防止煤粉离析或煤粉气流贴墙造成结渣；其二，可保证在燃烧区缺氧条件下，使水冷壁附近保持氧化性气氛，这样的结果既可以保持灰熔点不至于下降导致结渣，又可以避免出现水冷壁区域的高温腐蚀。二次风（不含燃尽风）的风率为 60%～65%，风速在 40～50m/s 的范围。

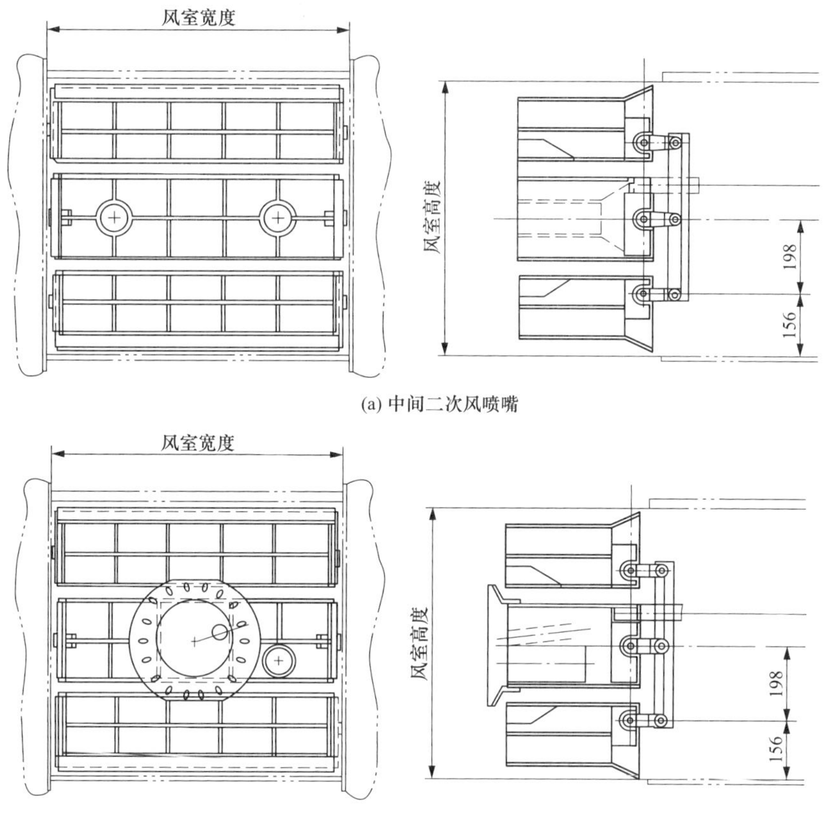

(a) 中间二次风喷嘴

(b) 带点火油枪的中间二次风喷嘴

图 3-13 中间二次风喷嘴

3. 燃尽风的设计

燃尽风的设计是为了抑制燃烧过程中 NO_x 的生成量而采用的空气分级燃烧技术。总体特点是将主燃烧区的过量空气系数维持在 0.85～0.9 之间。这样，使燃烧过程中所生成的 NO_x 可部分转化为稳定的 N_2。待到炉膛上部再加入燃尽风使煤粉燃烧完全，但已经还原的 N_2 在此燃烧温度下不会再转化为 NO_x，从而减少了 NO_x 的排放量。

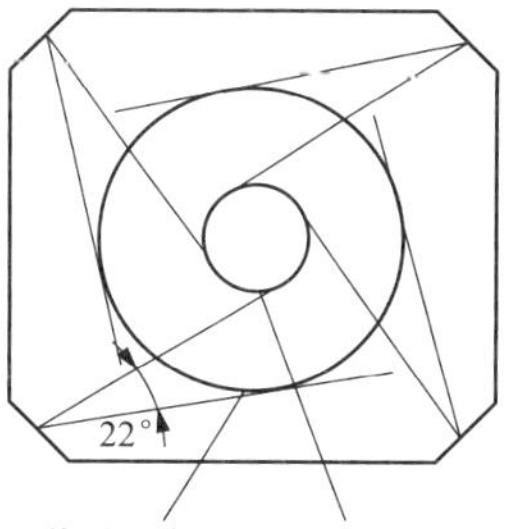

图 3-14 中间二次风偏角设计原理

燃尽风率一般设计为 15%，风速采用具有较大穿透力的设计，一般在 50～60m/s 左右。燃尽风喷嘴一般设计成 4～5 层。

整个燃烧器由最下部二次风喷口至上部二次风喷口之间的区域为主燃烧区。其高度 10～12m，高宽比 h/b 达 14～16。燃烧器设计成摆动式的主要目的是为了锅炉的汽温调节，摆动范围一般为一次风喷嘴上下 20°（可允许上下 27°），二次风喷嘴上下 30°，燃尽风喷嘴上 30°～下 5°。燃烧器一般是整组摆动，且四个角的燃烧器保持同步摆动，以维持炉膛火焰中心相对位置和形状不被破坏。

（二）均等配风低污染燃烧器（PM 燃烧器）

PM 燃烧器是由日本三菱公司设计的低污染型燃烧器的简称，该燃烧器最大的特点是具有煤粉浓淡分离功能。其浓淡分离装置由靠近燃烧器的一次风管的一个弯头及两个喷口组成

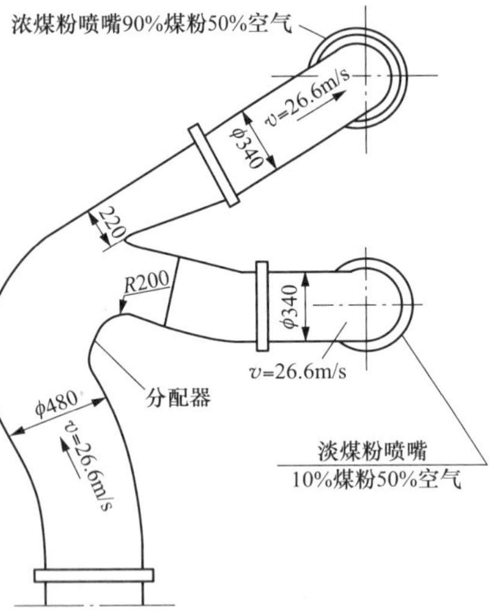

图 3-15 PM燃烧器的浓淡分离器

(见图 3-15)。煤粉气流流经分离器时在惯性力作用下，大部分煤粉进入上喷口，而少部分煤粉则随空气进入下喷口。在两喷口之间插入再循环的烟气喷口，称为隔离烟气再循环（SGR)，其作用是推迟一、二次风的混合，延长挥发分在高温区的燃烧时间，还可适当降低炉内温度水平及焦炭燃尽区中的氧浓度，这样既可以保证燃烧能够稳定进行，也能抑制 NO_x 的生成。每组 PM 燃烧器上部都设有燃尽风（OFA）喷口，是一个典型的分级燃烧低 NO_x 燃烧器。经过浓淡分离的浓煤粉气流在还原性气氛下燃烧，而淡煤粉气流在富氧条件下燃烧。前者由于缺氧使得 NO_x 生成量很小，后者空气量虽多，但煤粉浓度低，燃烧温度也低，因此产生的 NO_x 量仍然不多。

与常规燃烧器相比，PM燃烧器可使 NO_x 生成量减少 60%。由于浓煤粉具有良好的着火特性，因此该燃烧器在低负荷下仍能保持燃烧稳定，不投油的最低稳燃负荷可低达 40%，是一种性能非常优良的低污染燃烧器。

第四节 煤粉气流的着火

一、着火温度与熄火温度

燃料的燃烧一般包括热力着火阶段、燃烧阶段和燃尽阶段。燃料由缓慢的氧化状态转变到反应能自动加剧到高速燃烧状态的瞬间过程称为着火。煤粉的着火是由于温度不断升高而引起的，也称之为热力着火。现代大型电站燃煤锅炉无一例外都采用煤粉燃烧方式，煤粉粒径通常都在 200μm 以下，如此细的煤粉经炉内高温火焰辐射和高温烟气剧烈扰动冲刷，其升温速度极快。新燃料随一次风吹入炉膛内，在极短的时间内即可达到着火温度。但我们所说的着火，并不是单纯指燃料能否被点燃，而是指着火是否会发生以及能否稳定着火。只有稳定的着火，才能保证燃烧过程持续稳定的进行，否则就可能半路熄火，中断燃烧过程。

由于炉膛壁面布置有大量的水冷壁管来吸收火焰的辐射热，因此燃料燃烧放出的热量既加热周围介质又向炉膛壁面辐射散热。这时，根据系统的散热条件及炉壁的初始温度不同，燃烧放热量与系统总散热量之间可能会有多个热平衡点，而这些热平衡点所具有的意义可能各不相同，下面具体分析。

炉内燃料燃烧反应放热量为

$$Q_1 = k_0 e^{-\frac{E}{RT}} C_{O_2}^n V Q_{br} \tag{3-22}$$

高温烟气向周围介质的散热量为

$$Q_2 = \alpha S(T - T_w) \tag{3-23}$$

上两式中 C_{O_2} ——可燃混合物中煤粉反应表面的氧浓度；

n——燃烧反应方程式中氧的化学计量数；

V——可燃混合物的体积；

Q_{br}——燃烧反应热；
T——反应系统温度；
T_w——炉膛壁面的温度；
α——混合物向燃烧壁面的综合表面传热系数，是对流换热表面传热系数和辐射换热表面传热系数的和；
S——炉膛壁面的面积。

放热量 Q_1 是由阿雷尼乌斯定律和扩散定律主导的指数函数和幂函数形式的组合，Q_2 是传热方程式决定的直线，它们随温度的变化情况如图 3-16 所示。在锅炉开始启动时，可燃混合物和壁面的温度都比较低，为 T_{w1}，此时散热随温度的变化为曲线 Q_2'。由图可知，反应初期由于反应放热大于散热，反应系统便逐渐升温，最后稳定在点 1，这时$Q_1=Q_2'$，这是第一个热平衡点。该点所代表的热力状态是低温稳定的氧化状态，其稳定性可以通过分析得知：若在点 1 处系统的温度稍有波动，则点 1 将会移动，若温度降低，则点 1 向左侧移动到达新的点 1，此时燃烧放热量大于系统散热量，新点 1 将又向原来的位置返回，重新回到 1 点；若温度升高，则点 1 向右侧移动到达新点 1，此时燃烧放热量小于系统散热量，则新点 1 将又向原来的位置返回，重新回到 1 点。由此可见，该平衡点是稳定的低温氧化状态，无法达到燃料燃烧的目的。

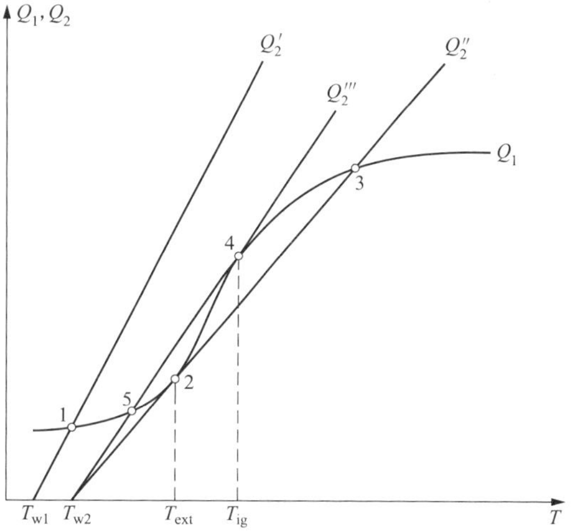

图 3-16　放热曲线和散热曲线

既然事先将壁温提高到 T_{w1} 没有办法达到着火燃烧状态，我们可以尝试事先将炉温再增高，如果最初壁面的温度提高到 T_{w2}，此时散热曲线用 Q_2''表示。由图可以看出，Q_2''与 Q_1 有两个交点，这意味着燃烧放热与系统散热出现了两个热平衡点，按照上述的分析方法，不难看出，点 2 是不稳定的，只要系统温度稍有波动，反应放热就会大于散热，即 $Q_1>Q_2''$，反应将自动加速，转变成为剧烈的高速燃烧状态。若能保证燃料和空气连续供应，则系统将到达第二个交点（点 3）。处，而点 3 也是一个稳定的平衡点。我们把对应于点 2 的温度称为着火温度 T_{ig}。因为放热和散热条件一定，只要系统温度 $T>T_{ig}$，燃烧反应就会自动加速。

对于上述处于高温燃烧状态的反应系统，如果系统放热或散热的条件发生了变化，譬如散热加强或者放热减弱（实际运行中，锅炉负荷降低就会出现这种情况），如曲线 Q_2''' 所示，此时，燃烧系统温度将会降低。假设燃烧系统温度降到点 4，这时放热与散热达到了新的热平衡状态即 $Q_1=Q_2'''$，但这一平衡点是不稳定的。只要系统的温度稍有降低，则系统的散热量将大于放热量而使反应系统温度继续下降，直到点 5，达到了新的热平衡，点 5 是稳定的热平衡点，但其只是缓慢氧化的状态，这样整个燃烧过程就中断了，我们把这一过程称为熄火，而点 4 对应的温度称为熄火温度 T_{ext}。因为在放热和散热条件一定的情况下，只要系统温度 $T<T_{ext}$，燃烧反应就会自动中断。值得注意的是，熄火温度 T_{ext} 永远比着火温度 T_{ig} 要高，这是由放热和散热系统所处的热力条件决定的。

着火温度和熄火温度是一定条件下得到的相对特征值，而不是物理常数。从其分析过程可知，它们的位置随反应系统热力条件的变化是会发生变化的。例如，当反应系统初温、散热条件、氧浓度、压力、燃料颗粒大小等条件改变时，点 2、4 的位置就会移动，其所对应的着火温度和熄火温度也就随之改变。表 3-1 列出了不同测试条件下各种燃料的着火温度。

表 3-1　　燃料的着火温度

测试设备	燃　料	着火温度（℃）
气体燃料着火温度标准测试仪	高炉燃气	530
	炼焦煤气	300～500
	发生炉煤气	530
	天然气	530
液体燃料着火温度标准测试仪	石油	360～400
固体燃料着火温度标准测试仪	泥煤	225
	褐煤	250～450
	烟煤	400～500
	无烟煤	700～800
煤粉气流着火温度标准测试仪	褐煤 $V_{daf}=50\%$	550
	烟煤 40%	650
	烟煤 30%	750
	烟煤 20%	840
	贫煤 14%	900
	无烟煤 4%	1000

从表中数据可以看出，即便测试条件相同，随着燃料不同，着火温度也千差万别。对煤而言，挥发分含量高且活化能小的煤，着火温度低；反之，对于挥发分含量很高的无烟煤，其着火温度可高达 700℃以上，比烟煤高出 300℃左右。

二、煤粉气流的着火

煤粉与空气混合物喷入炉膛后，通过紊流扩散产生的外回流以及旋转射流或由钝体等阻挡物产生的内回流来卷吸周围的高温烟气，促使煤粉气流与高温烟气产生强烈混合与扰动。同时煤粉气流还将接受炉内高温火焰的辐射，由此得以快速升温。研究表明，对煤粉气流升温的主要贡献来自高温烟气的对流传热，而辐射传热是次要的。当煤粉气流获得了足够的热量并达到着火温度后就开始着火燃烧。锅炉燃烧技术中，对于新燃料的着火时间一般有一个合理的范围，不能太晚，但也不希望过早。如果着火过早，可能使燃烧器喷口超过金属许用温度而烧坏，也易使喷口附近产生结渣现象；但如果着火太晚，就会将整个燃烧过程延后，有可能使煤粉来不及完全燃烧就离开炉膛，造成机械未完全燃烧损失增大。此外，着火推迟还会使火焰中心上移，造成炉膛出口烟温过大，从而使炉膛出口部位受热面发生结渣，同时还会使过热蒸汽超温。

煤粉燃烧器的着火机制与燃烧器射流的空气动力特性密切相关，不同的射流结构导致了不同的着火机制。对于旋流燃烧器来说，其射流结构是由外圈的二次风包裹着内圈的一次风煤粉气流，因此，外回流区卷吸的高温烟气主要加热了外圈的二次风，由于这里的煤粉浓度很小，因此即使达到了着火温度，也无法着火；然而，内回流区卷吸的高温烟气主要加热一次风煤粉气流，使煤粉气流迅速地被加热到着火温度，同时这里也具有足够高的煤粉浓度，因此着火过程首先是从旋转射流的内回流区开始，然后逐渐向外层扩展。对于直流煤粉燃烧器来说，进入炉膛的射流包括一次风和二次风射流，它们各自依靠射流的外边界卷吸高温烟气以及接受邻角火焰的热量来加热自身，二次风被加热后由于煤粉浓度不足，因此即使达到着火温度，也不能着火。而着火首先发生在一次风射流的外边缘，然后向射流的中心部位逐步深入，再加上旋转火炬造成的强烈旋转，使得炉内气流的混合扰动异常强烈，给煤粉气流的着火创造了有利的条件。

将煤粉气流加热到着火温度所需的热量称为着火热。它包括加热煤粉和一次风所需热量以及煤粉中水分蒸发、过热所需热量。乏气送粉时着火热可近似地按式（3-24）估算（略去挥发分热分解吸热）：

$$Q_{ig}=\left(V_1c_a+c_f\frac{100-M_{ar}}{100}+\Delta Mc_V\right)(t_{ig}-t_1)+\left(\frac{M_{ar}}{100}-\Delta M\right)$$
$$[4.19(100-t_1)+2510+c_V(t_{ig}-100)]\ \mathrm{kJ/kg(煤)} \tag{3-24}$$

式中　V_1——一次风量，m^3/kg（标准状态下）；

c_a——空气的比热容，$kJ/(m^3\cdot℃)$（标准状态下）；

c_f——干燃料的比热容，kJ/(kg·℃)；

c_V——水蒸气的比热容，kJ/(kg·℃)；

M_{ar}——燃料收到基水分，%；

ΔM——原煤在制粉系统中蒸发掉的水分，kg/kg；

t_1——一次风煤粉混合物的初温，℃；

t_{ig}——着火温度，℃。

由上式可见：着火热与燃料的种类、着火温度、燃料水分和运行工况（煤粉气流的初温、一次风量）的变化等有密切关系。此外，炉内的着火情况还与煤粉细度、燃烧器结构、炉内空气动力工况、锅炉负荷以及炉膛的散热情况等有关。下面分析影响煤粉气流着火的主要因素。

1. 燃料性质

挥发分 V_{daf} 对燃料的着火过程有着举足轻重的影响。V_{daf} 低的煤，其着火温度 t_{ig} 将显著升高，着火热也随之增大。也就是说，把煤粉气流加热到着火温度需要更多的能量。因此，低挥发分煤（无烟煤、贫煤等）的着火要困难得多，达到着火状态所需的时间也长。着火点过程自然也有所推迟。

煤粉气流的着火温度随燃料性质不同有一个变化范围，大致数值列于表 3-2 中。

表 3-2　不同煤种煤粉气流的着火温度

煤种	褐煤	烟煤	贫煤	无烟煤
着火温度（℃）	550	600～800	700～900	800～1000

原煤水分的大小，对着火热也有较大影响。由于水分的加热、汽化和过热都需要热量，因此，随水分增大，着火热也增大。此外，水分的存在也降低了炉内烟气的温度水平，使煤粉气流卷吸的烟气温度以及火焰对煤粉气流的辐射热都降低，这显然对着火过程是不利的。

煤中的灰分是不能放热的杂质，当煤中灰分含量增大时，势必降低燃料的热值，致使同样蒸发量的燃料消耗量大幅度增加，这将导致很多宝贵的热量不得不去加热灰分，于是炉膛内烟气温度降低了，煤粉气流的着火推迟。另外，由于燃烧是在煤粉颗粒的表面进行的，因此燃烧后的灰分存积在煤粉表面形成灰衣，阻碍了空气向燃料表面的扩散，致使火焰传播速度变慢，着火稳定性降低。越是灰分多的燃料，这种现象将越加严重。

煤粉细度对着火热也有影响。煤粉越细，其外表面积相对就越大，而煤粉本身的热阻值却减小，因此受热后，其升温速度要比粗煤粉快，也就是说在同样的受热强度下，细煤粉将更快地达到着火状态。由此可知，对于挥发分很低，着火困难的无烟煤，应将煤粉磨得细些，可以有效地加速它的着火过程。

2. 炉内散热条件

实际设计和运行中，对于无烟煤等难以着火的煤种，为了强化其着火燃烧过程，除了前面述及的采用热风送粉和把煤粉磨细以外，还在炉膛的燃烧器布置区域增设了卫燃带。就是将燃烧器所在的高度范围内沿炉墙四周的区域用耐火涂料将水冷壁遮盖起来，用以减少水冷壁吸热量。这样布置的结果，可有效地提高炉内燃烧器区域的烟气温度，从而改善了煤粉气流的着火条件。运行经验表明，采用卫燃带稳燃是保证低挥发分煤粉顺利而稳定着火的有效措施。其缺点是卫燃带表面粗糙，且其表面的温度远高于光管水冷壁的壁温，因此造成水冷壁附近的烟温较高，容易在卫燃带上产生结渣。因此只有在燃用难以着火的无烟煤时才考虑敷设卫燃带。

3. 煤粉气流的初温

煤粉气流初始温度的高低决定了还需要多少热量将煤粉气流加热到着火温度，如果初温高，则后续所需要的热量就减少。因此采用热风来输送煤粉，将一定程度地提高煤粉气流的初温，使着火进程加快。因此在燃用无烟煤、劣质烟煤和某些贫煤时，可以用高温热空气作为一次风来输送煤粉，以改善着火条件。

4. 一次风量和风速

由式（3-24）着火热的计算式可知，增大煤粉气流中的一次风量，则燃料和空气整体的着火热将增大，着火过程将会推迟；反之，在卷吸同样的高温烟气量下，如果在制粉系统要求的一次风量范围内，尽量减小一次风量，则可用同样的这些热量集中加热高浓度的煤粉，势必会更快地将一次风粉气流加热到着火温度。通常我们用一次风率来表示一次风量的大小，一次风率是指一次风量占进入锅炉炉膛总风量的百分比，其大小主要取决于燃煤种类和制粉系统形式。

除了一次风量以外，一次风速对着火过程也有一定影响。一次风速过高，则着火点将远离喷口，即着火过程推迟，这样火焰行程将总体滞后，可能导致整个燃烧过程受到较大影响，部分煤粉可能来不及燃尽即被吹离炉膛，造成机械未完全燃烧热损失增大。但一次风速如过低，也可能会引起燃烧器喷口过热烧坏，以及煤粉管道堵塞等故障。因此合理选择一次风速对燃料的稳定着火燃烧及锅炉安全经济运行都有重要意义，最适宜的一次风速与煤种及燃烧器形式等有关。

5. 锅炉的运行负荷

锅炉负荷降低时，燃料量将相应减少，因此炉膛内的燃烧放热量将减少，炉膛平均烟温降低，燃烧器区域的烟温也随之降低。由于工质的减少，也将会使吸热量有所减少，这一热量的减少是与燃烧放热的减少成比例的，但是，锅炉的散热面积并没有减少，因此散热面积没有相应减少导致散热量的相对增大。也就是说，负荷降低，随着散热量的相对增大，炉温的下降速度很快，这对煤粉着火是十分不利的。当锅炉负荷低到一定程度时，就可能危及新燃料的着火，甚至发生熄火现象。因此，煤粉锅炉的负荷调节范围受着火稳定性条件的制约，这也是很多锅炉无法进行深度调峰（负荷变化大）的主要原因。

总之，着火是整个燃烧过程的关键环节，要使燃烧过程顺利完成，必须保证着火过程能够稳定而迅速地实现。而良好的炉内空气动力工况和优良的燃烧器射流特性是保证实现稳定着火的首要条件；其次适当地提高煤粉气流初温、选择合适的一次风量和风速也是降低着火热的有效措施；此外对于难以燃烧的低挥发分煤种，增大煤粉细度、敷设卫燃带都是稳定着火的常见措施。

第五节　煤粉炉的炉膛

一、煤粉锅炉的炉膛

炉膛是燃料进行燃烧的场所，同时也是燃烧产物与锅内工质换热的部件。因此在结构上，炉膛应该能够既保证燃料燃烧完全，同时又要保证烟气在炉膛出口处的对流受热面不能出现结渣。

一般电站煤粉锅炉大都采用固态排渣方式。液态排渣炉只用于极易结渣的低灰熔点煤，或者极难着火的无烟煤。

燃料燃烧过程进行的好坏，不仅与前述的燃烧器的空气动力特性有关，而且与燃烧器的布置和炉膛本身的结构特性密切相关。我国的炉膛设计一般考虑到动力燃料特性及设计和运行经验，大致都采用简单的矩形或正方形截面，烟气自下而上流动的形式。

为了完成燃烧与换热的任务，一般在进行炉膛设计时需要满足如下要求：

（1）有良好的炉内空气动力特性，避免火焰冲撞炉墙，火焰炉内充满度高，尽量少的涡旋死滞区。

（2）炉膛空间应能布置一定数量的受热面，用以吸收烟气放热，并保证炉膛出口及其后的受热面不结渣。

（3）有合适的热强度。按炉膛容积负荷 q_V 和炉膛断面热负荷 q_A 确定的炉膛容积，其截面尺寸和高度应能满足煤粉气流在炉内充分发展、均匀混合和完全燃烧以及低污染物排放的要求。

（4）炉膛的高度除应满足火焰行程的要求外，对于自然循环锅炉，还应满足水循环对高度的要求。

二、炉膛设计参数

炉膛的设计参数主要是指锅炉的炉膛内衡量放热集中程度的一些参数，常常指容积热负荷 q_V、炉膛断面热负荷 q_A、燃烧器区域壁面热负荷 q_B、燃尽区容积热负荷 q_{b0}、炉膛壁面热负荷 q_f^w 等（这些设计参数的介绍见第六章第五节），它们分别表示了单位炉膛容积、单位炉膛断面积、单位燃烧器区域壁面积、单位燃尽区容积、单位炉膛壁面积上在单位时间内的燃烧放热量。

这些参数都反应了锅炉的整体空间和局部空间上、断面积上和炉壁面积上的热功率的大小，在设计锅炉时，需要合理地进行选择，否则就可能使得炉膛内沿着炉膛的断面方向或者沿炉膛高度方向或者在燃烧器区域出现放热过于集中或者放热不足的现象。一旦出现这些问题，前者将会出现炉膛内烟气温度过高，燃烧产物中的灰分处于融化状态，极易在碰到炉墙水冷壁之前仍未冷却从而出现结渣的现象。同时由于炉内温度水平偏高，也易出现水冷壁的高温腐蚀现象。而当出现放热不足的现象时，整体炉内温度水平偏低，新燃料在进入炉膛后，无法进行迅猛的燃烧从而后继乏力，非常容易出现燃烧不完全的现象，严重时还可能造成锅炉熄火的严重后果。因此合理选择各项热强度的指标，是保证锅炉安全稳定燃烧的首要条件。其次，这些参数能否合理的选择，还关系到能否通过在炉内合理地布置受热面，使烟气在到达炉膛出口之前降低到一定的温度，从而不至于出现炉膛出口及以后的受热面出现结渣的现象。

三、固态排渣煤粉炉特点

固态排渣煤粉炉中燃烧中心处的火焰温度约在1500℃。煤燃烧后的灰分在如此高的温度下基本都呈溶化或软化状态。但随着高温火焰向炉膛水冷壁的辐射放热，则沿辐射热流方向，烟温逐渐降低到接近水冷壁的温度，因此一般情况下，融化的灰粒在到达水冷壁管时，已经形成固态，不会发生结渣现象。

在固态排渣煤粉炉中，由于煤粉很细且呈悬浮状燃烧，故煤粉燃烧后形成的灰分基本上是以飞灰的形式随烟气一起流动的。这些飞灰一般占总灰量的90%～95%，而只有5%～10%的灰分在高温下发生团聚形成大灰粒后落至冷灰斗，并以600～800℃的温度从排渣口排出。

固态排渣煤粉炉在运行过程中，为防止结渣并考虑到燃料着火、燃烧、燃尽等过程的顺利进行，要特别注意炉内空气动力场的组织，确保火焰在整个炉膛容积内具有较高水平的充满程度，及最大可能减少气流的涡旋死滞区域。因为涡旋死滞区的存在会给锅炉运行带来以下问题。

(1) 炉膛容积得不到有效利用，减少了烟气的有效流通面积，从而使局部烟速增高，缩短了燃料在炉内的停留时间，增大了机械未完全燃烧热损失和化学未完全燃烧热损失。此外，由于涡旋死滞区内气流速度小，存在着烟气冲刷死角，因此极易出现受热面积灰状况。

(2) 火焰充满度直接影响着炉内温度场分布特性，因此火焰充满度降低意味着水冷壁的吸热不均，这不仅会造成较大的热偏差，使金属管壁工作环境恶化，而且会使水循环工况变差。同时会使炉膛出口热负荷分布不均，引起过热器热偏差增大，导致过热器超温。

固态排渣煤粉炉通常采用负压燃烧，炉内压力比外界大气压力低20～60Pa。这一负压值是依靠引风机和送风机之间协同作用实现的，主要是靠调节引风机的挡板开度进行控制。当负压调节过小，则烟气或火焰将向外泄漏，不仅污染工作环境，而且还会威胁设备和人身安全。但过大的负压也会带来危害。如负压太大，则炉内火焰会明显上扬，一方面使得炉膛出口烟温升高，引起汽温升高或过热器结渣；另一方面，造成火焰行程缩短，不完全燃烧热损失增大。此外由于火焰上扬使四角气流的相互作用变差，甚至切圆遭到破坏，煤粉气流相互点燃的作用变弱，燃烧变得不稳定，对于较差的煤种，还会导致熄火。炉膛负压太大还将造成漏风增大，烟气体积增加，烟气流速相应升高。从而会使排烟热损失增加，受热面磨损加剧。

在固态煤粉炉的炉膛中，在某些情况下，燃烧形成的熔融性灰渣黏结在受热面上并积聚发展成一层硬结的灰渣层，这个现象称为结渣。结渣一般容易发生在燃烧器区域的水冷壁、炉膛折焰角、屏式过热器及其后面的对流受热面等处，有时炉膛下部的冷灰斗处也可能部分出现结渣现象。结渣可使炉内传热变差，导致炉膛出口及其以后的受热面超温，进而会使排烟温度上升，降低了锅炉效率。此外，结渣严重时，大渣块掉落还可能扑灭火焰或砸坏冷灰斗，造成恶性事故。

受热面结渣过程与多种复杂因素有关，主要有以下几点：

（1）煤的灰分特性。一般来说煤灰中的碱性氧化物含量多时，煤的灰熔点较低，易发生结渣。而酸性氧化物含量增多时则灰熔点较高。

（2）炉内空气动力特性。炉内火焰中心的位置对炉内温度场的分布具有决定性的影响，同时也对炉内气氛产生很大影响。因此，如果空气工况组织不当，将可能使火焰中心位置偏斜导致气流直接冲刷水冷壁，或者在炉内个别区域形成还原性气氛，致使灰熔点下降而产生结渣现象。

（3）锅炉负荷。锅炉负荷越高，燃料带入炉内的热量也越多，炉内燃烧器区域的温度越高，煤灰越容易达到软化或熔融状态，结渣的可能性就越大。

（4）炉膛的设计特性。炉膛的容积热负荷 q_V、断面热负荷 q_A 以及燃烧器区域壁面热负荷 q_B 等数据的选取都会影响水冷壁区域局部的温度水平，因此对结渣会有一定影响。

（5）运行调节不当。实际运行中，燃烧调整不当造成火焰贴墙，形成涡旋死滞区并出现还原性气氛，锅炉超负荷运行、炉膛漏风严重、送风量或引风量过大、风煤配合不当以及煤粉细度过大等，都可能导致结渣现象的发生。

防止受热面结渣的基本条件：一是炉内应布置足够的受热面来冷却烟气，使烟气到达水冷壁附近时温度应降低到灰熔点以下；二是组织一、二次风形成良好的气流结构，保证火焰不冲墙，尽量减少涡旋死滞区；三是合理设计 q_V、q_A、q_B 等热强度参数，避免锅炉超负荷运行。

固态排渣煤粉炉的炉膛烟温相对较低，水冷壁遭受高温损坏的可能性相对较低；与旋风炉、液态排渣炉、W 形火焰煤粉炉等相比，NO_x 的生成量少。加之水冷壁结构简单，运行维护方便，运行安全可靠性和经济性高，对环境影响相对较小，因此固态排渣煤粉炉得到了最广泛的应用。

图 3-17 示出了典型固态排渣煤粉炉的结构。炉膛的形状和尺寸与煤种、燃烧器的布置、火焰的形状和行程等一系列因素有关。炉膛是由炉墙围成的立方体空间，四壁布满水冷壁。炉底由前后墙水冷壁管弯曲而成的倾斜灰斗，其斜面的水平倾斜角 β 应大于 50°。炉膛顶部采用平炉顶结构，高压以上的锅炉一般在炉顶布置顶棚管过热器。炉膛上部悬挂有屏式过热器。为了改善烟气对屏式过热器的冲刷，锅炉炉膛出口的下部有后水冷壁弯曲而成的折焰角。折焰角深度大约为炉膛深度 b 的 20%～30%。

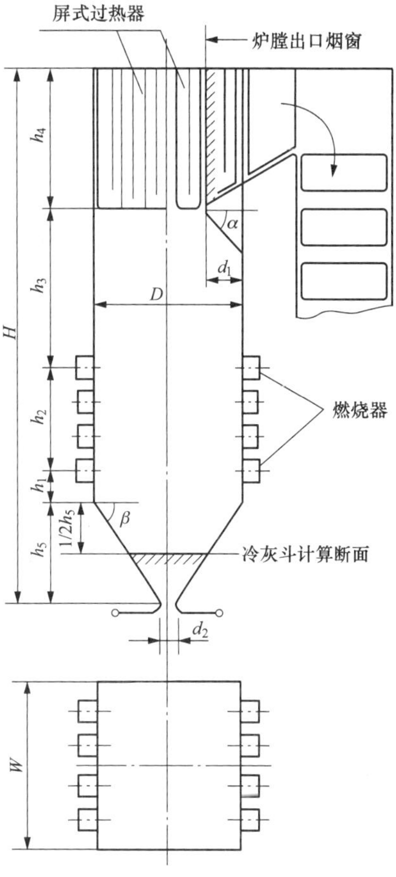

图 3-17　倒 U 形布置固态排渣煤粉炉的炉膛

炉膛的水平断面形状与燃烧器布置方式有关。对于四角切圆布置的锅炉，要求炉膛断面采用正方形或宽深比 $a/b<1.2$ 的接近于正方形的矩形。当锅炉采用旋流燃烧器时，炉膛断面呈长方形，其宽深比可按燃烧器的布置需要选定。此外，对于自然循环锅炉，炉膛宽度还应能满足与汽包长度相匹配的需要。

四、液态排渣炉

液态排渣是指燃料燃烧后生成的灰渣以融化的液态方式排出锅炉。若实现这一目标，液态排渣炉膛下部必须保持足够高的温度，以使全部炉渣都能处于熔融状态，并由炉膛下部的渣池流入渣井。液态排渣炉主要有开式和半开式两种，如图 3-18 所示。

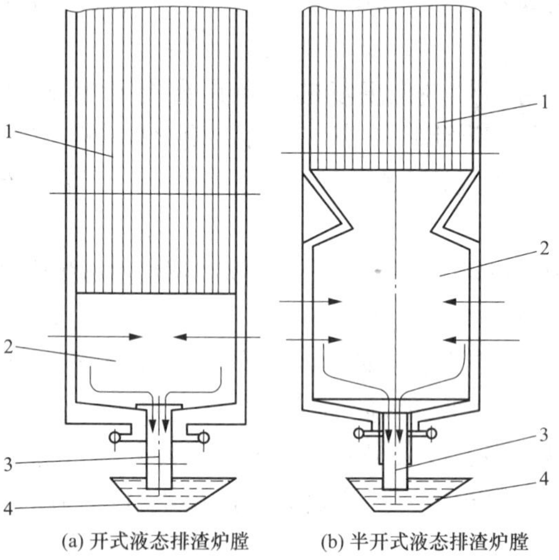

图 3-18 液态排渣炉膛

1—冷却段；2—熔渣段；3—渣井；4—粒化水箱

开式炉膛［图 3-18（a）］的特点是：炉膛下部水冷壁受热面和炉底全用耐火涂料覆盖起来，形成一个熔渣段。正常运行时，熔渣段内着火迅猛、燃烧剧烈，可以达到很高的温度，致使灰渣都呈熔化状态而汇集于底部形成渣池。液态渣由渣池流出经渣井落入粒化水箱，被冷却水急冷裂化而成玻璃质状的渣粒，再由捞渣机从水箱中捞出运走。为保证溶渣段内高温，不论燃用什么煤种，一律采用较高温度的热风进行送粉。而炉膛的上部为冷却段，与常规的固态排渣煤粉炉结构类似。

半开式液态排渣炉［图 3-18（b）］的特点是将燃烧器区域和上部炉膛主体通过墙体内缩（缩至原宽度一半左右）将熔渣段和冷却段分开，从而减少冷却段对熔渣段的影响，更好地维持熔渣段的高温，并改善了冷却段的空气动力特性。显然，半开式炉膛与开式炉膛相比，各方面的性能有了很大的提高；但结构复杂，造价较高。

液态排渣炉虽然较好地解决了结渣这一问题，但其缺点也是很明显的：

（1）液态排渣炉的渣池内存在析铁现象。一定条件下，熔融灰中的自由 FeO 会被从气流中析出并落入熔渣段的煤粉颗粒还原成单质 Fe 水，大量的铁水存在于熔渣段，给锅炉的运行造成了相当大的危害。

（2）炉膛水冷壁易出现高温腐蚀。由于燃烧器区域温度水平高，煤中的矿物质挥发出的腐蚀性气体（NaOH、SO_2、HCl、H_2S）较多。这些气体在一定的条件下，将参与金属管壁与 O、S 等氧化剂的反应，破坏管子表面生成的氧化膜，从而造成金属管壁的腐蚀。

（3）液态排渣炉熔渣段的高温使得燃烧过程中产生的氧化氮 NO_x 较固态排渣炉大为增多，对大气污染较严重。

（4）液态排渣炉负荷适应能力差。当锅炉负荷降低时，炉内温度随之下降。负荷低到某一值时，熔渣段内温度已经降低到灰渣不能流动的程度，这个负荷称为临界负荷。临界负荷较高是液态排渣炉的另一个不足之处。显然它限制了液态排渣锅炉的负荷调节范围，无法在电网中完成调峰任务。因此液态排渣炉在我国应用较少。

五、W 形火焰炉

W 形火焰炉是为了燃烧反应能力低下的无烟煤和贫煤而设计的。低反应性煤的燃烧特点是着火困难，燃烧稳定性差，燃尽时间长。因此需要强化着火区的燃烧条件，并保证足够长的燃尽时间。因此W形火焰锅炉的主要特点是：燃烧室敷设卫燃带和燃烧器采用煤粉浓缩以保证燃料的着火条件足够优越；火焰行程呈W形的技术，以保证煤粉具有足够的火焰行程完成燃尽过程。图3-19给出了W形火焰煤粉锅炉的示意。W形火焰炉膛类似于半开式液态排渣炉膛的结构，由下部燃烧室和上部冷却室所组成。上下炉膛之间有一缩腰，燃烧器就布置在缩腰上，一次风煤粉气流从缩腰处的拱顶自上而下喷射，并着火燃烧。而大部分二次风分成几批从炉前、炉后与风粉气流火焰几乎垂直的方向喷入，形成完善的分级送风体系。着火后的煤粉气流到达炉膛下部后，火焰受到燃烧室下部二次风的托起作用，向上转折流动，在燃烧室内形成W形火焰。对于低反应性燃料，上部冷却室提供了燃料足够的反应时间。运行表明，炉膛缩腰位置不仅对燃料燃尽过程起重要作用，而且对锅炉汽温特性和结渣程度都有重要影响。

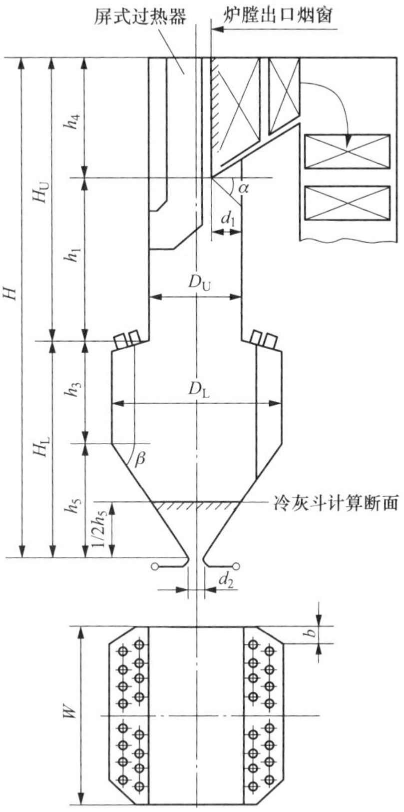

图3-19　W形火焰煤粉锅炉示意

W形炉膛的燃烧器既可用直流燃烧器，也可用旋流燃烧器，无论哪种方式的燃烧器，一般都采用浓淡分离技术，以强化低挥发分煤的着火和燃烧过程。

运行表明，在燃烧反应性能较低的无烟煤时，W形火焰炉膛存在的主要问题是下部燃烧室容易结焦，以及机械不完全燃烧损失和NO_x排放量较高。

第四章　锅炉受热面

锅炉是由许多受热面组成的复杂的大型的集成式换热装置。常见的受热面主要有完成工质蒸发任务的水冷壁（也叫上升管）、实现从给水加热到接近饱和温度功能的省煤器、把工质从饱和温度的蒸汽加热成具有一定温度和压力的过热蒸汽的过热器、把做过一部分功的汽轮机高压缸排出的蒸汽加热到具有和过热蒸汽温度相仿的再热器以及利用烟气余热把燃烧所用的空气预热到较高温度的空气预热器。这些受热面在锅炉中完成的任务各不相同，但都是利用烟气的热量进行传热的换热器，只不过由于不同的受热面所处的烟气温度条件不同，再加上内部工质也各自存在差别，因此，它们在设计和运行中所反映出的问题也既有相同之处，同时又各具自身的特点。

第一节　蒸发受热面与汽包

一、自然循环蒸发受热面系统

自然循环锅炉蒸发受热面及加热水系统构成示例见图 4-1，蒸发受热面系统由四面炉墙上的水冷壁、联箱、下降管、汽水混合物引出管和汽包等组成，每面炉墙的水冷壁又分成若干个独立回路，包括相应的水冷壁管、上下联箱、供水管和汽水混合物引出管，以确保锅炉水循环的安全性。图 4-2 示出了炉膛水冷壁回路的划分方法。从汽包引出的大直径集中下降管分别布置在炉膛的四个角上（也有的锅炉布置在炉前），这样可使四面墙下降管向水冷壁

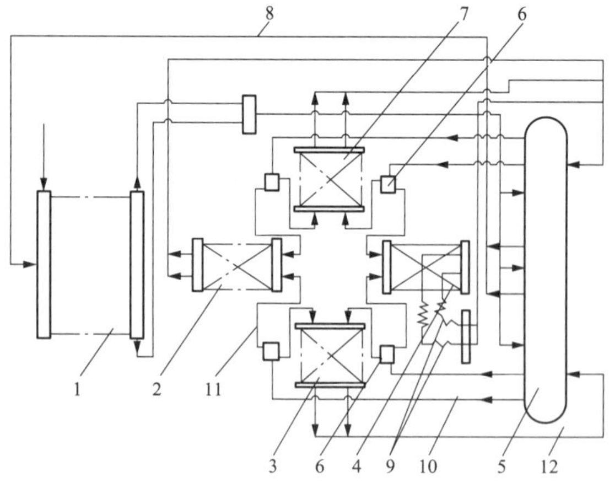

图 4-1　自然循环锅炉水的蒸发系统

1—省煤器；2—前墙水冷壁；3—右墙水冷壁；
4—后墙水冷壁；5—汽包；6—供水管分配器；
7—左墙水冷壁；8—省煤器再循环管；9—后墙悬吊管；
10—集中下降管；11—供水管；12—汽水引出管

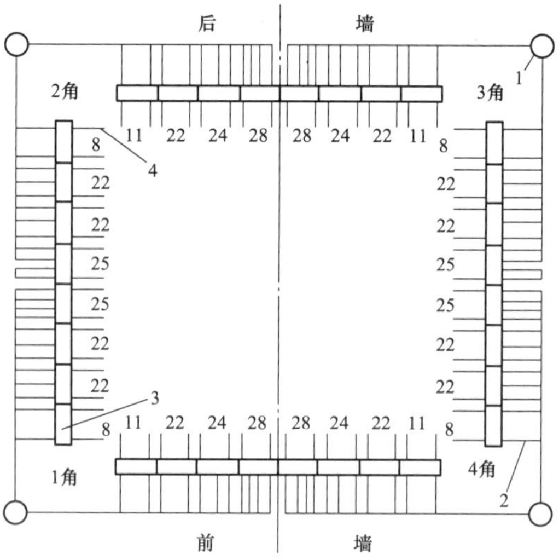

图 4-2　锅炉水冷壁回路划分示意

1—集中下降管；2—供水管；
3—水冷壁下联箱；4—水冷壁管

供水情况大致相仿，与前墙布置下降管相比，供水均匀性得以提升。图 4-2 中下联箱旁所列的数字为每个回路水冷壁管子的数目。

在自然循环蒸发受热面系统中，锅炉水在汽包——下降管——水冷壁（上升管）——汽包之间进行循环。现代自然循环锅炉的循环倍率大约为 $K=4\sim10$。即进入水冷壁的水需要进行 4～10 次循环，才能将水全部变成饱和蒸汽。

图 4-3 示出了 600MW 控制循环锅炉的蒸发受热面系统及加热水系统。蒸发受热面系统主要包括汽包、下降管、循环泵、水冷壁环形下联箱、水冷壁、汽水引出管等。控制循环锅炉与自然循环锅炉蒸发系统有三点主要差别。

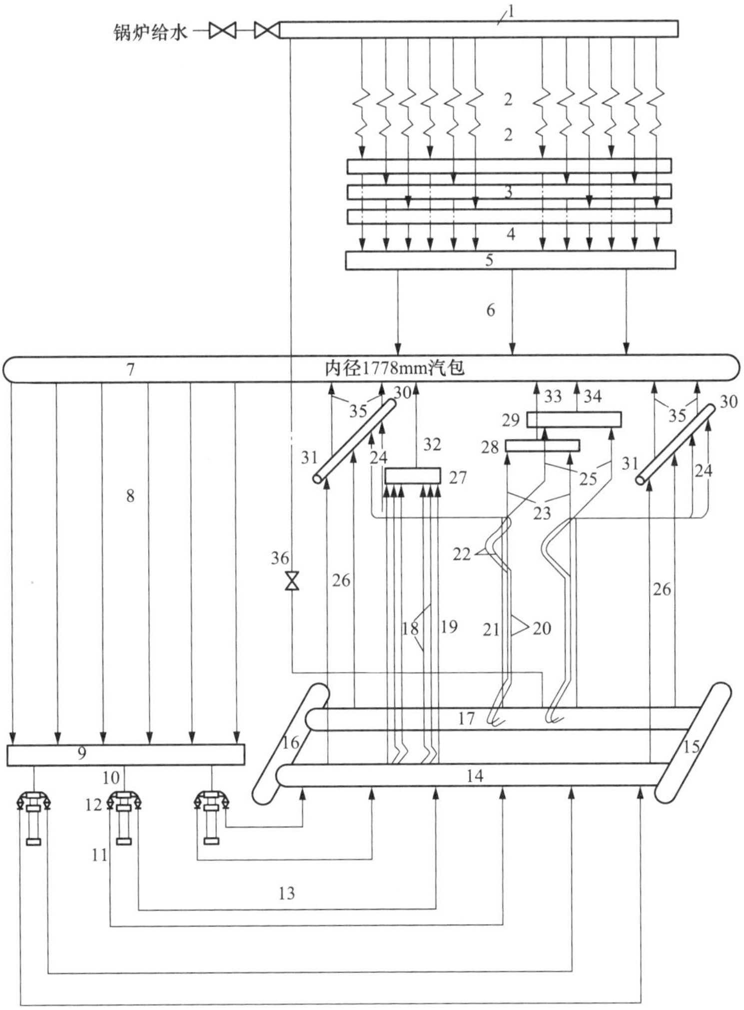

图 4-3　600MW 控制循环锅炉蒸发受热面系统简图

1—省煤器进口联箱；2—省煤器；3—省煤器中间联箱；4—悬吊管；5—省煤器出口联箱；6—省煤器出水管；7—汽包；8—下降管；9—循环泵进口联箱；10—循环泵进水管；11—循环泵；12—循环泵出口截止/逆止阀；13—循环泵供水管；14～17—环形下联箱；18、19—前墙水冷壁；20、21—后墙水冷壁；22—折焰角水冷壁；23、25—悬吊管；24—由水冷壁延伸的水平烟道侧墙包覆管；26—侧墙水冷壁；27～31—水冷壁上联箱；32～35—汽水混合物引出管；36—省煤器再循环

（1）控制循环锅炉与自然循环锅炉相比，多了一个位于下降管下端的循环泵。即整个循环回路的流动阻力由循环泵提供的压头和自然循环产生的运动压头共同克服，这是因为，随着压力的提高，汽水密度差减小造成自然循环推动力不足，使得自然循环锅炉循环安全性受到了威胁，而加装了循环泵，增加了回路循环的可靠性。当然，为了减少循环泵的功耗，控制循环锅炉的循环倍率一般在 $K=1.5\sim5$ 之间。

（2）由于循环泵可提供足够的压头，水冷壁可不必像自然循环锅炉那样（见图 4-2）对流动阻力精打细算，划分成多个回路，而是可以适当简化。譬如，可将原若干个水冷壁下联箱合并为一个大直径环形联箱，并通过在环形联箱内加装水冷壁管子节流圈的方法来调节各水冷壁管的水量，使之适应吸热要求。这种方法的装卸和维护非常方便。

（3）循环泵的设置可使整个循环回路的设计有更多选择余地。水冷壁管径可适当减小，以节省金属耗量；汽包内可采用更高效的汽水分离部件（阻力稍大）；汽包可采用上、下壁温差较小的设计（也会增大少许阻力）。

二、汽包锅炉水冷壁

汽包锅炉的水冷壁就是指布置在炉膛四面墙壁上的内部有水或汽水混合物流动的、紧贴炉墙连续排列的若干立式布置的光管或鳍片管。对于亚临界压力以下的锅炉，水冷壁主要作为蒸发受热面来吸收炉内高温火焰的辐射热，使管内的水蒸发或部分蒸发。炉膛设计时，除应满足煤粉燃烧条件外，水冷壁的吸热量应足以使炉膛的出口烟温降低到煤灰的软化温度，以防造成炉膛出口受热面的结焦。

水冷壁的结构形式多样，目前电厂锅炉应用较多的主要是光管式、膜式、销钉式，其中也有一些水冷壁管被制成内螺纹管，以增大流动阻力，借此克服强制流动锅炉中的水动力多值性。

1. 光管水冷壁

光管水冷壁由内外壁均光滑的无缝钢管构成，如图 4-4（a）所示。管子外径一般为 50～60mm，相对节距 $s/d=1.05\sim1.1$（所谓相对节距是指相邻两管子中心线距离 s 与管径 d 的比值）。

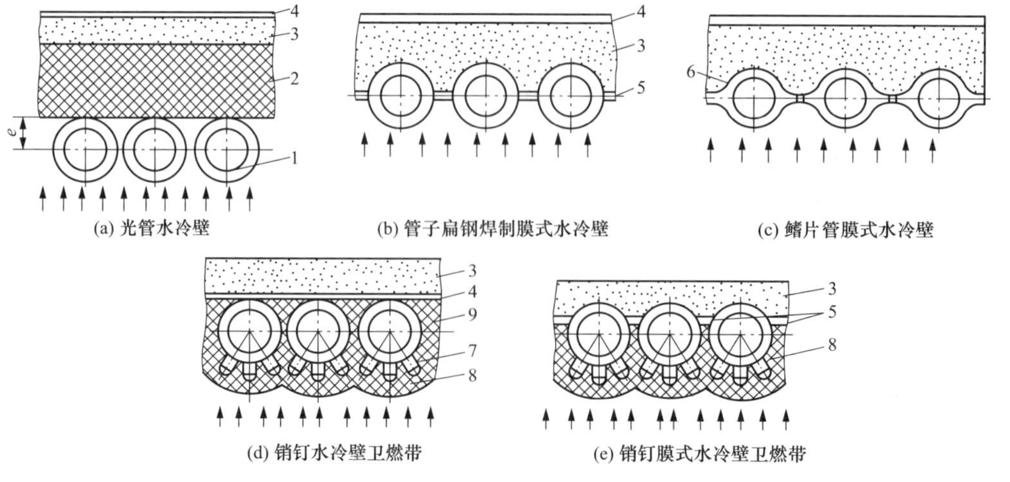

图 4-4　水冷壁结构图

1—管子；2—耐火层；3—绝缘层；4—护板；5—扁钢；6—鳍片管；7—销钉；8—耐火填料；9—铬矿砂材料

2. 膜式水冷壁

现代锅炉大都采用膜式水冷壁，这种水冷壁相当于将光管水冷壁通过肋片焊接成整体，不但强化了传热，减小了炉膛漏风，还避免炉墙直接与火焰面接触，减轻了砖墙和保温材料的热负荷和重量，便于采用全悬吊结构。此外，光滑和低温金属表面有利于降低炉内结焦的可能性。构成膜式水冷壁的结构有光管与扁钢（厚度5～6mm）的焊接和轧制鳍片管焊接两种，如图4-4（b）和（c）所示。膜式水冷壁的外径一般为50～70mm，相对节距$s/d=1.2\sim1.5$。

3. 销钉式水冷壁

第二章中讲过为了组织低挥发分煤种的稳定着火和燃烧，在燃烧器区域敷设了由耐火材料构成的卫燃带。由于光管水冷壁表面光洁，耐火材料难以敷设或者敷设后强度太低容易脱落。为了解决这一问题，常在水冷壁管子上焊接一定数量的销钉，使铬矿砂等耐火材料易于牢固地黏敷其上，如图4-4（d）和（e）所示。销钉的作用除了使铬矿砂材料与水冷壁牢固地连接外，还因其肋片作用而增强了铬矿砂表面与水冷壁内的工质的换热，从而对降低金属壁温有明显作用。

4. 内螺纹管水冷壁

为了预防膜态沸腾过早的产生而导致汽水混合物传热的恶化，对于亚临界参数的自然循环锅炉和控制循环锅炉在炉内布置燃烧器的高热负荷区域，常常采用内螺纹管来代替普通的内外双面光管水冷壁。内螺纹管的结构示意于图4-5，它是一种内壁面上带有螺旋凹槽的管子。流体流过管内的凹凸表面时，在粗糙的表面上不断产生流体对表面的冲击和旋涡，大大加剧了流体的横向脉动，从而强化了壁面与流体之间的热交换。此外，对于两相流介质，内螺纹管还有利于管轴中心区流动的液滴向壁面方向扩散而降低管子的壁面温度，进而推迟两相流体传热的恶化。超临界和超超临界压力锅炉的下辐射区，也大多采用内螺纹管制造水冷壁，既强化流体与壁面的传热，又可以将水动力的多值性改为单值特性。

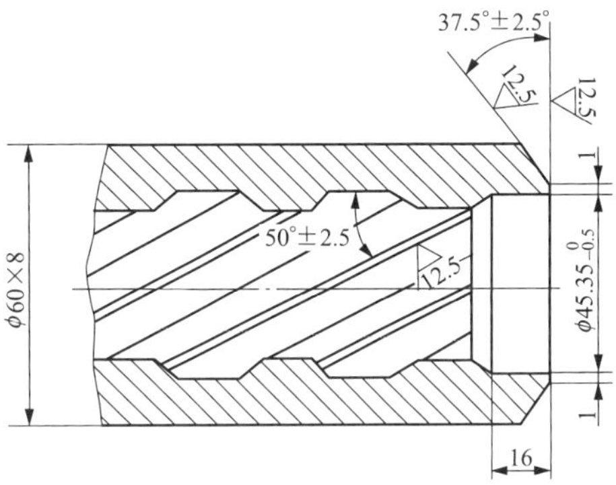

图4-5　内螺纹管结构示意

三、汽包

汽包也叫锅筒或汽鼓，是自然循环和控制循环锅炉中最重的承压部件和最庞大的设备，也是最复杂的设备。对于现代的亚临界压力锅炉，汽包长度可达25～28m，直径1700～1800mm，厚度在130～200mm之间。由于汽包是多路介质的汇聚中枢，因此沿汽包长度方向和周界方向分布着大大小小许多的连接管孔，分别与给水管、下降管、汽水混合物引入管、蒸汽引出管、排污管、取样管、加药管等其他辅助管件连接。此外，为了实现汽水分离、蒸汽清洗等功能，在汽包内部装有许多实施不同功能的设备或部件，其中以汽水分离设备最多。

在自然循环和控制循环锅炉中，汽包具有重要的作用。

（1）汽包是连接省煤器、下降管和水冷壁、过热器的中枢；是实现汽水系统正常工作、保证循环回路正常循环的核心部件。此外还要完成汽水分离和蒸汽清洗任务，以保证蒸汽品质。

（2）汽包是具有较大蓄热能力的大容积厚壁储水元件，因此对锅炉负荷变动造成的冲击具有缓冲作用，可以平衡汽包压力，稳定蒸汽参数，对锅炉的运行调节十分有益。

（3）汽包内装有多级汽水分离设备，对来自水冷壁的汽水混合物进行高效分离。图 4-6 示出一台控制循环锅炉的汽包结构，内部装有 110 台涡轮板式旋风分离器加波形板式二次分离器进行初级分离，波形板式分离器加多孔均流板进行最终分离。分离效率可达 99.9%。

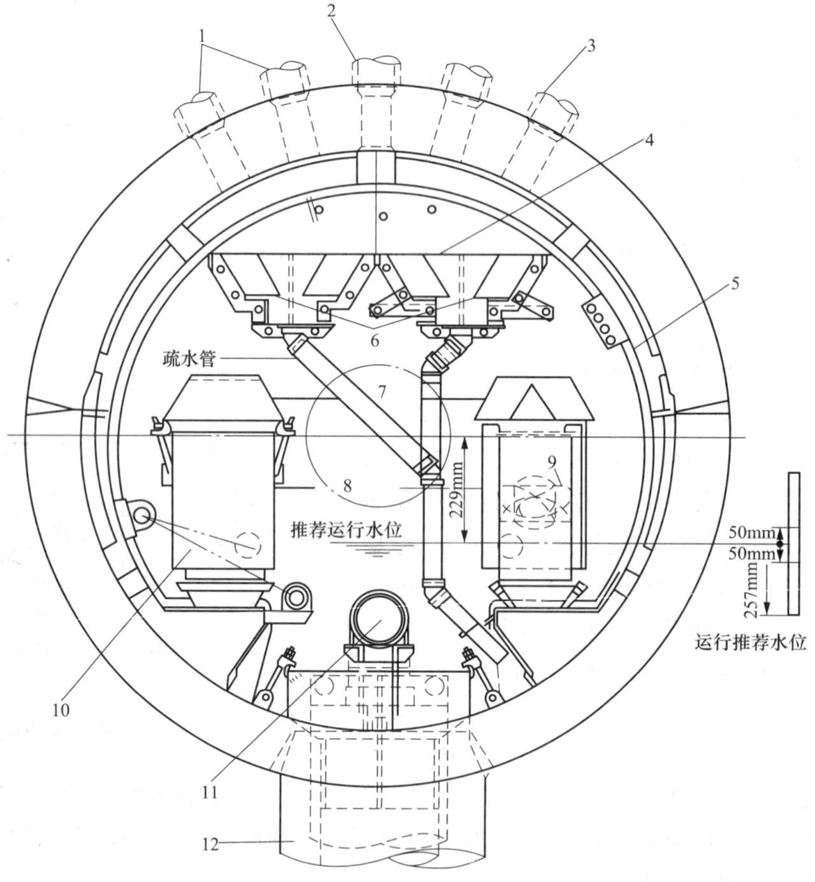

图 4-6 控制循环锅炉汽包内部装置

1、3—汽、水混合物进口；2—去过热器进口联箱；4—均流孔板；5—汽包内附罩；6—双板式分离器；7—二次分离器；8—一次分离器；9—漩涡板；10—排污连接管；11—给水总管；12—下降管

（4）汽包内设有加药管，可对锅炉水进行适当的化学处理，避免出现水垢及杂质沉积。

（5）汽包内设有连续排污装置，用来排出水位面附近的悬浮状杂质以及高盐浓度锅水（由于蒸汽溶解盐的能力小于锅炉水，因此汽水分离后，在水位面附近形成高盐浓度的锅水）。此外，水处理过程中产生的水垢、铁锈等杂质可由装在水冷壁下联箱底部的定期排污装置排出。

四、直流锅炉蒸发受热面系统

（一）蒸发受热面系统

当锅炉的压力超过临界压力后，水的蒸发热为零，汽水之间不再有密度差，也没有汽—水两相共存现象，因此不需要进行汽水分离。也就是说，汽包已经失去了作用。但是从经济性和安全可靠性出发，现代火电机组一般都设计具有良好的调峰能力。为此需要在负荷变动时，锅炉采用变压运行方式，即机组负荷降低时，锅炉压力随之下降。当机组负荷从额定值降至60%～75%时，锅炉工质的压力将由超临界转为亚临界区域，这时，对于变压运行的超（超）临界压力锅炉，又需要有汽包来进行汽水分离。因此为了满足这一要求，现代大型锅炉往往在汽水系统的水冷壁出口和过热器进口之间串联了类似于汽包的汽水分离器。并设置有再循环泵，将分离器中分离下来的锅炉水再打回水冷壁进行再循环，如图4-7所示。但循环泵一般只在最低运行负荷时（额定负荷的25%～35%）才投入运行。对于分离器，因为在超临界压力下，它没有实际作用，是直流式部件。只有低负荷（压力降到临界以下）时才起分离作用，因此其容积很小，一般做成长度很大、直径较小，有较好的耐压和适应负荷变动能力的圆柱形容器，且一般呈立式放置。图4-8示出一台600MW等级的超临界压力锅炉分离器的结构图。该锅炉将分离器的分离功能和蓄水功能分开，采用四台分离器并联在一起，然后下端连接一台直径大体相当、高度达18m的蓄水容器起蓄水作用。运行中的锅炉在负荷降低到水冷壁出口的工质为汽水混合物时，则分离器起汽水分离作用，而蓄水容器则收集分离出的锅炉水，通过再循环泵升压后与给水混合回到锅炉中继续循环。

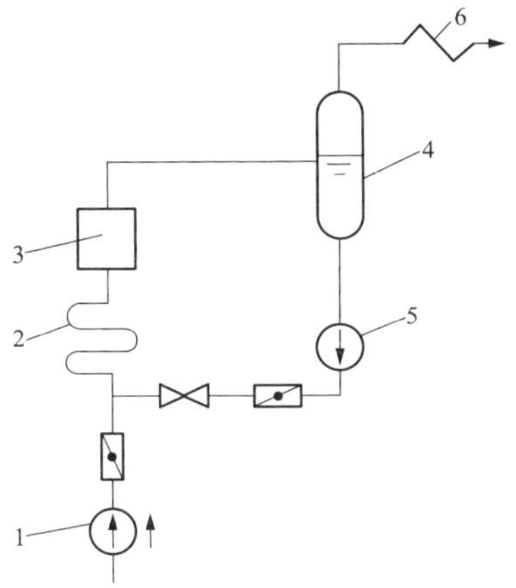

图4-7　直流锅炉蒸发受热面系统

1—给水泵；2—省煤器；3—水冷壁；4—分离器；5—再循环泵；6—过热器

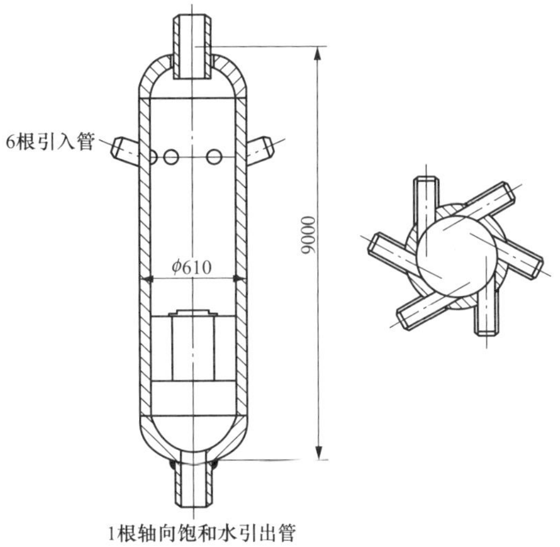

图4-8　600MW等级超临界压力锅炉分离器

（二）水冷壁

直流锅炉由于系统的全部阻力均由给水泵克服，因此理论上水冷壁可不必像自然循环锅炉一样采用立式结构，而是可以自由布置。因此在直流锅炉发展初期，水冷壁的结构五花八门，形式多样。但经过长时间的运行检验，很多问题较多的布置方式都已经被逐渐淘汰，目前对于变压运行的直流锅炉下辐射区，基本上只有螺旋管圈式和立式管屏式两种水冷壁形式，而上辐射区则基本采用立式管屏，如图4-9所示。

运行中的直流锅炉，当压力低于临界压力时，水冷壁内工质的流动存在着热偏差、传热恶化、水动力不稳定性及脉动等问题；而在超临界压力下，虽说理论上不存在水动力的不稳

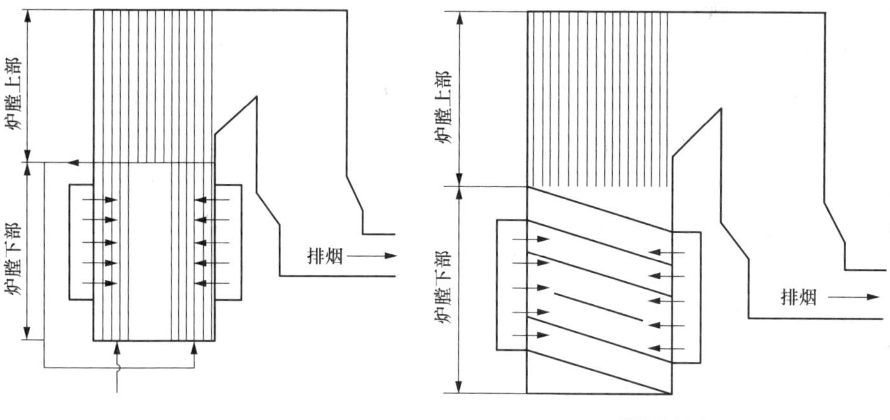

图 4-9 超临界压力变压运行锅炉的水冷壁

定性和脉动现象，但热偏差和传热恶化问题仍然存在。一般来说，解决传热恶化和水动力不稳定的方法是提高管内工质的质量流速（ρw）、采用内螺纹管和在水冷壁管入口处加装节流圈等方法，以此来加速管子的冷却，消除附面层以强化传热过程，并将水动力多值性改变为单值性。

直流锅炉的炉膛一般以折焰角部位为界分为上辐射区和下辐射区，该分界点工质温度比饱和温度稍高。在上辐射区中，炉内烟气温度水平较低，受热面工作条件较安全；下辐射区包括热负荷和烟温水平很高的燃烧区在内，工作条件相对恶劣。由于两个区域的烟温水平、热负荷大小和工质性质均不相同，因此管子的布置方式以及管内工质流速也都不相同。额定负荷的质量流速下辐射区一般为 $\rho w=2500\sim3500\text{kg}/(\text{m}^2\cdot\text{s})$，而上辐射区只有下辐射区的一半左右。因此造成了上、下辐射区水冷壁平行管根数、管径，以及水冷壁形式都不一样。上辐射区基本上采用结构简单的立置管屏式，而下辐射区则有螺旋管圈式和立置管屏式两种。

图 4-10 示出一台 600MW 的超临界压力锅炉的下辐射区螺旋管圈式水冷壁的展开图

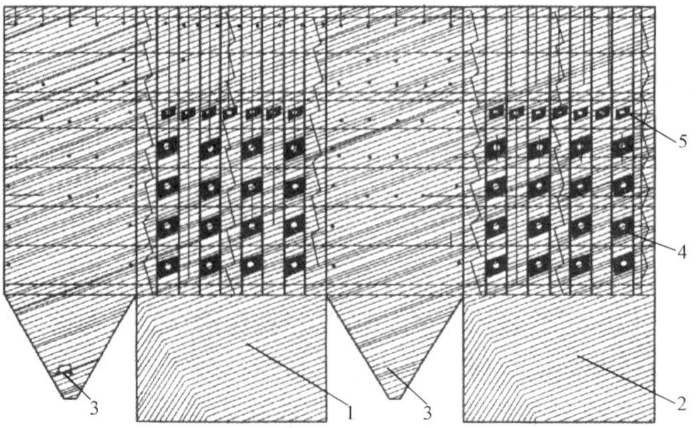

图 4-10 600MW 级超临界压力直流锅炉水冷壁展开图

1—前墙水冷壁；2—后墙水冷壁；3—侧墙水冷壁；

4—燃烧器（前后墙各 16 只）；5—燃尽风喷口（前后墙各 7 只）

(包括燃烧器和燃尽风喷口的位置)。这种螺旋管圈式的水冷壁的每根管子都要围绕四面炉墙盘绕上升。因此管子的长度非常大，但由于管间热负荷相对比较均匀，因此热偏差并不算大，由于管子长度大，阻力大，容易保证水动力稳定。因此，这种水冷壁管不需要加装节流圈来增加阻力。为避免传热恶化，下辐射区中工质的质量流速一般取较大值，常在3000～3500kg/(m^2·s)之间。当水冷壁采用内螺纹管时，设计质量流速可适当降低至$\rho w \leqslant$ 2500kg/(m^2·s)。

运行经验表明，螺旋管圈式水冷壁非常适合变压运行的直流锅炉，但其制造和安装工艺比较复杂，且水冷壁的支吊十分困难。

立式管屏式水冷壁的制造工艺比较简单，支吊也相对容易，但热偏差较大，且易出现水动力不稳定性；为防止上述问题的发生，这种水冷壁一般都采用内螺纹管并加装节流圈。

第二节　过热器和再热器系统

一、过（再）热器的作用及蒸汽参数的选择

过热器和再热器都是锅炉的常规受热面，用以提高蒸汽温度（焓值），增强其做功能力，提高电厂热循环经济性。

具体来讲，过热器的作用是将从汽包中分离出来的饱和蒸汽加热成为具有一定温度和压力的过热蒸汽，并能够在锅炉负荷或其他工况变动时始终维持过蒸汽温度处在允许变动的范围内。

根据工程热力学的理论可知，提高电厂热力循环的途径就是提高工质的初参数，降低终参数，采用回热和再热。由此可见，提高过热蒸汽温度是提高火力发电厂热经济性的有效途径。但过热汽温的提高终究受金属材料的限制，目前，绝大部分电厂锅炉的过热汽温仍保持在540～555℃的范围内，国外个别锅炉的蒸汽温度已达到600～700℃，但运行中还是出现了很多问题。

再热器的作用是将汽轮机高压缸的排气送回锅炉继续加热到与过热蒸汽温度相等（或相近）的温度，然后再送回汽轮机的中、低压缸中继续膨胀做功，以减小汽轮机尾部蒸汽的湿度。由于再热蒸汽是高压缸的排气，因此其压力一般为过热蒸汽压力的20%左右。采用蒸汽再热一般可使电站热经济性提高约4%～5%，国内125MW以上的机组都采用一次中间再热系统。再热技术中还有二次再热，还可使循环热效率再提高约2%，但由于二次再热系统复杂，控制困难，而且技术成熟度不高，因此，目前的国产机组尚未采用该技术，不过国外有些大容量机组已经采用了二次中间再热技术。

过热器和再热器是锅炉内工质温度最高的部件，且过热蒸汽，特别是再热蒸汽的吸热能力（冷却管子的能力）较差，如何使管子金属能长期安全工作就成为过热器和再热器设计和运行中的重要问题。表4-1表示以往锅炉受热面常用的某些钢材的使用温度上限。表4-2列出了超临界压力锅炉部分金属材料的允许温度上限。为了锅炉整体的经济性，锅炉在设计过热器和再热器时，应按照金属所处的烟温区域的上限值来搭配选用合适许用温度的合金钢，因此选用的管子金属几乎都工作于接近其温度的极限值。此时，10～20℃的超温也会使金属许用应力下降很多。故在过（再）热器的设计和运行中，应注意以下事项：

（1）过热器、再热器运行中应保持气温稳定，汽温的波动值在±(5～10)℃之内；

（2）过热器和再热器要有可靠的调温手段，使锅炉负荷在一定范围内变化时能维持额定汽温；

（3）尽量减小并行管间的热偏差。

根据传热方式，过热器和再热器可以分为对流式、辐射式和半辐射式。在大形电站锅炉中通常采用上述三种形式的串级布置系统。

表 4-1　　锅炉受热面常用钢材的使用温度上限

钢号	壁温上限（℃）	钢号	壁温上限（℃）
20	480～500	钢 102（2CrMoWVB）	600
15CrMo（1Cr0.5Mo）	530～550	П11（3Cr1MoVSiTiB）	600
12Cr1MoV（1CrMoV）	560～580		

表 4-2　超临界压力锅炉部分金属材料（联箱和主蒸汽管、水冷壁、过/再热器）允许温度上限

部件	钢　号	允许壁温（℃）
联箱	9CrMoVNb（P91）	600
	9CrMoVNbW（P92）（E911）	620
	12Cr0.5Mo2WCuVNb（P122、HCM12A）	620
水冷壁	2.25Cr1.6WVNb（T23、HCM2S）	580
	2.25Cr1MoBN（T24 或 7CrMoVTiB1010）	580
过热器再热器管	9CrMoVNb（T91）	600
	9CrMoVNbW（T92、NF616、E911）	620
	12CrMoV（X20CrMoVl21）	620
	12CrMoVW（X22CrMoV121）	620
	12CrMoVNbW（HCM12）	620
	12CrMoVNbWCo（NF12，SAVE12）	620
	18Cr-8Ni（TP304H，Super304H，TP347H，TP347HFG）	650
	25Cr-20NiNbN（TP310NbN，HR3C）	700

二、过热器和再热器的结构与布置特点

抛开作用和目的，单从结构形式上看，过热器和再热器并无本质区别，可将再热器看成是压力较低的过热器。但由于工质内部的压力不同，还是给过热器和再热器的设计布置带来了很大的区别。首先，由于再热器的蒸汽压力低、比热容较小，所以在相同条件下比过热器更容易引起管壁超温，因此在结构设计、选材和布置时要考虑超温爆管问题。其次，由于再热器内的压降其实就是从汽轮机高压缸的出口到中压缸的进口的压降，也就是汽轮机的级差，充其量也就只有几个大气压，因此，再热器内工质流速不能太高，管径比过热器要大，而且不能像过热器那样为了减小热偏差采用很多次交叉混合。

为了保证过热器和再热器管子金属的可靠冷却，管内工质必须有一定的质量流速。速度越高，冷却越好，但压降也会越大。整个过热器压降，一般不超过其工作压力的 10%；再热器的压降一般小于 0.2～0.3MPa。综合考虑冷却和压降两个因素，对流过热器的质量流速，对于高温最末级建议采用 $\rho w = 800 \sim 1100 \mathrm{kg/(m^2 \cdot s)}$；对于对流再热器，为了减小压降，蒸汽的质量流速一般采用 $\rho w = 250 \sim 400 \mathrm{kg/(m^2 \cdot s)}$。

按照不同的分类方式，过热器和再热器的形式较多。常用的是按照传热方式，将过

（再）热器分为对流、辐射及半辐射（也称为屏式过热器）三种形式。在大型电站锅炉中，通常是将上述三种形式组合起来构成过（再）热器系统。下面对几种形式分别介绍。

1. 对流式过（再）热器

对流式是指布置在锅炉对流烟道内，以吸收烟气对流热为主的过热器和再热器。根据内外介质的相对流动方向，可将对流式受热面分为逆流、顺流和混合流三种方式（见图 4-11）。逆流式对流受热面如图 4-11（a）所示，具有最大的传热温压，可节约金属耗量，但蒸汽出口处的烟气和蒸汽温度都处于系统中的最高点，故易使管壁超温。顺流布置方式如图 4-11（b）所示，蒸汽出口处于烟气温度最低点，金属壁温自然也较低。因此从安全性上考虑，顺流布置是有利的，但其传热温压小，金属耗量较多。纯逆流布置方式常用于过热器和再热器的低温级（进口级）；而顺流方式则多用于蒸汽温度较高的最末级（即高温级）。混合流是将顺流和逆流混合在一起的折中布置方式，如图 4-11（c）所示，蒸汽先流经逆流段，然后转成顺流。

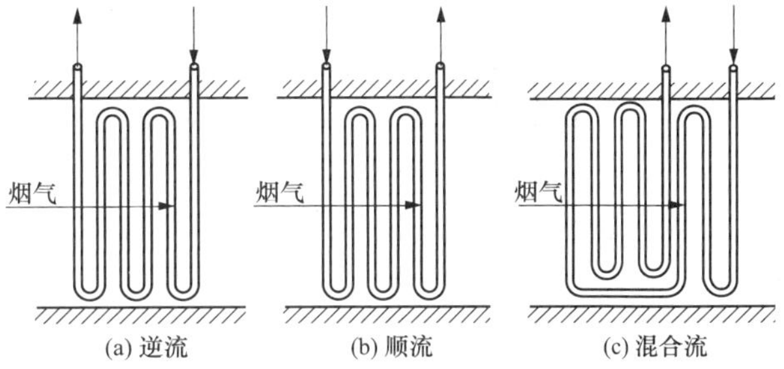

图 4-11　对流式过热器和再热器示意

根据管子在烟道内的布置方式，可将对流式受热面可分为立式和卧式。蛇形管垂直放置的称为立式布置，蛇形管水平放置的称为卧式布置。卧式布置受热面容易在停炉时排去管内积水（此过程称为疏水），但其支吊比较困难，常需要配置有工质冷却的受热面管子（如省煤器管子）作为它的悬吊管；立式受热面疏水困难，但其支吊简单，可用吊钩把蛇形管的上弯头直接吊挂在锅炉钢架上。

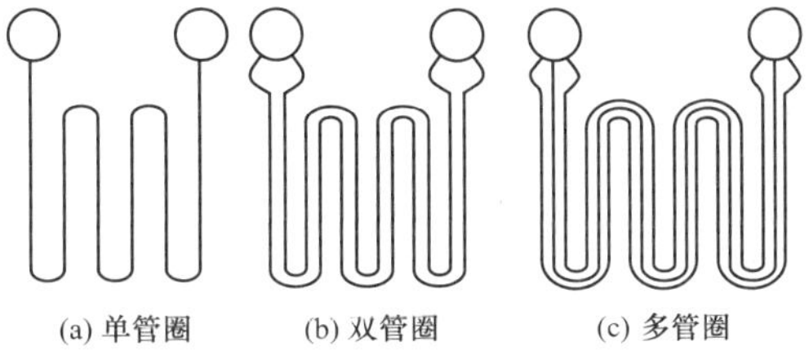

图 4-12　蛇形管圈

过热器和再热器在一个联箱中并行的蛇形管有单管圈、双管圈和多管圈等多种方式（见图 4-12），这取决于锅炉的容量、联箱的布置方式以及管内蒸汽流速。大容量锅炉一般采用多管圈结构。这是因为：锅炉容量的增加和线性尺寸的增加分别为线性尺寸的三次方和一次方的关系，也就是说，容量的增大速度远大于烟道宽度的增大速度。假设过热器的联箱和烟道宽度一致，沿烟道宽度方向有 n 根并行管，锅炉容量为 D，则单根管子的流量为 D/n，当 D 增大时，由于烟道宽度 b 增大速度远小于 D 的增大，因此 n 的增大（n 与 b 成正比）远小于 D，这就造成了单根管子的流量 D/n 快速增大，也就是说，过热器内的工质流速将大幅增大，这必将使流动阻力激增。为解决这一矛盾，当容量增大时，可采用双管圈（速度下降一半），或多管圈。

流经对流过热器和再热器的烟气速度的选取，受到多种因素的相互制约。采用较高的烟速可提高传热系数，但会造成管子严重的磨损；反之，烟气流速过低，磨损固然减轻，但传热性能变差，还会导致管子严重积灰。因此，烟气速度的上限受磨损条件限制，与燃料的煤灰特性、灰分含量和烟温有关；而烟气速度的下限受积灰条件限制。在炉膛出口之后的水平烟道中，烟温较高，灰粒较软，对受热面的磨损较轻，可采用 10～12m/s 以上较高的烟速；而在尾部烟道中，烟温较低，灰粒变硬，在一般情况下烟速不宜高于 9m/s，否则将使磨损加剧。

2. 半辐射式过（再）热器

半辐射式过/再热器是指布置在炉膛上部或炉膛出口烟窗处，一方面接收炉膛的高温辐射热，另一方面又吸收烟气对流热的受热面，通常称为屏式受热面。它是由许多管子紧密地排列成管屏所组成的。烟气在屏间的空间流过，屏间距离（即横向节距）较大，相对纵向节距很小，一般 $s_2/d=1.1\sim1.25$。

大型电站锅炉的屏式过热器有前屏和后屏之分。前屏一般布置在炉膛上部，采用2500～4000mm 的大节距，其主要作用是降低炉膛出口烟温，减少烟气扰动和残余旋转，从而一定程度上改善过热蒸汽或再热蒸汽的汽温特性。后屏一般布置在炉膛出口，能有效地降低进入对流受热面的烟气温度，防止对流受热面结渣。后屏比前屏横向节距小，屏与屏之间的节距为 800～1000mm。

图 4-13、图 4-14 为屏式过热器的结构示意。为了使管子长度与热负荷分布相适应，一般的做法是将内圈管子适当加长，而外圈管子缩短，以尽量使管子长度趋于一致，减少热偏差。为保持管屏平整，每片屏抽出一根管子做包扎管，将其余扎紧。

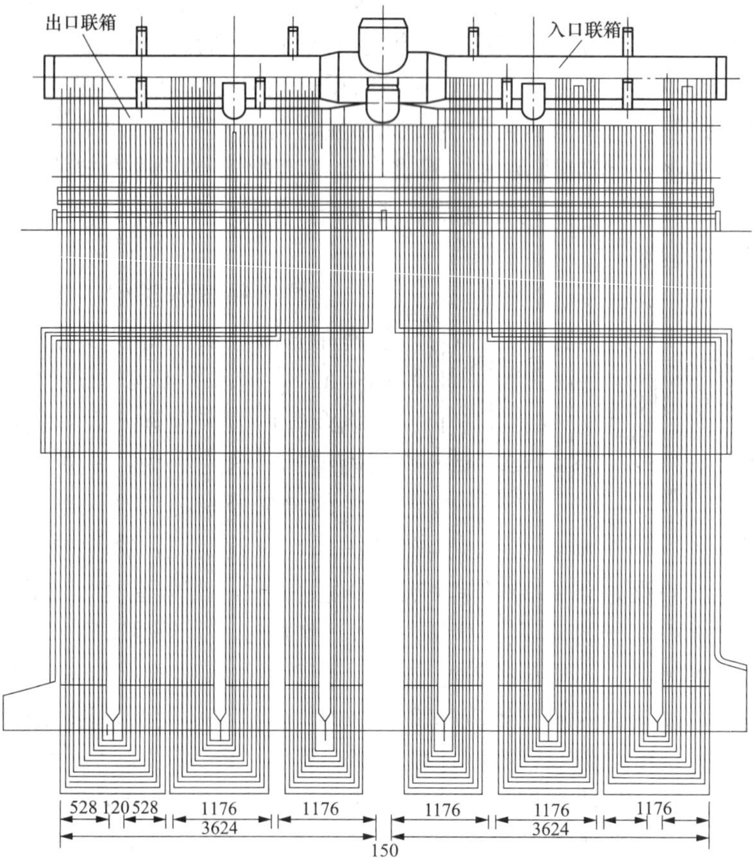

图 4-13　前屏过热器

大型锅炉的屏区烟温在 1200～1400℃之间，烟气流速一般为 5～8m/s，辐射热强度和对流热强度都较大，常常使得管屏中平行工作的管子所接受的热负荷有明显的差别，造成平行管之间的热偏差较大；此外，平行管之间的管长相差较大，导致了各管间蒸汽流量存在差异，致使管子的冷却条件也不尽相同。因此，屏式受热面是整个过热器系统中安全性最差的部分。

为了提高屏式过热器工作的安全性，首先应采用较高的质量速度［800～1200kg/(m²·s)］，以保证管子的冷却；其次在结构上应做相应的改进：如外圈采用更耐热的异质管，减小外圈管子长度，增大外圈管子直径，将内外圈管子进行交叉换位等，如图4-15 所示。

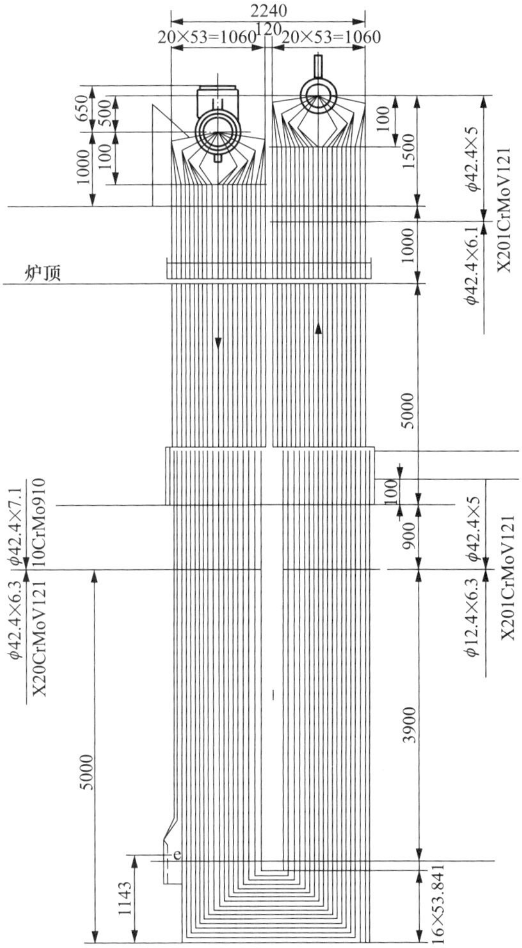

图 4-14　后屏过热器

3. 辐射式过热器

布置在炉内壁面上直接吸收炉膛辐射热的过热器，称为辐射式过热器，该类型的过热器大多用于直流锅炉，并布置在直流锅炉的上辐射区。

辐射式过热器由于接受火焰的高温辐射，热负荷相当高，且管内工质的冷却作用远不如水或汽水混合物，因此其工作条件相当恶劣。为避免辐射式过热器的管壁出现超温爆管，一般常将它作为过热器的低温段使用，并加大管内工质的质量流速［1000～1500kg/(m²·s)］，以保证金属管壁得到较好的冷却。

4. 顶棚过热器和包覆过热器

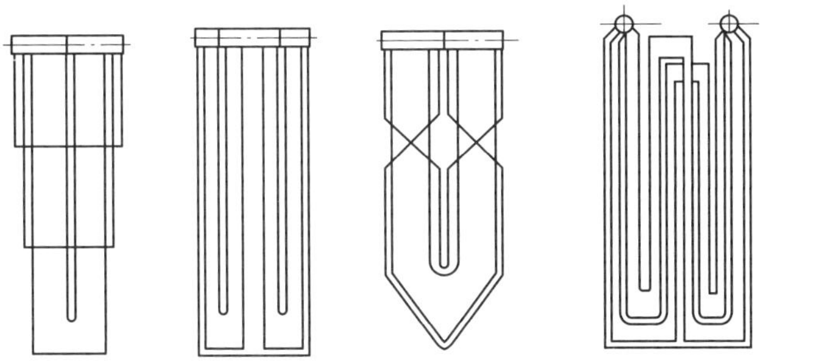

(a) 外圈管子截短　(b) 外圈管子短路　(c) 内外圈管子交叉　(d) 外圈短路与内外圈交叉

图 4-15　屏式过热器防止外圈管子超温的改进措施

顶棚过热器和包覆过热器都属于附加受热面，顶棚过热器一般采用膜式受热面结构，布置在炉膛的顶部，主要用以支撑炉顶的耐火、保温材料，并保持炉壁的严密性，吸热的作用是次要的。顶棚过热器的悬吊方法如图 4-16 所示。包覆过热器布置在水平烟道和尾部竖井的壁面上，其作用与顶棚过热器类似，主要作用是形成烟道壁面并成为敷管炉墙的载体，同时提高炉墙的严密性，减少烟道漏风。包覆过热器选用的管径与对流过热器基本相同，如采用光管式，相对节距为 $s_1/d \leqslant 1.25$，如采用对膜式壁，则$s_1/d=2\sim3$。包覆过热器的辐射和对流吸热量也都很少。

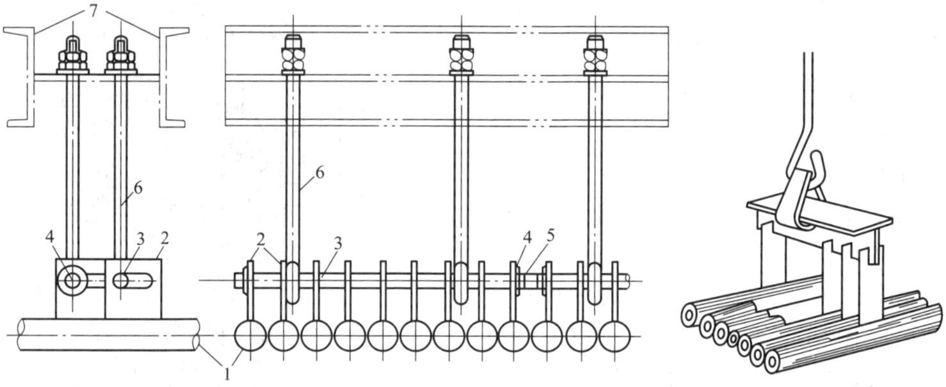

(a) 通过插销悬吊　　(b) 通过吊板悬吊

图 4-16　顶棚过热器的支撑结构

1—顶棚管；2—承载块；3—销轴；4、5—销轴固定件；6—吊钩；7—承载梁

图 4-17 示出 600MW 亚临界压力锅炉（$D = 2027$t/h）后烟道包覆过热器的布置图。不同型号的锅炉，后烟道包覆系统的设计差别非常大。

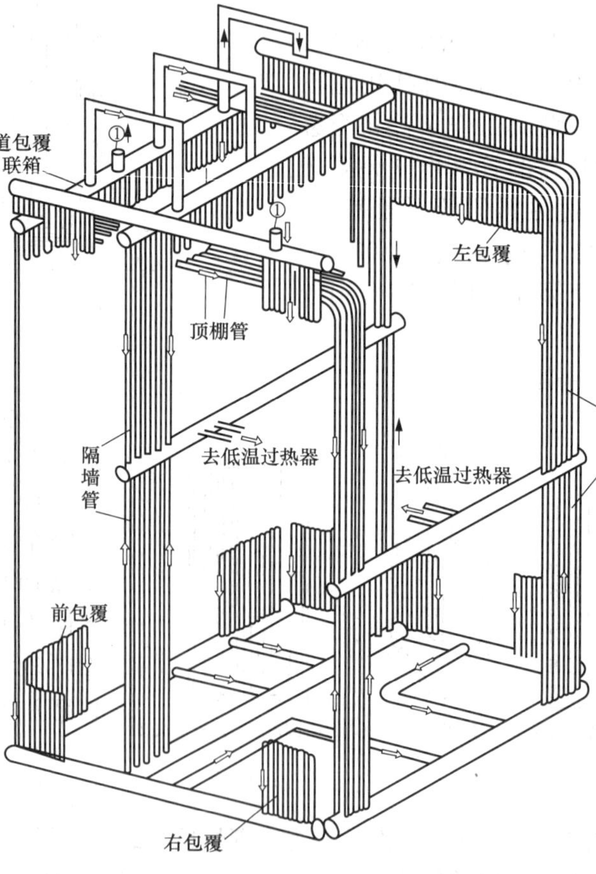

图 4-17　某 2027t/h 锅炉后部烟道过热器布置

三、过热器和再热器系统

过热器和再热器受热面根据锅炉机组的参数和容量以及烟道内的烟气温度、工质温度等按照一定的规则通过联箱及连接管等有机地组合在一起完成过热蒸汽和再热蒸汽的加热任务，就形成了过热器和再热器的系统。过、再热器的系统布置，应能满足蒸汽参数的要求，并具有灵活的调温手段，还要保证运行中管壁不超温，经济性好。

当蒸汽压力提高时，水需要加热到饱和温度所需要的加热热增大，热容减小故汽化热减小，水蒸气的过热热增大，这些变化使锅炉受热面的布置也相应发生了变化。

对中压锅炉而言，一般容量不大，炉膛的辐射放热量基本上与蒸发所需的热量相当，需要的过热热较少，因此，一般只采用对流式过热器就可以满足要求，系统比较简单。只需考虑顺流、逆流的合理布置，以保证管壁的安全性并尽量节省金属用量就可以了。

但对于高压以上锅炉，由于水的汽化热减少（临界压力下，汽化潜热为零），需要的蒸发受热面减少，但炉温不能过高，否则炉膛出口受热面会产生结渣。因此需要将部分过热器移到炉膛内部，即采用辐射与对流组合式过热器系统。辐射式过热器由于热负荷较高，应作为低温过热器来使用。

对于国产高压以上锅炉的过热器系统基本上都是串联混合流形式，即顶棚过热器——包覆过热器——低温对流过热器——半辐射过热器——高温对流过热器。该系统的特点是汽温特性平稳，传热温差较大，节省金属。

过热器从汽包出口的饱和蒸汽开始，一直到进入汽轮机前的过热蒸汽，需要相当长的管子才能完成加热任务，如果从汽包开始，采用若干并行管直到过热器出口一直分别加热，可想而知，出口处各管子的蒸汽出口温度一定会出现很大的偏差。这样就会使温度高的管子壁温超过许用值造成超温爆管事故。为了避免这一现象，过热器和再热器一般要分级或分段，每级和段之间通过联箱连接，各并行管子的蒸汽得以在联箱中进行混合，这就大大减小了并行管间的热偏差。分级分段的原则以减少热偏差为主，每级焓增一般不超过 419kJ/kg。各级或各段间的蒸汽温度的选取应与钢材的许用温度配套。

过热蒸汽的减温器一般设置在两级或两段之间。因此，过热器的分级或分段还应考虑汽温调节的灵敏度。沿蒸汽流向，减温器后面的过热器的受热面越少（工质焓增越小），汽温调节越灵敏，反应就越快。

再热器系统有两种布置方式，一种是超高压锅炉上常采用的纯对流再热器；另一种是亚临界及以上压力锅炉常采用的半辐射屏式再热器——高温对流再热器顺流组合模式。对于现代大容量锅炉，由于调节再热汽温的方式不同，过热器和再热器的系统布置也不相同。下面介绍两种大型锅炉典型的过热器和再热器系统。

（一）2028t/h 亚临界压力控制循环锅炉过热器和再热器系统

2028t/h 自然循环锅炉配 600MW 汽轮发电机组，其过热器和再热器系统布置示于图 4-18，各个厂家生产的锅炉热力系统原则上大同小异，但具体细节和布置方式上都有各自的考虑，呈现出较大的区别。

（1）过热器系统。饱和蒸汽由汽包引出进入炉顶管（进入所有受热面的程序是先进入进口联箱，再进入受热面，然后进出口联箱），经后烟井包覆、后烟井延伸侧墙，再汇总然后至低温过热器，经三通分两路引入前屏和后屏，从后屏出口联箱分两路进入

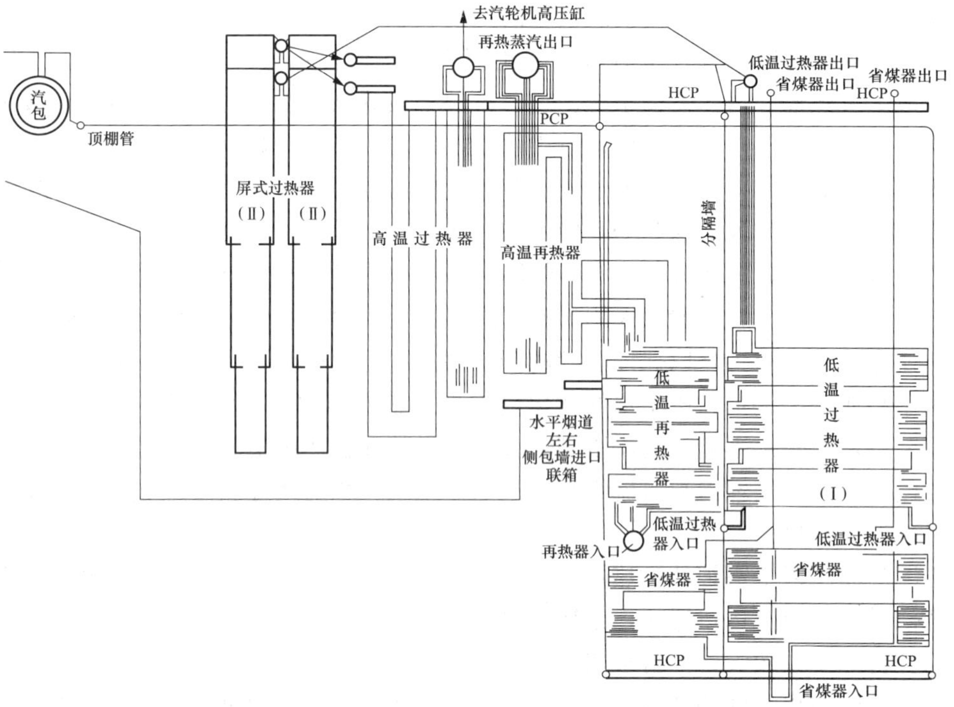

图 4-18 2028t/h 自然循环锅炉过热器、再热器系统

末级过热器，通过末级过热器，再由两只末级过热器出口联箱引出两根主蒸汽管道，进入汽轮机高压缸，其流程如图 4-19 所示。为了使介质充分混合并简化布置，降低过热器系统阻力，各级过热器之间均采用大直径管道及三通连接，并将包覆过热器布置成多个回路。

(2) 再热器系统。汽轮机高压缸排出的蒸汽分两路引入墙式辐射式再热器，再由炉顶上部的出口联箱引出，通过 4 根连接管引至屏式再热器，再经过末级再热器，然后引出至再热蒸汽管道，分两路进入汽轮机中压缸。在墙式再热器进口管道上布置有事故喷水减温器，其流程见图 4-18。

由于再热器内的压降比过热器内更小，因此，所有的设计都要尽量降低系统压降。因此，各级再热器间也都采用大直径管道和三通连接，以便增加充分混合的条件；此外，只在屏式再热器和末级再热器之间通过连接管道进行一次左右交叉，既减少因炉膛左右侧烟温偏差引起的再热蒸器热偏差，又不至于使阻力增大过大。

(二) 600MW 超临界压力锅炉过热蒸汽及再热蒸汽系统

600MW 超临界压力锅炉过热器和再热器的布置及蒸汽流程如图 4-20 所示。

(1) 过热器系统。从汽水分离器引出的饱和蒸汽经前炉顶管（为减少蒸汽阻力损失，约 35.6%BMCR 的蒸汽经旁通管直接进入炉顶出口联箱）、后炉顶管、后烟井延伸侧墙，再汇总至后烟井侧墙上联箱，分四路引入前屏，再分两路经一级喷水减温后进入后屏，然后分两路经二级喷水减温后进入末级过热器，再由两只末级过热器出口联箱引出两根主蒸汽管道，

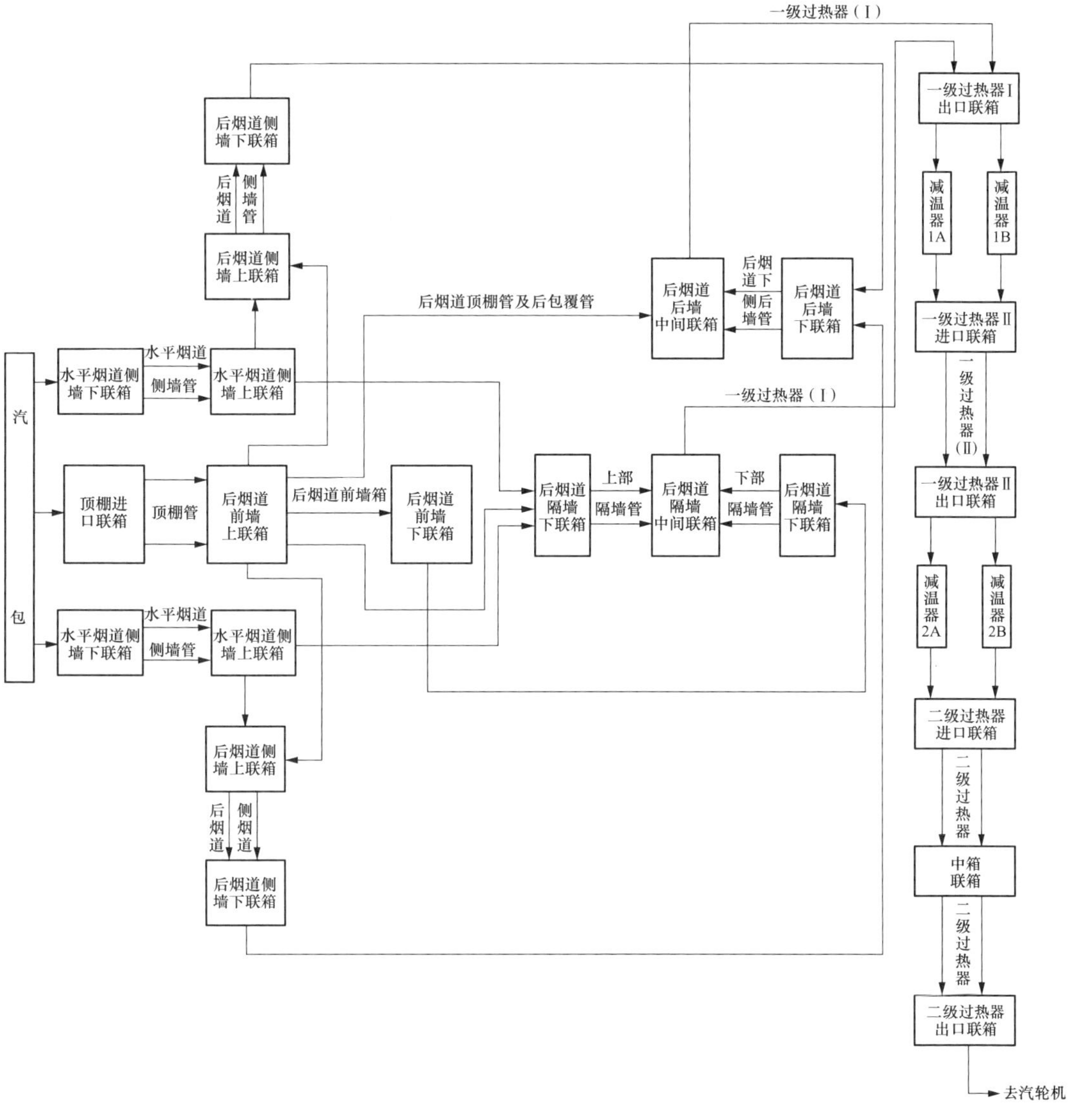

图 4-19 2028t/h 自然循环锅炉过热蒸汽流程

进入汽轮机高压缸，其流程如图 4-20 所示。

与上述实例相同，各级过热器之间均采用大直径管道及三通连接。

蒸汽冷却定位管（共 6 根）由前屏进口联箱引出，通过前屏过热器、后屏过热器，再引入前屏过热器出口联箱，将前屏过热器和后屏过热器定位夹持防止屏的倾斜摆动。

（2）再热蒸汽系统。汽轮机高压缸的排汽分两路经事故喷水减温器后引入低温再热器，再通过两根连接管道引至末级再热器，经过末级再热器后从其出口联箱上引出两根蒸汽管道，送往汽轮机中压缸，其流程如图 4-20 所示。两级再热器间采用大直径管道端部连接。低温再热器和末级再热器之间通过连接管道进行一次左右交叉。

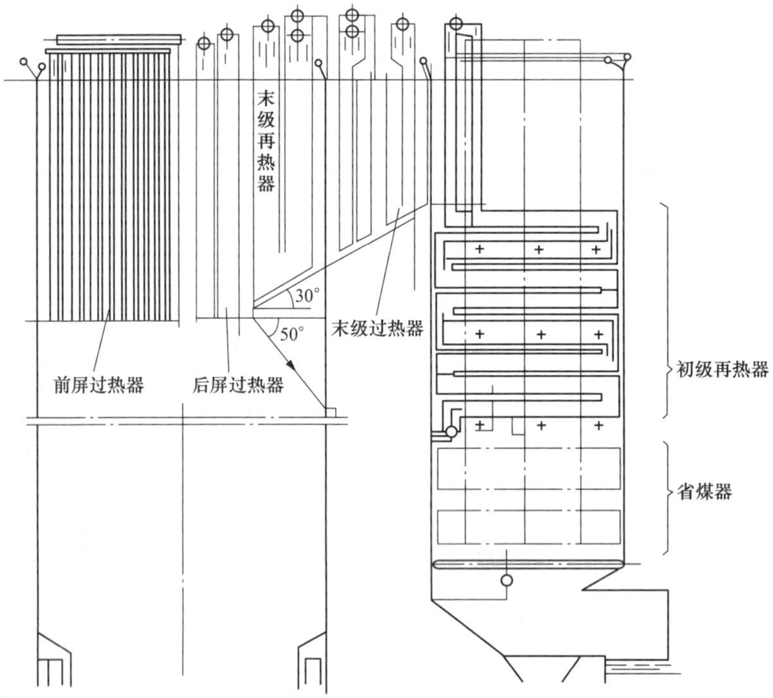

图 4-20 600MW 超临界压力锅炉过热器布置及蒸汽流程图

第三节 过热器、再热器汽温调节

一、汽温特性

汽温特性是指过热器或再热器出口蒸汽温度与锅炉负荷之间的关系。不同传热形式的过热器或再热器表现出不同形式的汽温特性。

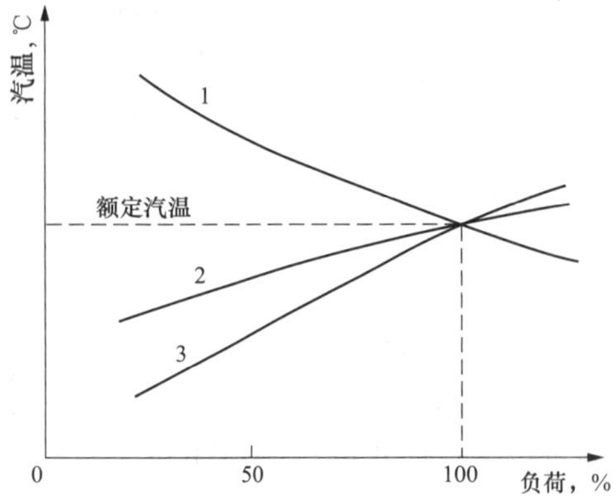

图 4-21 过热器的汽温特性

1—辐射式过热器；2—对流式过热器；3—远离炉膛出口的对流式过热器

（1）辐射式过热器汽温特性。辐射式过热器以接受炉内辐射热为主，随着锅炉负荷的增加，辐射式过热器中工质的流量和锅炉的燃料耗量均按比例增大，但炉内辐射放热量并不按相同比例增加，这是因为炉内火焰温度的升高不太多，且辐射放热量的大小正比于绝对温度的四次方。因此，随负荷的增加，炉内辐射热的份额相对下降，辐射式过热器中蒸汽的焓增减少，出口蒸汽温度下降，如图 4-21 中曲线 1 所示。

（2）对流式过热器汽温特性。锅炉的负荷增大，对流过热器中的烟速随之增大，而辐射换热量的减小导致炉膛出口烟温提高，这都将使过热器中工质的焓增变大。此外，由于辐射换热量的减小，将有较多的热量随烟气离开炉膛，被对流过热器等受热面所吸收，因此，对流式过热器的出口汽温是随锅炉负荷的提高而增加的。当过热器的布置远离炉膛出口时，汽温随锅炉负荷的提高而增加的趋势更加明显，如图4-21中曲线2、3所示。从上述结论可以推出，屏式过热器的汽温特性将比较平稳，因为屏式过热器吸收的热量是辐射换热和对流换热的叠加。不过它的汽温特性有可能是在高负荷时对流传热占优势，而低负荷时则辐射传热占优势。

（3）再热器的汽温特性。原则上，再热器的汽温特性与过热器的汽温特性相似，但又有其不同的特点。再热器工质的进口蒸汽参数取决于汽轮机高压缸排汽。对于定压运行的锅炉，当负荷降低时，高压缸排汽温度降低，再热器进口汽温也随之降低，而出口汽温也将下降。如若保持再热器出口汽温不变，则蒸汽在再热器中必须吸收更多的热量。运行经验表明，当锅炉负荷从额定值降到70％负荷时，定压运行的锅炉再热器进口汽温约下降30～50℃，再加上再热蒸汽的压力较低（约2.0～5.0MPa），蒸汽比热容较小，因此，再热器出口汽温的变化幅度较大。为了改善这一现象，可以采用较多的辐射和半辐射式受热面组成再热器系统。但要注意辐射式再热器的安全性问题。对于变压运行的方式，一般是通过改变锅炉出口蒸汽压力来适应负荷变化，而将过热汽温和再热汽温维持在额定值。这就使得变压运行时，负荷变化而再热器进口温度基本保持不变。且由于压力降低，蒸汽的比热容减少，工质加热至相同温度所需的热量减少，因此，过热汽温和再热汽温比定压运行时都容易保持稳定。

由上述分析可知，辐射式汽温特性和对流式汽温特性是变化趋势相反的，因此，现代大型锅炉为了获得相对平稳的汽温特性，往往采用适当比例的辐射与对流特性的受热面组成多级布置的过热器（再热器）系统。国产大容量高压、超高压锅炉设计时，屏的焓增约占过热器（再热器）系统总焓增的30％～50％。亚临界及超临界压力锅炉设计的过热器（再热器）系统，其辐射受热面与对流受热面吸热量比例基本上各占50％，因此，过热蒸汽（再热蒸汽）系统汽温变化相对平稳，调温幅度较小，给再热器调温带来方便。可以采用微量喷水减温来调节，不至于大量排挤汽轮机高压缸做功，降低电厂的经济性。

直流锅炉的汽温变化特性与汽包锅炉不同，由于蒸发受热面与过热受热面之间没有固定界线，因此随工况的变动相当于过热器受热面积也随之变动。假设给水量不变，如果减少燃料量，必定使加热、蒸发段长度增加，从而挤占了过热段，致使过热器的出口汽温降低。如若保持原来的蒸汽温度，则必须增加燃料量或者减少给水量。直流锅炉的运行经验告诉我们：要保持过热蒸汽温度不变，必须将燃料量与给水量保持一定的比例。只要保持这一比例，就能保持一定的汽温。如果汽温偏低，可增加燃料量或减少给水量使之升高到额定值；若汽温偏高，可减少燃料量或增加给水量使汽温降到额定值。总之在直流锅炉中采用保持给水和燃料比的方法可在30％～100％额定负荷范围内维持过热汽温为额定值。不过在直流锅炉中，由于没有汽包，水容量小，因此汽温对工况变化极其敏感。此外，改变给水和燃料比有一定迟延，而此期间可能发生大的汽温偏差。另外，由于直流锅炉中工质的流通长度很长，从给水进口到过热器出口的总长度有600～700m，这对调节的灵活性是不利的。

大容量电站锅炉运行中一般要求，定压运行负荷在70％～100％的额定负荷范围内和变压运行负荷在60％～100％的额定负荷范围内时，过热蒸汽和再热蒸汽温度与额定值的偏差应不超过如下数值：过热器±5℃，再热器＋5℃和－10℃。

二、运行中影响气温的因素

蒸汽温度受多种运行因素影响。这些因素有的是单一的影响，还有的是交织在一起的多重影响。下面以汽包锅炉为例，分析各个因素对汽温的影响。

1. 锅炉负荷

锅炉负荷的影响已在汽温特性的介绍中进行了阐述。总体来说，对于超高压以下的锅炉过热器一般具有对流汽温特性，即锅炉负荷升高（或下降），汽温也随之上升（或降低），而亚临界以上的锅炉，虽然总体上也属于对流特性，但这种特性越来越不明显，也就是说，汽温特性随负荷的变化越来越不明显，这是由于在过热器系统的构成上更多地采用了辐射式过热器和半辐射式过热器的缘故。

2. 过量空气系数

过量空气增大时，燃烧生成的烟气量增多，致使对流烟道内烟气流速增大，对流传热加强，增大了对流换热量，导致过热汽温升高。

3. 给水温度

给水温度升高，则将工质加热到预定过热温度所需要的焓值将减小，就是说产生一定蒸汽量所需的燃料量会减少，这就使得燃烧产物的容积也随之减少，即烟气流速将减小，同时炉膛出口烟温也有所降低，过热汽温将下降。在实际运行过程中，高压加热器的投停会使给水温度有很大的变化，因而会使过热汽温发生显著的变化。

4. 受热面的污染情况

炉膛受热面产生结渣或高温积灰现象，会使炉内辐射传热量减少，过热器区域的烟气温度提高，从而使过热汽温上升。但是，如果结渣或高温积灰发生在过热器本身，则由于过热器自身吸热量减小，将致使汽温下降。

5. 饱和蒸汽用汽量

一般情况下，锅炉受热面的吹灰、雾化燃油、配合脱硫脱硝技术而加热烟气等常用饱和蒸汽作为汽源，随着饱和蒸汽用汽量的增大，流经过热器的蒸汽量就将减少，这必定会使过热汽温升高。

6. 燃烧器的运行方式

燃烧器一般沿炉膛高度都布置有多排喷口，如果运行中不同标高的燃烧器组投入或撤出运行，将会直接影响炉内火焰中心位置，从而影响炉膛出口烟温，并影响过热蒸汽的温度。

此外，现代的大型电站锅炉一般配合炉内脱硝技术，常把燃烧器设计成摆动式，而当摆动式燃烧器喷嘴向上或向下倾斜时，会因火焰中心提高或降低而使过热汽温升高或降低。不过，对流受热面距炉膛越远，则喷嘴倾角对其吸热量和出口温度的影响也越小。

7. 燃料种类和成分

不同的燃料种类其发热量差别很大，所以当燃料种类发生变化时，炉膛内的平均火焰温度将受到影响。这势必会改变炉膛辐射热的份额大小，也就是改变了对流吸热量的大小，这无疑会影响过热汽温。在煤粉锅炉中，随着煤粉变粗、水分增大或灰分增加等，都会使火焰中心上移或者燃料量增多，从而都会使过热汽温有所提高。

三、汽温调节

前已述及，锅炉运行过程中，过热蒸汽温度会受到很多因素的影响而引起变动。汽温过高会使金属许用应力下降，影响机组的安全运行；汽温降低则会影响机组的循环热效率。根据计算，如果过热器长期在超温 10～20℃工况下运行，会减少一半的寿命；而汽温每降低 10℃，会使循环热效率降低 0.5%。因此运行中一般规定汽温偏离额定值的波动不能超过 −10～+5℃。既然蒸汽温度的变动不可避免，则在锅炉运行过程中，采用适当的调节措施以维持汽温的稳定是保证机组安全和经济运行所必需的。汽温调节方法根据调节对象介质的不同可以归结为两大类：蒸汽侧的调节和烟气侧的调节。

（一）蒸汽侧调节汽温

所谓蒸汽侧的调节，是指通过传热的方法，改变蒸汽的焓值来调节汽温。具体方法包括喷水减温法、采用表面式减温器和汽—汽热交换器。后两种方法一般适用于中压锅炉，而现代电站锅炉大都是亚临界参数以上，因此很少采用。

喷水减温法应用的是一种混合式减温器，其原理是在联箱中通过雾化喷嘴将减温水直接喷入过热蒸汽中，使其雾化、吸热蒸发，从而达到降低蒸汽温度的目的，有着结构简单，操作方便、调节灵敏等一系列优点，是过热蒸汽的主要调温手段。其缺点是该方法为接触式传热，喷入过热蒸汽中的减温水直接与蒸汽接触，故对水质要求很高，必须使用高纯度的除盐水或凝结水作为水源进行喷水，以确保过热蒸汽品质。在直流锅炉中以及在以除盐水、凝结水或蒸馏水作为补给水的汽包锅炉中，由于给水品质高，含盐量极少，因此可直接作为喷水水源，其连接系统如图 4-22 所示。而对于给水品质不高的中小容量锅炉，可采用自制冷凝水，即将部分饱和蒸汽凝结作为减温水，但系统比较复杂。

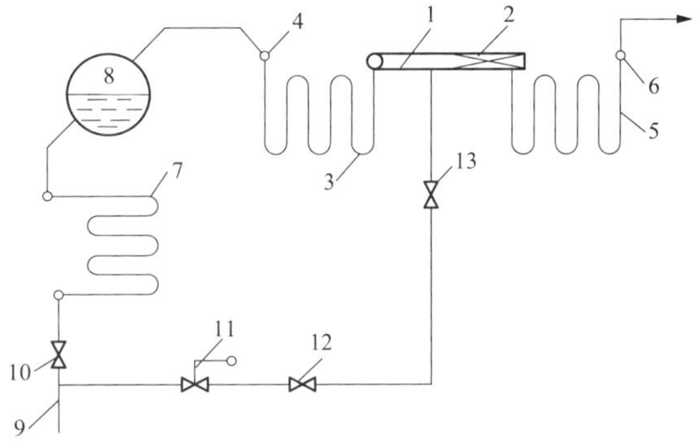

图 4-22　喷水减温器的连接系统

1—喷头；2—联箱；3、5—过热器蛇形管；4、6—蒸汽进出口联箱；7—省煤器；8—汽包；9—给水管；10—给水阀；11—喷水调节阀；12—逆止阀；13—隔离阀

目前，大型电站锅炉都采用喷水减温法调节过热蒸汽温度。对于多级布置的过热器系统，为减少热偏差，通常都采用 2～3 级喷水减温；而高压和超高压锅炉的过热器，一般采用两级喷水减温器，总喷水量大约为锅炉额定负荷的 5%～8%。一级喷水减温器作为整个过热器蒸汽温度的粗调（同时也起保护屏式过热器的作用），常布置在屏式过热器之前，喷水量控制在总喷水量的 1/2 稍多；二级喷水减温器，放置在末级过热器之前，作为出口汽温的细调。这是比较经典的布置方式。对亚临界特别是超临界压力锅炉的过热器，通常采用三级喷水来调节过热汽温。

对于再热蒸汽，一般不采用喷水减温方法。因为喷水会增大再热蒸汽的流量，这样汽轮机中低压缸的做功比例将增大，却排挤了高压蒸汽的做功份额，这无疑会降低电站的循环效率。测算数据表明，对于定压运行的超高压机组，当再热器喷水量为蒸发量的 1%时，循环热效率将降低 0.1%～0.2%。因此，再热蒸汽温度的调节主要采用烟气侧调温的方法，而喷水减温只用来辅助调温或用作事故喷水。

喷水减温器有多种结构形式，应用较多的有笛形管式、旋涡式和文丘里管式等。由于喷水减温器只能对过热蒸汽降温，不能升温。因此，过热器设计时，必须将受热面积设计的足够大，这样，在满负荷时，由于过热器面积大，汽温会超过设计值很多，但可以通过投入减温水将汽温降至额定值；而负荷降低时，则可逐步降低喷水量来适应汽温的变化；当喷水量降到零时，达到汽温调节的最低限，此后若负荷继续降低，汽温将无法维持在额定值。

（二）烟气侧调节汽温

烟气侧调节汽温的方法是通过改变调节对象的进口烟温或流量的方法来改变调节对象的对流吸热量，从而改变蒸汽温度。该方法一般都存在着调温滞后和调节精度不高的问题，多用于调节再热蒸汽温度或作为过热汽温的粗调。下面介绍典型的烟气侧调温手段。

1. 分隔烟道挡板调节器

分隔烟道挡板调节器一般只用于将再热器布置在尾部对流烟道内的场合。此时为了调节再热汽温，需要将对流烟道用隔墙分成前后两部分，然后将过热器和再热器分别布置在两个烟道中，再在其后布置省煤器，然后在出口处设有可调开度的烟气挡板，如图 4-23 所示。通过对烟气挡板的调节可以改变流经两个分隔开的烟道内的烟气流量，从而调节过、再热汽吸热比例。从而调节再热器的汽温。当然，改变了两个烟道的烟气流量，也会影响到过热汽温，不过过热器的蒸汽温度可以通过调节减温器的喷水量来维持。图 4-24（a）中示出负荷变化时由于挡板的调节使流经两个烟道的烟气量变化的情况，图 4-24（b）、（c）表示过热蒸汽和再热蒸汽温度的变化情况。

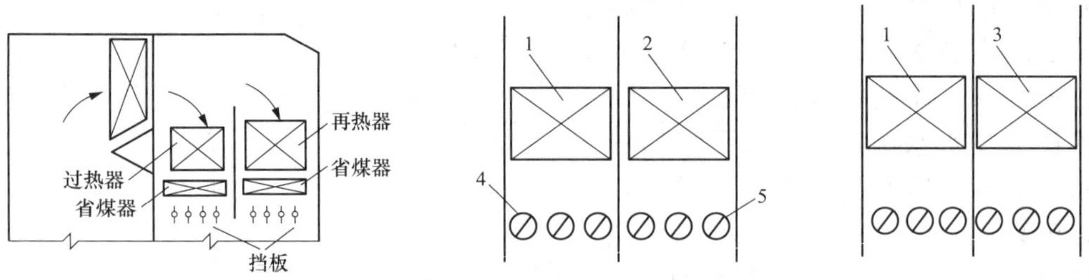

(a) 再热器与过热器并联结构　(b) 再热器与过热器并联的平行烟道　(c) 再热器与省煤器并联的平行烟道

图 4-23　烟气挡板调节汽温装置

1—再热器；2—过热器；3—省煤器；4、5—烟气挡板

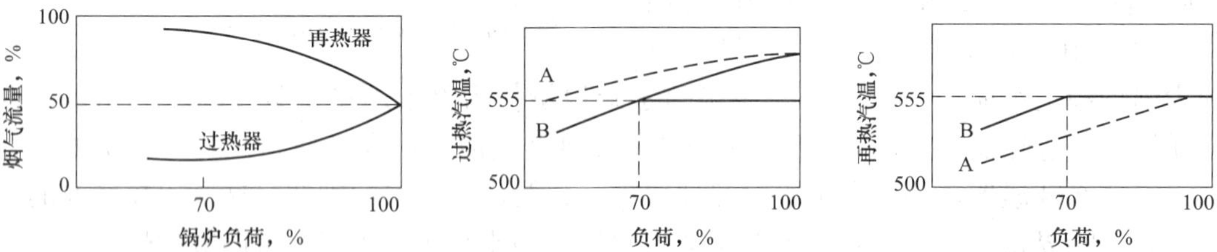

(a) 再热器、过热器烟气流量随负荷变化　(b) 过热汽温随负荷变化　(c) 再热汽温随负荷变化

图 4-24　再热器和过热器并联方式挡板调节汽温原理

A—调节前；B—调节后

2. 烟气再循环

烟气再循环调节过热汽温的方法是通过再循环风机把锅炉尾部低温烟道中（一般为省煤器后）温度为 300～350℃的烟气抽出一部分送回至炉膛底部实现这部分烟气的再循环（见图 4-25）。该方法需要注意的问题是：为了保证燃烧工况不受大的影响，烟气混入的地点必须远离燃烧中心。

烟气再循环调节汽温的原理主要是通过改变锅炉辐射吸热量和对流吸热量的分配比例，从而达到调节汽温的目的。对炉膛而言，低温再循环烟气的掺入，导致炉内整体温度水平降低，也减少了炉内辐射吸热量；但这一变化对炉膛出口烟温的影响不大。由于烟气流量增加，所有对流受热面的吸热量都将增大。且离炉膛出口越远的受热面其吸热量的增加就越显著。这时因为：无论哪级对流受热面，烟气流量都是增加的，那么传热系数也是增大的，也就是说，各级对流受热面的传热量都是增大的。但增大的幅度相同吗？对于靠近炉膛出口的高温对流受热面，由于炉膛出口烟温变化不大，这就使得该级受热面的传热温压也变化不大，但是其出口即下一级的进口烟气温度就会有所增加，因此在以后的受热面中，传热温压都是增加的。这就使得后面的受热面不仅因传热系数增加导致了传热量增大，还因为传热温压增大也导致了传热量的增大。而且越远离炉膛这种影响效果越显著。因此，如果应用烟气再循环方法来调节再热汽温，就不宜将再热器布置在炉膛出口附近，而应适当远离炉膛出口，这样才能获得较好的调温效果。一般实际应用中，常将再热器布置在过热器之后。

图 4-26 示出烟气再循环调节再热汽温的特性。在满负荷时，烟气再循环不投入，汽温保持额定值。负荷降低时，只能靠烟气再循环来维持再热汽温（曲线 b），如不投烟气再循环，过热汽温就如曲线 a 所示，一路下降，无法维持。一般在 70%负荷以下，再热汽温已难以维持额定值。

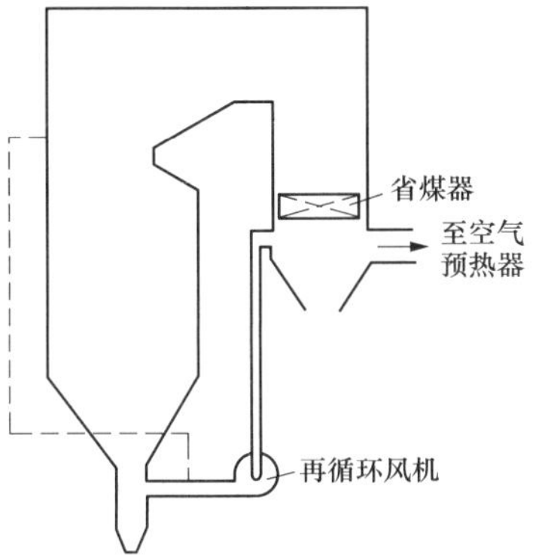

图 4-25　烟气再循环系统

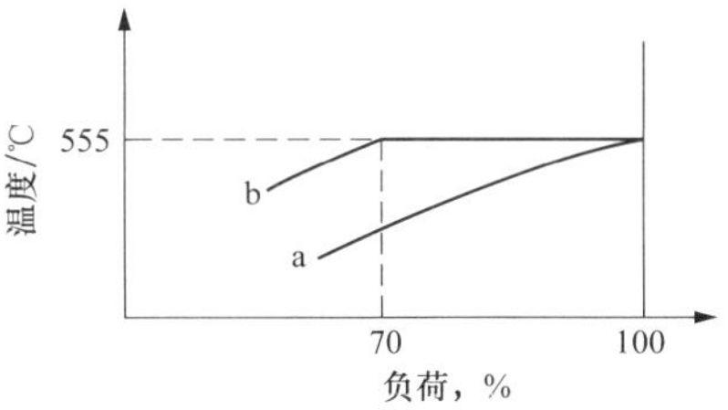

图 4-26　烟气再循环调节再热汽温

a—无再循环；b—有再循环

再循环烟气在炉膛内的混入点也可以是炉膛出口处（见图 4-25 中的虚线），这种烟气再循环的作用主要是为了降低炉膛出口烟温，以减少或防止炉膛出口处和高温过热器结渣，而对于汽温调节的作用则不甚明显。这是因为将烟气混入点放在炉膛出口，一方面，过热器烟气量增大导致汽温上升；但另一方面由于过热器进口烟温降低导致传热温压下降，使过热器吸热量减少。这一双重影响的结果充满着不确定性。虽然远离炉膛出口的受热面，传热温压的下降会越来越小甚至不受影响，但毕竟难以准确把握，因此用来调节汽温难以达到预期效果。

采用烟气再循环调节法，需要装置能承受高温（约 350℃）和耐磨的再循环风机，这种风机的制造工艺和运行维护要求都很高，因此不仅运行操作难度大，而且造价高，维修难度大，国产技术尚不完全成熟。此外，烟气再循环会使燃料的未完全燃烧损失和排烟热损失有所增加。因此，这种调温方式一般用于燃油锅炉的再热汽温的调节，大型燃煤锅炉应用较少。

3. 摆动式燃烧器

调节摆动式燃烧器喷嘴的上下倾角可以改变炉内火焰中心的位置，从而改变了炉膛出口烟温的大小，也就改变了对流受热面的传热温压，进而改变了过热蒸汽温度。例如，当喷嘴向上倾斜时，火焰中心上移，炉内吸热量将减少，炉膛出口烟温会升高，这将导致对流受热面的吸热量增大。这一影响与受热面距离炉膛出口的远近有很大关系，距离越远吸热量的增加就越少。

为了调节再热器的出口汽温，需要对再热器的系统进行适当调整。一般将高温对流再热器布置在炉膛出口处，位于高温对流过热器之前，这样才会有较高的调节灵敏度。采用摆动燃烧器来调节再热汽温简便、灵活，在亚临界和超临界压力锅炉中采用较多，但是调节范围受燃烧器倾角调节的限制。燃烧器过大的上倾角会增加燃料的未完全燃烧损失，下倾角过大又会造成冷灰斗的结渣，因此，燃烧器的倾角一般都不可能太大。

（三）再热器的运行保护

电厂运行的很多时候，再热器内没有工质通过。如锅炉启动、停炉和汽轮机甩负荷等。在这些情况下，必须采取专门措施对再热器进行冷却以保护再热器的安全。增设旁路系统就是最有效的措施，其作用是在锅炉启动、停炉和汽轮机甩负荷时保护再热器。

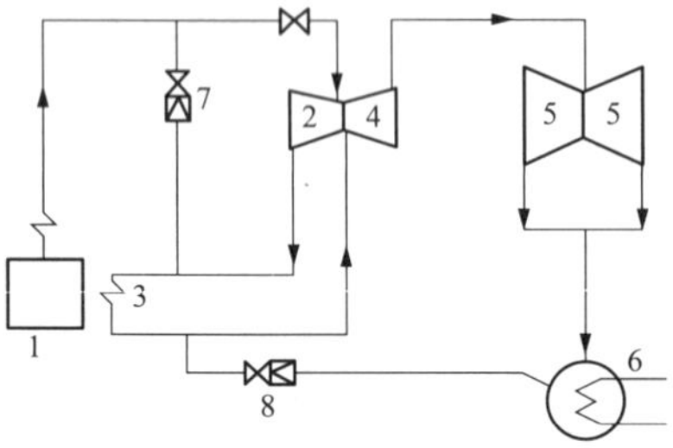

图 4-27 保护再热器的旁路系统

1—锅炉；2—高压缸；3—再热器；4—中压缸；5—低压缸；6—凝汽器；7—高压旁路；8—低压旁路

图 4-27 所示为某 600MW 超临界压力再热机组旁路系统。在过热器出口的主蒸汽管道与再热器入口管道之间设置的高压旁路（简称Ⅰ级旁路），可以在锅炉启动或停炉而汽轮机没有蒸汽流过或汽轮机组突然甩负荷时，将主蒸汽管内的蒸汽进行减温减压后再送入再热器内对其冷却。排汽经低压旁路（或称Ⅱ级旁路）送至凝汽器。

旁路系统除保护再热器外，还具有以下作用：

（1）旁路的存在，可以使多余的蒸汽直接送入凝汽器，因此可以在汽轮机甩负荷或负荷较少时，保证锅炉仍然以较高负荷运行以维持燃烧稳定，使过热和再热汽温尽量接近额定值。

（2）采用旁路系统可以使锅炉汽温满足汽轮机的启动要求，有利于解决汽轮机启动时蒸汽温度和汽缸壁温不协调的问题。

第四节 省 煤 器

省煤器和下一节要介绍的空气预热器统称为尾部受热面或低温受热面，这是由于这两类受热面一般布置在锅炉对流烟道的尾部，进入这些受热面的烟气温度相对较低。

省煤器在锅炉中的主要作用是：第一，省煤，提高锅炉效率，因其利用了尾部的烟气余热；第二，以部分工质在省煤器中加热代替在造价更高的水冷壁中加热，减少了造价高的水冷壁钢材用量，整体经济性提高；第三，在汽包锅炉中提高了进入汽包水温，减少了给水与汽包壁间的温差，降低了汽包热应力。现代锅炉中，省煤器已成为不可缺少的换热部件。在所有承受压力的锅炉受热面中，省煤器金属所处的温度是最低的，但其承受的压力却是最高的。

一、省煤器的形式与结构特点

省煤器的材质一般有铸铁、钢管等，大中容量锅炉中广泛采用钢管省煤器，钢管省煤器强度高，耐冲击，传热性能好，工作可靠，且重量轻，体积小，价格低廉；缺点是对由 SO_2 和 SO_3 导致的低温腐蚀的抵抗性较差。

省煤器可根据其管内介质形态、结构差异、管子排列方式的不同进行分类。

1. 按管内工质的形态分类

省煤器按出口工质的形态可分为沸腾式和非沸腾式。沸腾式指的是出口工质已达到饱和温度，形成具有10%～20%水蒸气存在的汽水混合状态。但蒸汽含量不能过大，否则将使省煤器中介质的流动阻力过大。非沸腾式省煤器的出口水温一般比饱和温度低20～25℃。

一般情况下，中压及以下的锅炉多采用沸腾式省煤器，这是因为中压锅炉水的压力低，汽化潜热大、加热热小、蒸发热大，蒸发受热面需要移到省煤器或对流烟道内。高压以上锅炉多采用非沸腾式省煤器。原因是随着压力的提高，水的汽化热相应减小，加热热相应增大，蒸发热减少，故需反向移动，即把水的部分加热功能转移给水冷壁管，以防止炉膛温度和炉膛出口烟温过高，引起炉内及炉膛出口受热面结焦。

2. 按结构形式分类

按结构形式可将省煤器分为光管式、鳍片式、膜片管式（简称膜式）和螺旋肋片管式四种。

光管式省煤器的结构如图4-28（a）和图4-29所示，是由进出口联箱和许多并列的蛇形管组成。蛇形管与联箱一般通过焊接方式连在一起。

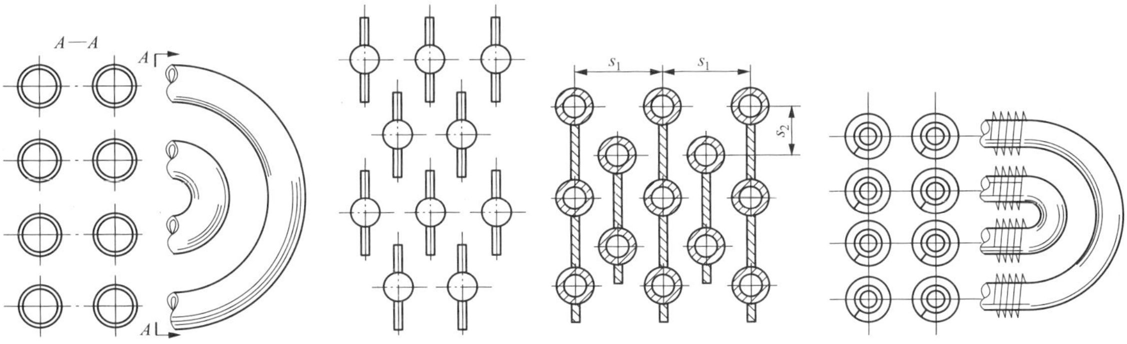

(a) 光管　(b) 鳍片管　(c) 膜片管　(d) 螺旋肋片管

图4-28　省煤器结构

鳍片管省煤器是光管省煤器的拓展表面形式。它是在光管的直段部分的外表面上、下各焊上一条扁钢形成的，扁钢的作用在于增加传热面积和传热效果，如图4-28（b）所示。

膜片式省煤器是鳍片式省煤器的升级版式，如图4-28（c）所示。膜片式省煤器是在两个光管蛇形管直段部分之间焊有连续的2～3mm厚扁钢膜片，使省煤器管连成一个整片。膜片式省煤器的传热效果比光管省煤器好，因此在同样传热条件下，前者的金属耗量要少、成本低、磨损轻、运行可靠，还有一很大优点就是吹灰容易。

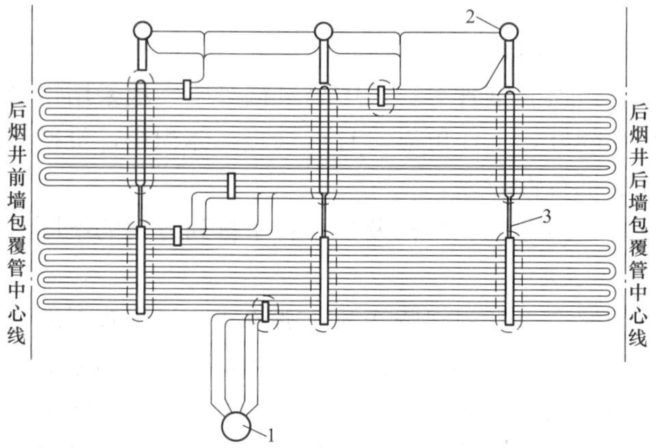

图 4-29　1025t/h 亚临界压力控制循环锅炉的省煤器

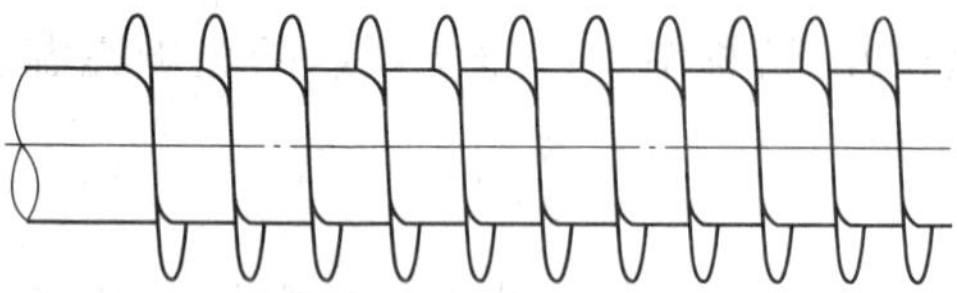

图 4-30　螺旋肋片管

螺旋肋片管式省煤器是在光管外表面焊上（或采用胀接工艺）横向肋片，如图 4-28（d）和图 4-30 所示。这类省煤器的拓展传热面积几乎是目前所有形式省煤器中最大的，传热系数很高。不过其缺点是与其他形式的省煤器相比，比较容易积灰，且积灰难以清除。当燃煤灰分黏结性较强时，不宜采用该类型的省煤器。

3. 按管子排列方式分类

省煤器按蛇形管的排列方式分为错列和顺列两种，如图 4-28（a）和（d）为顺列、（b）和（c）为错列。错列布置传热效果好，结构紧凑，并能减少积灰，但磨损要严重些，且吹灰比较困难；顺列布置方式吹灰容易，磨损也较轻，但积灰比较严重，传热效果要劣于错列布置。

二、省煤器的布置方式

在尾部烟道中，烟气自上而下流动，为了强化传热效果，大都采用烟气横向冲刷管束，即省煤器采用卧式布置。这种布置除了有利于传热，节约金属外，还可以很方便地在停炉时排除管内积水，减轻低温腐蚀。这样布置的省煤器工作原理是水在蛇形管内自下而上流动，烟气在管外自上而下横向冲刷管壁。该换热方式由于水在蛇形管内自下而上流动，有利于排除空气，避免局部氧腐蚀；而烟气在管外自上而下流动，可形成逆流布置，从而可增大传热平均温差，提高对流传热量，同时这样的布置也有利于吹灰。

省煤器按蛇形管在烟道中的布置方式分为垂直于前墙或平行于前墙两种布置方式。前者是指蛇形管管轴方向与锅炉的前墙垂直，如图 4-31（a）所示。此种布置的特点是，由于尾部烟道的宽度大于深度，所以管子较短，支吊简单，且平行工作的管数多，水的流速较低，流动阻力较小。但这种布置方式穿墙管过多，漏风量大。为此现代电厂锅炉常将省煤器进、出口联箱都放在烟道内（并加以保温），如图 4-29 所示，以减少大量蛇形管穿墙可能造成的漏风。但这种布置方式还有一较大缺点，由于烟气在转向室由水平改为竖直向下流动时，在离心力的作用下，烟气中大灰粒多集中靠近后墙的一侧，这就会造成全部蛇形管产生局部磨损，检修时需要更换全部磨损管段，检修工作量大，成本高。蛇形管平行于前墙的布置方式，如图 4-31（b）和（c）所示。此种布置的特点是并列的管数少而长，因而水速高，流动阻力大，支吊困难。但由于烟气转弯造成的磨损只破坏靠近后墙的几根蛇形管，故防护和维修比较简便，成本低。当然，为了改进这种布置方式因水速高而导致流动阻力过大的缺点，也可以像过热器一样，采用双管圈或双面进水方式。蛇形管平行于前墙双面进水布置方式如图 4-31（b）所示。此种布置方式在中小型燃煤锅炉中得到广泛采用。对于燃油炉和燃气炉等清洁燃烧方式，由于不存在飞灰磨损问题，因此省煤器的布置主要取决于水速条件，现代大容量锅炉多采用蛇形管垂直于前（后）墙顺列布置。

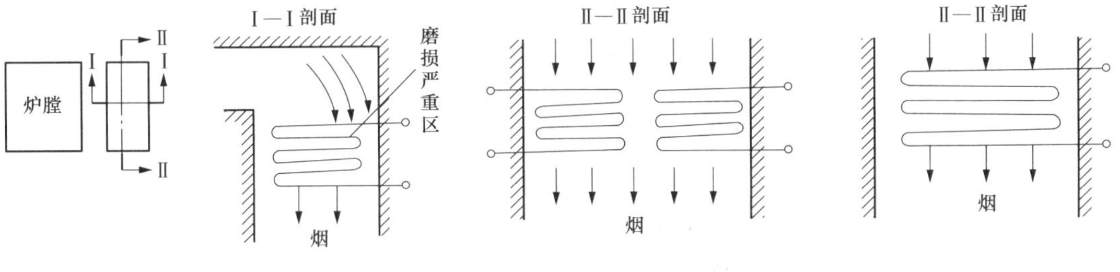

(a) 蛇形管垂直于锅炉前墙布置　(b) 蛇形管平行于锅炉前墙双面进水布置　(c) 蛇形管平行于锅炉前墙布置

图 4-31　省煤器蛇形管在烟道中的布置方式

三、省煤器的支吊方式

省煤器的支吊方式有支承结构与悬吊结构两种。中小型锅炉一般烟道尺寸小，常采用支撑结构，如图 4-32 所示，蛇形管通过固定支架（也叫管夹）支承在支持梁上。支持梁一般为空心结构，内通空气冷却，外用绝热材料包裹。固定支架还能使蛇形管间保持一定的距离。

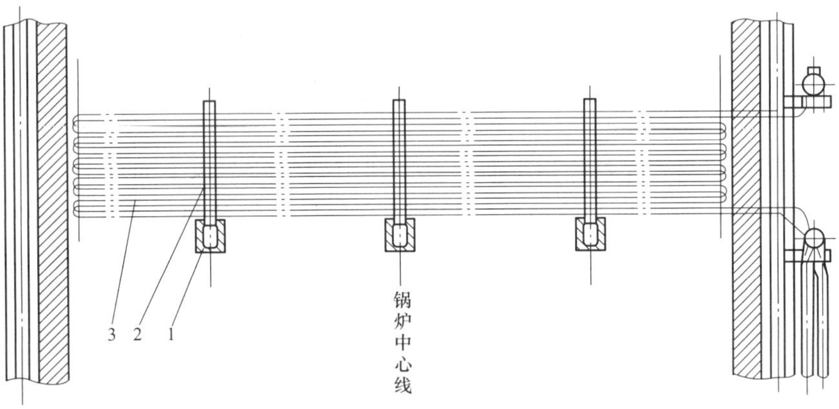

图 4-32　省煤器支撑结构简图

1—支持梁；2—管夹；3—蛇形管

大型电站锅炉烟道尺寸庞大，因此省煤器大多采用悬吊结构，如图 4-29 所示。为了避免穿墙管过多导致漏风量增大，一般将省煤器的联箱放在烟道中间用于吊挂或支吊省煤器管。一般省煤器的出口联箱引出管就是悬吊管，采用省煤器出口的给水进行冷却，以防变形或烧坏。

四、省煤器的启动保护

在自然循环和控制循环锅炉中，锅炉启动时由于短时间内蒸汽参数达不到要求，因此不能向汽轮机供汽，即没有蒸汽负荷，而只有通过旁路系统排掉的不合格水汽，因此，省煤器在启动时，常常采用间断性给水，以维持水位的稳定。当停止给水时，省煤器中的水处于相对静止状态。但是烟气的加热作用却没有消失，因此会使部分水汽化，生成的蒸汽就会附着在管壁上或产生汽水分层而集结在省煤器管上半部分，造成管壁超温烧坏。因此，省煤器在启动时应采取有效措施进行保护。

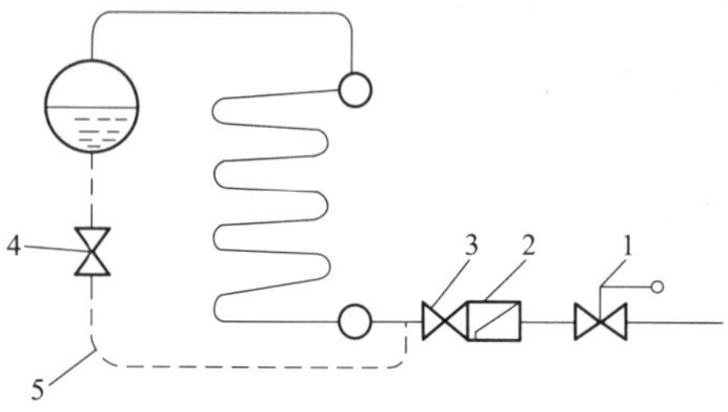

图 4-33 省煤器的再循环管
1—自动调节阀；2—逆止阀；3—进口阀；4—再循环阀；5—再循环管

一般的保护方法是在省煤器进口与汽包下部或水冷壁下联箱之间装设一根或多根大直径的不受热的再循环管，如图 4-33 所示。由于省煤器中的工质受热使得密度减小，因此可在再循环管与省煤器中工质的密度差作用下，使省煤器中的水产生循环流动，并据此使得管壁不断地得到冷却而不被烧坏。在正常运行时，将省煤器再循环门关闭，以避免给水由再循环管短路进入汽包，致使省煤器缺水而烧坏，同时大量给水涌入汽包，还会引起水面波动，使蒸汽品质恶化，甚至加大汽包壁与工质的温度差，造成热应力增大而损坏汽包。

为便于检修，省煤器管组的高度是有限制的。当管子为紧密布置时，管组的高度不得大于 1m；布置较稀疏时，原则上不得大于 1.5m。如果省煤器受热面较多，单组布置时沿烟气行程的高度较大时，就应把它分成几个管组，管组之间留有高度不小于 600～800mm 的检修空间。省煤器和其相邻的空气预热器间的空间高度应不小于 800～1000mm，以便进行检修和清除受热面上的积灰。

第五节 空气预热器

锅炉的空气预热器与省煤器作用类似，也是利用烟气的余热来加热工质的热交换设备，所不同的是空气预热器加热的工质是燃烧所用的空气。空气预热器布置在锅炉烟道的最末端，是整个锅炉设备中烟气温度最低的区域，工作条件不算恶劣，而且受热面不承受压力，因此耗用的金属价格不高，但却回收了烟气的热量，降低了排烟温度，因而提高了锅炉效率。从另一方面来讲，冷空气被预热到 300℃左右，大大强化了燃料的着火和燃烧过程，也减少了燃料不完全燃烧热损失，进一步提高了锅炉效率。此外，预热后的空气使得煤粉破碎容易，制粉能耗降低，还能提高炉膛内烟气温度，强化炉内辐射换热。因此，空气预热器已成为现代锅炉的重要组成部分。

空气预热器和省煤器都属于低温受热面，也叫尾部受热面。尾部受热面的主要问题是磨损、腐蚀和积灰问题。特别是空气预热器，由于其受热面金属温度更低，故烟气中水蒸气和硫酸蒸汽更有可能在壁面上凝结，造成低温腐蚀。另外，夹带大量灰粒的烟气以一定速度冲刷受热面，如果烟气速度过高，就会造成相当严重的飞灰磨损；反之如烟速过低，则会导致严重的积灰。

常规的空气预热器按照换热方式，一般可分为两类：传热式和蓄热式（或称再生式）。传热式空气预热器的代表是管式空气预热器。在管式空气预热器中，热量是连续地通过传热面由烟气传给空气，且烟气和空气各行其道。蓄热式空气预热器中最常见的是回转式空气预热器，即烟气和空气交替地通过受热面。当烟气流过受热面时，受热面金属吸收热量并蓄热升温，待转到空气流经受热面时，金属就将积蓄的热量再传给空气。如此循环往复，来加热空气。传热技术的发展使得很多新技术得到了实际应用，因此也出现了非常规的空气预热器。其中的典型代表就是热管式空气预热器。

一、管式空气预热器

管式空气预热器一般常采用立式布置，这是因为烟气的比热容大于空气的比热容，因此在分配两种介质的流程时，需要将热容大的介质安排在管内，而将热容小的介质安排在管外，这就需要烟气在管内纵向流动，空气在管外的空间横向绕流通过管子，两者成交叉流动，烟气将热量通过管壁连续传递给空气。空气预热器由若干个立方形管箱、连通风罩以及密封装置组成，其结构如图 4-34 所示。管箱一般由许多平行直立的有缝薄壁钢管和上、下管板组成。管子外径为 40～51mm，壁厚为 1.5mm。管子两端采用焊接或胀接的方式与上下管板相连。承受预热器重量的下管板通过支架支承在锅炉钢架上。

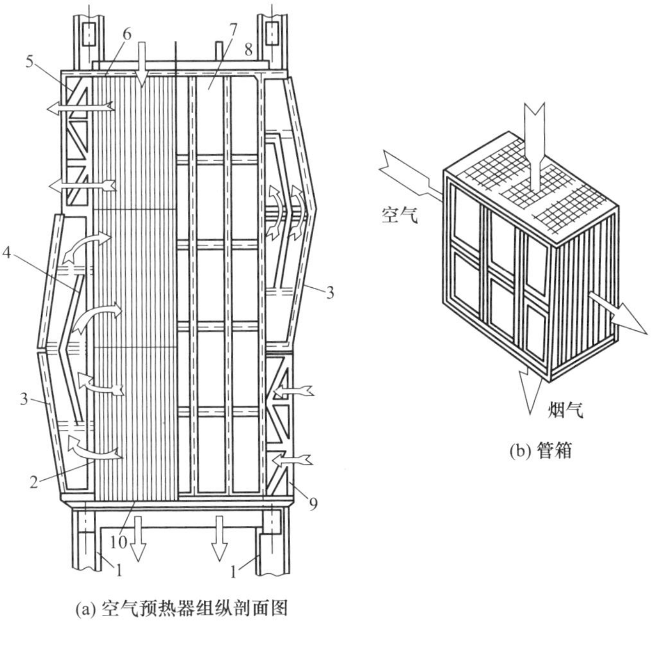

(a) 空气预热器组纵剖面图　(b) 管箱

图 4-34　管式空气预热器

1—锅炉钢架；2—空气预热器管子；3—空气连通罩；4—导流板；5—热风道的连接法兰；6—上管板；7—预热器墙板；8—膨胀节；9—冷风道的连接法兰；10—下管板

为使空气预热器的结构紧凑并增加传热，管子一般都采用小节距错列布置。为了增大空气流速，同时也使空气能做多次交叉流动，一般在管箱的水平方向装有中间管板。为便于安装和运输，在制造厂中组装时，为防止空气经管箱间的缝隙漏到烟气中，常在间隙处加装密封膨胀节或把相邻管箱的管板直接焊接起来。

管式空气预热器的布置要适合于锅炉的整体布置。图 4-35 为管式空气预热器的几种典型布置方式。

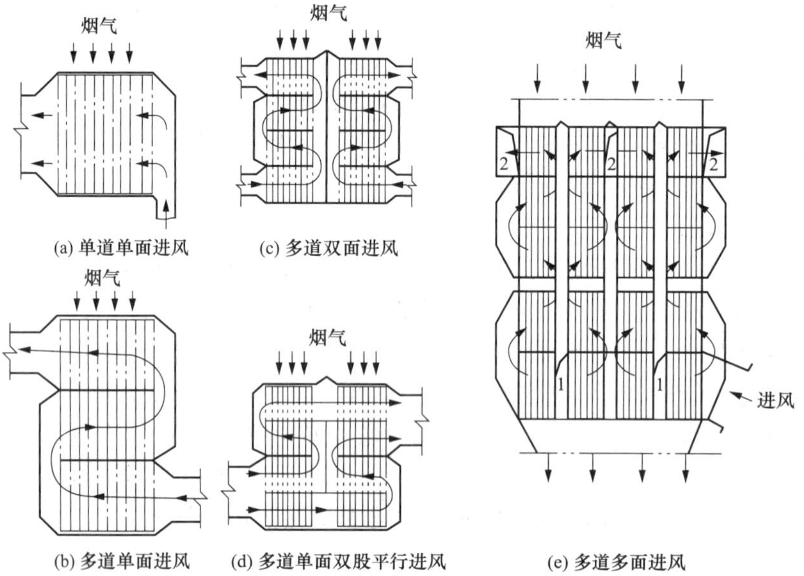

图 4-35 管式空气预热器布置方式

为了增强传热效果，也为了合理选择介质的工作流速，一般常把空气预热器设计成多通道和多面进风的形式。当总传热面积一定时，通道数目的增加势必会使其高度同时减小［试比较图 4-35 的（a）与（b）］，因而空气流速增大。另外，通道数目增多，也使交叉流动的次数增多，此时空气预热器的传热效果就会更加接近逆流工况，从而可获得较大的传热温压。再看进风面，进风面增多，空气的流通面积就增大，空气流速就可降低。或者当维持空气流速不变时，可以降低每个通道的高度。

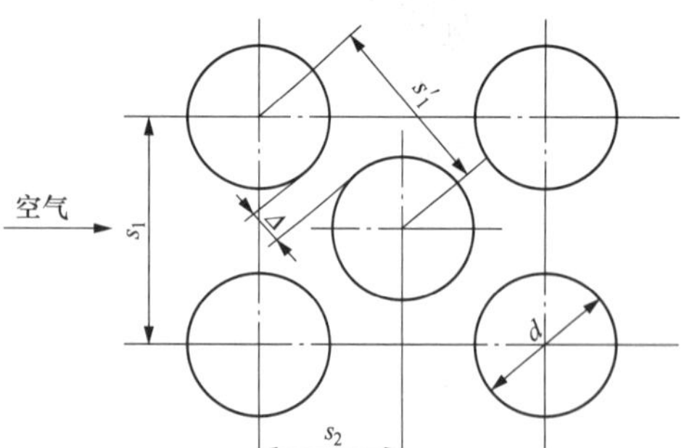

图 4-36 空气预热器管子的节距

烟气流速的选择与烟气在管外横行冲刷的省煤器有所不同。因为烟气是在管内纵向冲刷的，所以飞灰对管子的磨损较小，因此烟速可适当选择的大一些，一般可采用 10～14m/s 的流速。对于空气预热器的传热系数，烟气侧的表面传热系数比空气侧的表面传热系数略大一点，但相差不多，因此为了经济地使用受热面，应尽可能使二者的流速相等或尽量接近。为达到这一目的，空气流速和烟气流速的比值等于 0.4～0.55 为宜。另外，为了避免积灰，烟气应以较大的速度流经管子。空气在管外做横向冲刷，且沿空气流动方向管子为错列布置，这样可以提高空气侧的表面传热系数。从结构上考虑，管子对角方向的最小间隙 $\Delta=(s_1'-d)$ 应大于 10mm（见图 4-36）。但 Δ 过大又会使空气预热器体积过大。通过横向间隙 s_1-d 的空气分为左右两股，由两个斜向间隙流出。当 $s_1-d=2\Delta$ 时，空气流没有过多的压缩和膨胀，因而流动阻力较小。

管式空气预热器结构简单，制造、安装方便，漏风量小；但其体积大，金属耗量多，对于大型火力发电厂来说，当热空气温度要求较高时尾部受热面难以布置。目前在我国容量为670t/h以上的锅炉基本不采用管式空气预热器。但是，由于管式空气预热器具有漏风量小的优点，在循环流化床锅炉上的应用还是很多。

二、回转式空气预热器

回转式空气预热器是蓄热式预热器的典型代表，因其结构紧凑，重量较轻，低温腐蚀的影响不大，在我国大型电站锅炉上得到了广泛的应用。回转式空气预热器利用烟气和空气交替地通过金属受热间（蓄热板传热元件）来加热空气。与管式空气预热器相比，回转式预热器结构较复杂，但很紧凑，外形尺寸和所占空间小；主要缺点是漏风量大，有时漏风量可达30%以上。此外，蓄热板的流通间隙小，容易造成积灰、堵灰，因此必须装设吹灰设备，并经常进行吹扫，增加了系统的设备数量和运行的工作量。

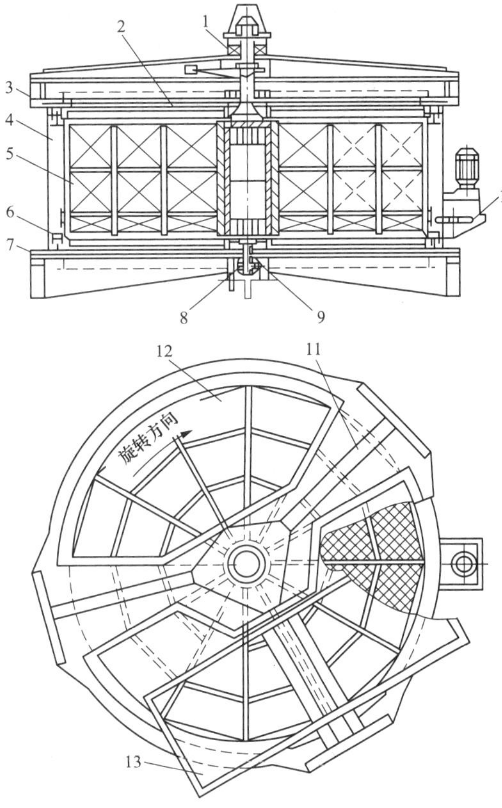

图4-37　受热面回转式空气预热器

1—上轴承；2—径向密封；3—上端板（上梁）；4—外壳；5—转子；6—旁路密封；7—下端板（下梁）；8—下轴承；9—主轴；10—传动装置；11—三叉梁；12—空气出口；13—烟气进口

回转式空气预热器分为受热面回转式（容克式）和风罩回转式（罗特米勒式）两种。

图4-37示出受热面回转式预热器。受热面放置在可转动的圆筒形转子中，转子被径向隔板分割成若干个扇形仓格，每个扇形仓又由横向（周向）隔板分成多个梯形格子，并在其中放置受热元件。圆形（大型预热器常用八角形）外壳的顶部和底部，上下对应地被分隔成烟气流通区、空气流通区和密封区三部分。烟气流通区与烟道相连，空气流通区与风道相接。装有受热面的转子通过减速电机驱动，以1～3r/min的转速旋转。因此，受热面不断地交替通过烟气流通区和空气流通区。当受热面转到烟气通道时，烟气流过蓄热板传热元件将其加热；待蓄热元件转到空气通道时，传热元件将积蓄的热量传递给自下而上流动的空气。这样循环地进行下去，转子每转一圈，就完成一个完整的热交换过程。由于烟气容积流量比空气大，故烟气流通区占有转子总截面约46%，空气通道区占38%～42%，其余部分为密封区扇形板所占。

图4-38示出风罩回转式空气预热器。它由静子，上、下风罩以及传动装置等部件组成。风罩回转式空气预热器特点是带有传热元件的转子圆筒固定不动，而使其两端烟道内的8字形风罩转动，使烟气和空气流交替地冲刷传热元件，达到冷却烟气，加热空气的目的。

我国电站锅炉广泛采用的受热面回转式空气预热器中，有二分仓和三分仓预热器之分。以上介绍的预热器均为二分仓预热器，即预热器具有一个烟气通道和一个空气通道。三分仓式空气预热器，将空气分为一次风和二次风两个通道。转子受热面的一次风区流过冷一次风

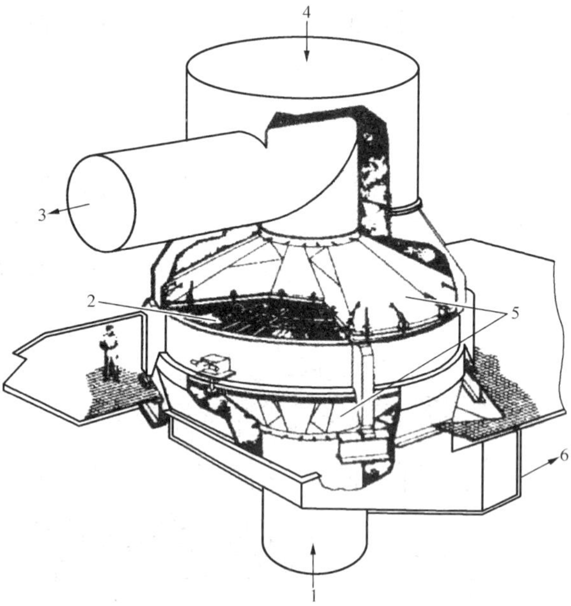

图 4-38　风罩回转式空气预热器

1—冷空气入口；2—静子；3—热空气出口；4—烟气进口；5—转动的上、下风罩；6—烟气出口

机供应制粉系统作为磨煤干燥和输送剂的一次风，受热面的二次风区流过送风机供应燃烧器作二次风的空气。三分仓预热器将少量高压一次风和大量压力较低的二次风分隔在两个空气区内进行加热，使二次风可采用低压风机，可降低送风机的电耗并提高制粉系统运行的可靠性和经济性。

我国生产的三分仓预热器，烟气流通区、一次风流通区和二次风流通区所占的圆周角一般分别为 165°、50° 和 100°，其余被三个密封区所占，各为 15°。

电厂中广泛采用的三分仓受热面回转式预热器由机壳、转子及受热面、密封装置、传动装置、轴承座及其润滑系统等组成，图 4-39 所示为典型的三分仓受热面回转式空气预热器的立体外形图，图 4-40 所示为三分仓受热面回转式空气预热器的结构分解图。

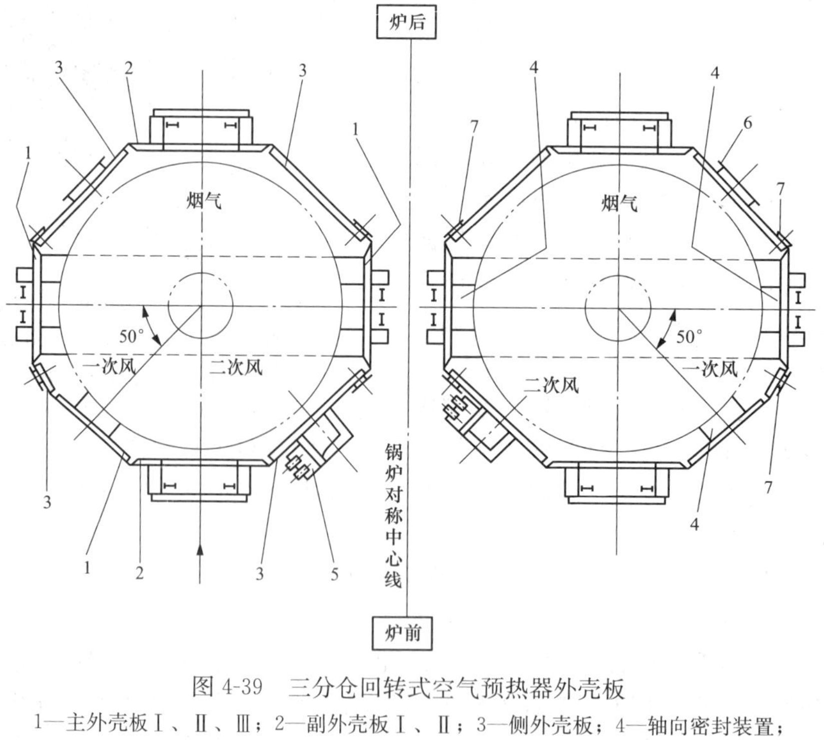

图 4-39　三分仓回转式空气预热器外壳板

1—主外壳板Ⅰ、Ⅱ、Ⅲ；2—副外壳板Ⅰ、Ⅱ；3—侧外壳板；4—轴向密封装置；5—驱动装置；6—冷段蓄热元件检修门；7—人孔口

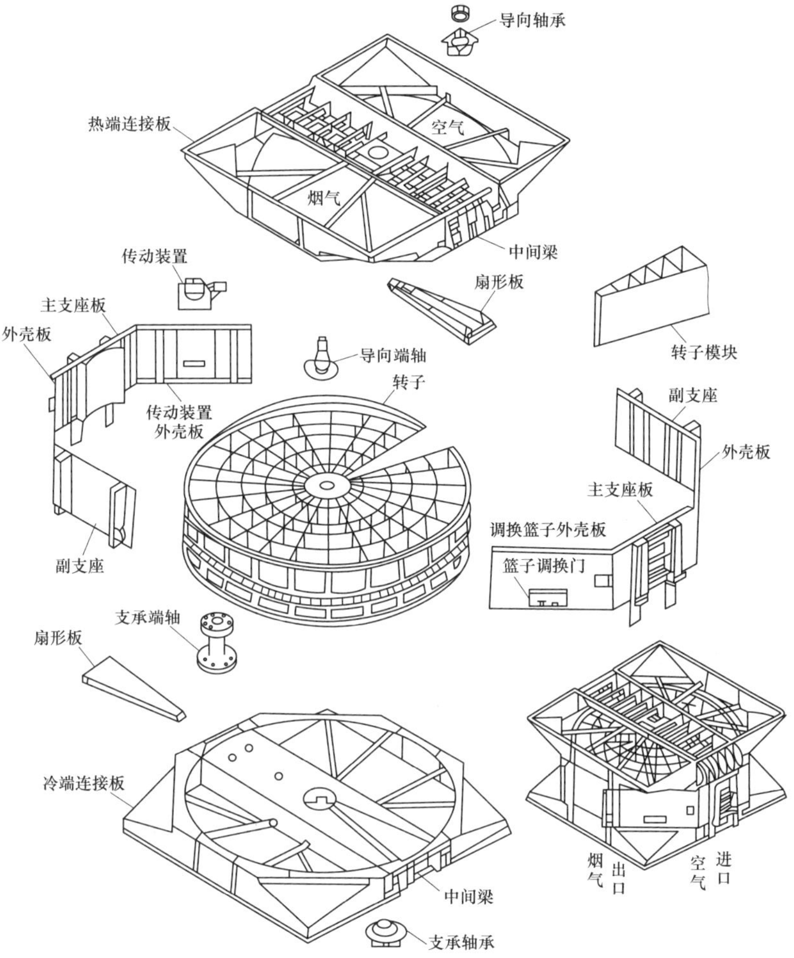

图 4-40　三分仓受热面回转式空气预热器结构分解图

三、热管式空气预热器

近年来热管空气预热器在国内外电站锅炉中得到了应用。热管式空气预热器采用的是制造方便、价格相对低廉的重力式钢——水热管。

热管除了具有类似于超导的优异的导热性能外，还有两侧热阻可以灵活调节的优点，即吸热段与放热段可以灵活调节，可以通过改变管子长度和直径来调节热管的热阻，也可以通过加装环形肋片进行强化管外传热。

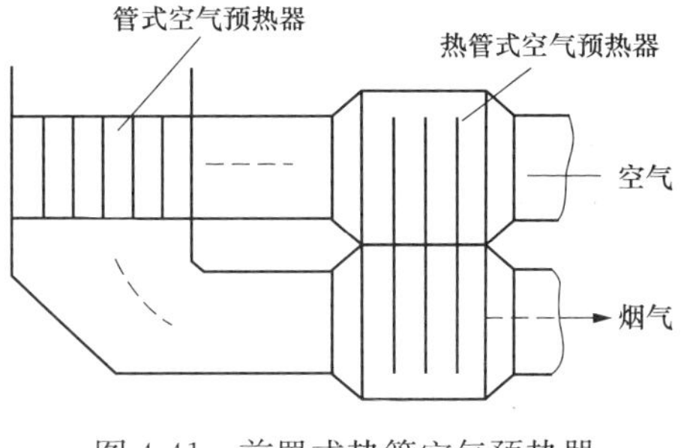

图 4-41　前置式热管空气预热器

如图 4-41 所示，热管式空气预热器采用重力式钢——水热管，垂直布置，作为管式空气预热器的前置式预热器。借助热管灵活的热阻调节性能将烟气侧管壁温度控制在理想范围，以避免热管式空气预热器产生低温腐蚀。这是热管式空气预热器在防止低温腐蚀方面最具优势的独到之处。

第五章 锅 内 过 程

第一节 汽、液两相流动与传热过程及其基本参数

一、两相流及传热

1. 两相流基本概念

由于流体的黏性作用，工质在管内的流动并不能呈现出理想的柱塞流状态。即在管子的横截面上，出现不均匀的速度梯度，靠近管子中心地带的水流速度最大，然后从中心处到壁面，速度逐渐降低。对于立式蒸发管，工质向上流动的管子受热产生气泡后，在浮力的作用下，气泡的上升速度要大于水速。但由于水流速度梯度的存在，使得气泡的内外两侧受到的阻力不同。由于内侧速度大于外侧，因此气泡本身会产生内侧向上外侧向下的旋转运动。根据能量守恒的原则，内侧速度大则静压力低，外侧速度小但静压力高，因此，气泡在内外压差作用下被推向管子中心。与此相反，在下降的两相流中气泡的下降速度将小于水速，压差的作用刚好与上升时相反，将气泡推向管子截面的外圈，即水速较低的区域。在水平或有较大倾斜角度的管内两相流中，气泡在浮力的作用下往往偏向管子截面的上部。这种现象随流速的降低而越加明显，严重时出现汽水分层，给受热面金属的安全造成严重危害。

工质的汽水两相在管内并非均匀分布，且流速也不相同。由于管径、混合物的含汽率以及流速的不同，使得两相组成的流动形貌、流动阻力和传热机理也出现了很大的不同；反过来，流速的大小和传热的强弱也会对两相流的流型产生重要的影响。

图 5-1 示出均匀受热的垂直上升蒸发管内的两相流型和传热工况。假设未饱和水由管子下部进入，而从顶部流出时已经完全蒸发变成过热蒸汽。当热负荷适当时，图中的 A 段为单相水的对流传热段，此时水温低于饱和温度，金属管壁的温度略高于水温。B 区段内，紧贴壁面的水达到了饱和温度并有少量的气泡产生，但大部分水仍然是未饱和状态。此时生成的气泡脱离壁面后马上又会凝结成水。此区域内的管壁温度高于饱和温度，进行着过冷核态沸腾传热。C 区段的水已全部达到饱和温度，传热过程为饱和核态沸腾方式，生成的气泡不再凝结而是在向中心区聚集的过程中，因此大部分气泡分散在水中，使得工质流动方向的含汽率逐渐增大。这种流型称为气泡状流动。进入到 D 区段后，由于气泡不断增多，很多气泡在迁移的过程中互相碰撞融合，不断增大，最后在管子中心区域聚合成大的汽弹，形成所谓的弹状流型。E 区段内与 D 区段的区别是，无数的汽弹冲破互相隔离的水层后相互连接在一起，形成了中心为汽而周围有一圈水膜的环状流型。在环状流型的后期，管子中心区域蒸汽流量很大，其间夹杂着小水滴，同时周围的环状水流逐渐变薄，形成所谓的带液滴的环状流型（F 区），这一区域与 E 区段的区别并不是很大。减薄后的环状水膜导热能力非常强，使壁面处的过热度不足以产生核态沸腾，转而变为强制水膜对流传热，热量由管壁经强制对流水膜传至水膜同中心汽流之间的表面上，并在此表面上蒸发。当壁面上的水膜完全被“蒸干”后就形成所谓的液雾状流型（G 区）。这时汽流中仍残留部分水滴，但其对管壁的冷却作用基本丧失，传热恶化，金属管壁温度会突然升高。此后随汽流中水滴的蒸发，蒸汽流

速增大，壁温又逐渐下降。最后在过热蒸汽区（H 区）中，由于汽温逐渐上升，管壁温度又逐渐升高。

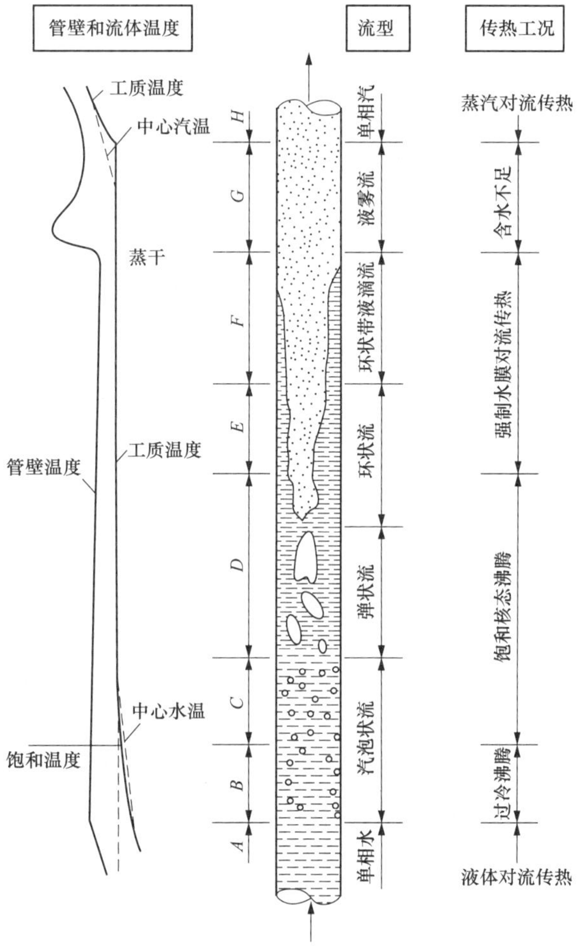

图 5-1 垂直上升蒸发管中的两相流型和传热

2. 两相流传热恶化

随着管内工质吸热蒸发过程的进行，两相流的流型和传热工况将发生变化，管内壁上的表面传热系数也随之发生变化。管子内壁清洁的情况下，各处的表面传热系数等于该处的局部热负荷除以管壁与工质的温度差。图 5-1 中示出了沿流程管壁与工质的温度变化，图 5-2 则示出了沿流程的表面传热系数与受热面热负荷和含汽率 x 之间的关系。

图 5-2 中曲线 1～7 分别代表由小到大的 7 种热负荷。曲线 1 的 AB 段为单相水的对流传热段，这里的表面传热系数变化不大，只是随水温的升高使水的物性有所改变，表面传热系数稍有增加。BC 段为过冷核态沸腾段，沿管长随过冷沸腾核心数目的增多，表面传热系数呈直线增大。CD 段为饱和核态沸腾段，表面传热系数基本保持不变。DE 段为强制水膜对流传热段，沿管长随液膜的减薄，表面传热系数不断增大。E 点为“蒸干”点，这时管壁上液膜消失，管内工质处于含水不足状态，传热方式接近于管壁与干饱和蒸汽之间的对流传热，表面传热系数迅速下降，而管壁与工质的温差迅速增加，即出现了传热恶化。FG 段为

含水不足段，管壁上没有水膜但汽流中仍有水滴，随着含汽率 x 的增大，表面传热系数略有增大。G 点以后为过热段，其表面传热系数对应于单相过热蒸汽的传热规律。

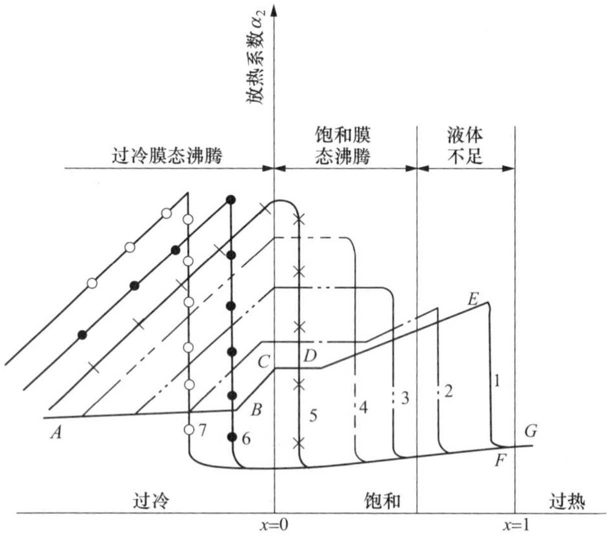

图 5-2 不同负荷时放热系数与 x 的关系

图 5-2 中曲线 2 的热负荷大于曲线 1 的热负荷，可以看出，几乎所有环节都提前了。过冷沸腾提前出现，蒸干点也出现的更早。热负荷再增加时，过冷沸腾出现的更早，并且使得壁面上气泡的生成速度大于气泡脱离壁面的速度，从而在壁面上形成一层连续的蒸汽膜把壁面与水分开，管内传热由饱和核态沸腾变成膜态沸腾，其结果导致表面传热系数迅速下降，出现传热恶化，如曲线 3 所示。热负荷进一步增加，则如曲线 4～7 所示，过冷沸腾将出现得更早，并且会在 x 很低处甚至在 $x=0$ 的未饱和区就出现膜态沸腾。

在锅炉技术领域，通常把因为膜态沸腾引起的传热恶化，称为第一类换热危机（或传热恶化）；把因为水分蒸干而引起的传热恶化，称为第二类换热危机。由于出现第一类换热危机的直接原因是热负荷过高，所以把出现第一类换热危机时的热负荷称为临界热负荷 q_{cr}。出现第二类传热恶化的直接原因是含汽率 x 过高，所以把出现第二类传热恶化时的含汽率称为临界含汽率x_{cr}。影响 q_{cr}、x_{cr} 的主要因素有工质的压力 p、质量流速（工质的密度与流速的乘积 ρw）、管径 d、含汽率 x（或热负荷 q）等。

3. 超临界压力下的传热

超临界压力下的工质在由水变成蒸汽的吸热过程中，不存在汽水共存的两相流状态，因此使得工质与管壁的传热过程出现了与亚临界以下压力的传热工况不同的形态，这主要是由于工质的物性参数变化特性所决定的。

有关的热力学理论认为，超临界压力下最大比热容点可作为该压力下水和水蒸气的分界点，并且把该点对应的温度称为拟临界温度（或准临界温度），并把比定压热容 c_p 大于 8.4kJ/(kg·℃) 的区域称为大比热容区（见图 5-3）。由图 5-4 可知，在大比热容区内工质的比体积 v 以及导热系数 λ 和黏度 μ 都会出现急剧的变化。比体积的变化特点使得受热管子的横截面上工质密度分布不均匀，因此其对流动和传热的影响不能忽略，而且在水平受热管内会出现分层流动的现象，这些特点与亚临界压力下工质在两相区的传热特点有些类似。

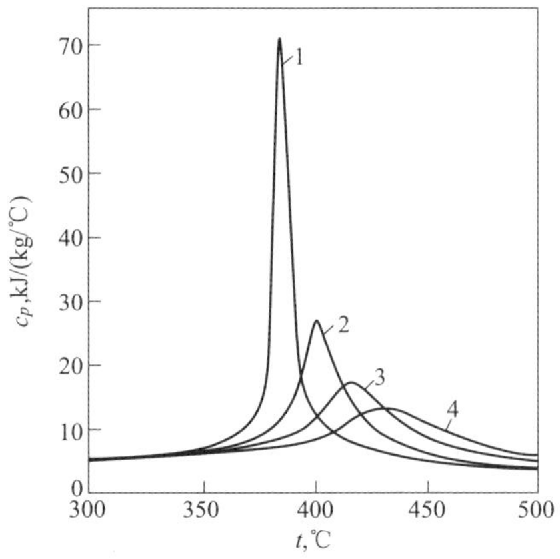

图 5-3 超临界压力下水和蒸汽的比热容变化

曲线 1、2、3、4 分别对应压力

p=25、30、35、40MPa

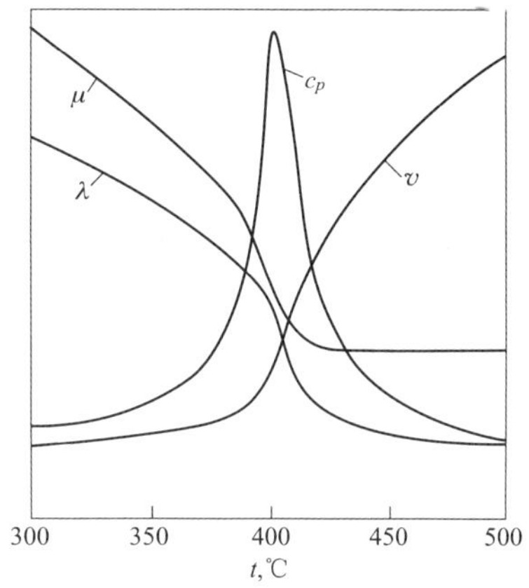

图 5-4 30MPa 压力下水和蒸汽的物性参数变化

c_p—比热容；v—比体积；

λ—导热系数；μ—动力

在超临界压力大比热容区以外，水和水蒸气的传热规律与亚临界压力下的单相流体相同，其对流换热表面传热系数 α 可按单相流体进行计算。在大比热容区内，α 受热负荷与质量流速之比 $q/\rho w$ 的影响比较大，工质在管内垂直上升流动时的对流换热表面传热系数可按下式计算：

$$\alpha = A\alpha_0 \quad W/(m^2 \cdot ℃) \tag{5-1}$$

$$\alpha_0 = 0.21\frac{\lambda}{d}Re^{0.8}Pr^{0.4} \quad W/(m^2 \cdot ℃) \tag{5-2}$$

式中 A——根据试验得到的修正系数，按图 5-5 确定；

α_0——超临界压力下焓 h=840kJ/kg 的水与管壁的对流换热表面传热系数。

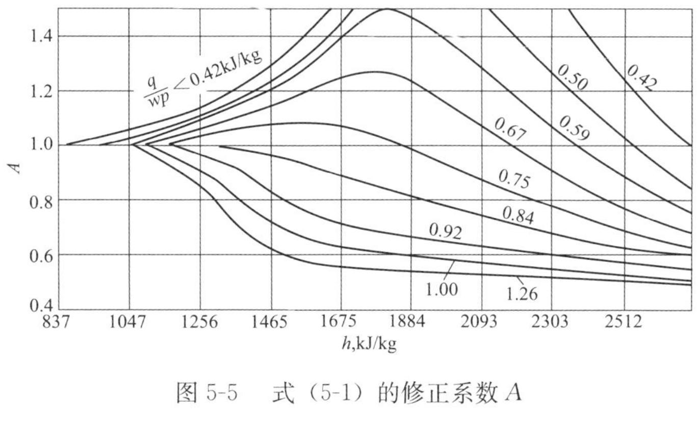

图 5-5 式（5-1）的修正系数 A

对于水平和微倾斜管的表面传热系数，一般通过在垂直管表面传热系数的基础上乘以修正系数的方法得到。

4. 传热恶化的防止措施

出现传热恶化时，工质与管壁之间的表面传热系数迅速下降，导致管壁金属温度快速升高，甚至导致管子烧坏。另外，在传热恶化状态下管壁的温度往往会出现波动，极易造成金属疲劳损坏。因此在锅炉的设计和运行过程中，应采取有效的防控措施，来防止或减轻传热恶化带来的危害。具体方法可从两方面考虑：一方面是从传热机理和受热面布置方式上避免传热恶化的产生，这一方法主要适用于第一类换热危机以及自然循环锅炉和控制循环锅炉的第二类换热危机。关于第一类传热恶化，主要是防止受热面的热负荷过高。对自然循环锅炉和控制循环锅炉的第二类换热危机，只要保证蒸发管出口的含汽率不要过高，就可以避免；第二方面是对已产生传热恶化的管子，应避免其金属壁温超过容许值。该方法主要适用于直流锅炉，因为其蒸发管内出现含水不足的传热恶化是不可避免的，因此要设法减少传热恶化时壁温的上升幅度，而不是防止它的产生。

为了防止传热恶化、减小传热恶化时壁温的上升幅度，目前常采用的成熟措施主要有：

（1）保证一定的质量流速。对于临界压力以下的锅炉蒸发管，提高质量流速可以改善管内工质与管壁之间的传热效果，减小蒸发管传热恶化时壁温上升的幅度，也有利于防止或减轻水平蒸发管中出现的汽水分层现象，从而减轻因上下壁温差以及壁温波动引起的金属疲劳损坏。在超临界压力下，提高质量流速，避免 $q/\rho w$ 过大，也是防止传热恶化的有效措施，由图 5-5 可知，当 $q/\rho w < 0.42$kJ/kg 时，可避免大比热容区内传热恶化的发生。

（2）使流体在管内产生旋转流动或破坏汽膜边界层。除了采用高质量流速（缺点是增大流动阻力和给水泵的功率）的方法外，防止传热恶化的另一个有效措施是破坏管内壁面的汽膜层，即通过特定的方法，使工质产生剧烈的扰动或出现旋转流动。其具体方法是：

1）采用内螺纹管。内螺纹管是在管子内壁上开出单头或多头螺旋形槽道的管子，工质在内螺纹管内流动时发生强烈扰动，将水压向壁面并迫使气泡脱离壁面被水带走，从而破坏汽膜层的形成，使管内壁温度降低。

图 5-6 所示的是一种内螺纹管结构及其产生的降温效果。内螺纹管的使用不仅强化了传热，还使得传热恶化的发生大大推迟，从而使管子发生传热恶化的位置远离了炉膛火焰中心，而该位置对应的热负荷较低，且汽水流速高（随着产汽率增大，汽水容积增大）。这两方面的作用使得管壁温度不会因传热恶化而大幅上升。

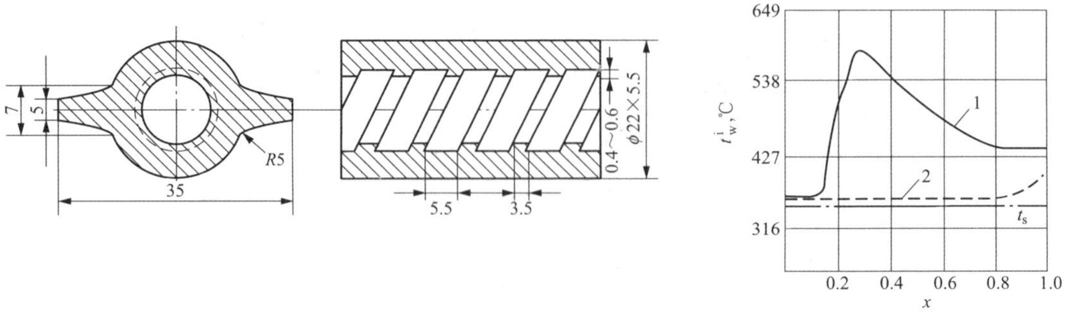

(a) 结构 (b) 内壁温度变化

图 5-6 内螺纹管

1—光管；2—内螺纹管

2）加装扰流子。在锅炉蒸发管内加装扰流子也可降低传热恶化时的管壁温度。所谓的扰流子是指放置在管子中心处的长螺旋状扰流金属薄片，其两端固定在管壁上。在推迟传热恶化和降低壁温方面，扰流子可起到与内螺纹管类似的作用。

（3）降低受热面的热负荷。该方法的主要指导思想是：在能够保证燃料及时着火和稳定燃烧的情况下，尽量降低炉内的燃烧热负荷，以从根本上杜绝由于热负荷过大而产生的换热危机——第一类换热危机。传热恶化区管壁温度的峰值与该处受热面的热负荷有直接关系，热负荷越高则壁温峰值越大（见图5-7）。为了降低传热恶化时的壁温峰值，可将炉膛燃烧器沿高度方向拉开，采用多个功率较小的燃烧器，即采用“化整为零”的方法，分散集中的热负荷，以减小炉内的热偏差和局部热负荷。

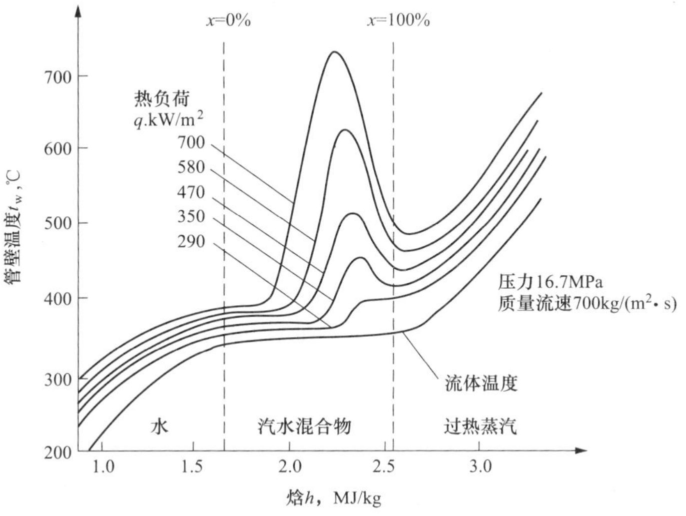

图5-7 热负荷对管壁温度的影响

二、两相流的基本参数和流动压降

（一）描述两相流动特性的基本参数

与单相流动的描述不同，由于两相流体在流道中的流动特性及相关参数存在差别，因此，无法用简单的单一流量参数对其流动过程进行准确描述。而需要用较复杂的流动特性参数进行描述。一般可将这些参数分为两类，第一类是可以用质量平衡或能量平衡法则通过计算得到的参数，称为流量参数；第二类为表征流体（汽相、液相或汽液混合物）流动真实状态的参数，称为真实流动特性参数。下面分别介绍。

1. 流量参数

（1）质量流速。

单位时间内流经单位流通截面的工质质量称为质量流速，用式（5-3）计算：

$$\rho w=\frac{G}{F}\quad \mathrm{kg/(m^2\cdot s)} \tag{5-3}$$

式中 G——流经管组工质的质量流量，kg/s；

F——管组的内截面面积，m^2；

ρ——工质的密度，kg/m^3；

w——工质的流速，m/s。

（2）循环流速。

循环回路中水以饱和温度为基准，按上升管入口截面计算得到的水流速度称为循环流

速，用 w_0 来表示，即

$$w_0=\frac{G}{\rho' F}=\frac{\rho w}{\rho'} \quad \text{m/s} \tag{5-4}$$

式中 ρ'——饱和水的密度，kg/m^3。

（3）折算流速。

汽水混合物是由汽水两相组成的，虽然在管内同时流动，但二者的流速并不相同。为研究问题方便，常采用所谓的折算流速。当汽水混合物流过管子时，假定蒸汽占有管子全部截面时，计算所得的蒸汽流速称为该截面的蒸汽折算流速，而水全部占满管子截面时，计算得到的水的流速称为该截面的折算水速。蒸汽折算流速用式（5-5）计算：

$$w_0''=\frac{D}{\rho'' F}=\frac{V''}{F} \quad \text{m/s} \tag{5-5}$$

式中 D——流经该截面的蒸汽质量流量，kg/s；

ρ''——饱和蒸汽的密度，kg/m^3；

V''——流经该截面的蒸汽容积流量，m^3/s。

在受热蒸发管内，不同截面处的蒸汽流量是变化的，管段的平均蒸汽折算流速可根据管段入口和出口截面的蒸汽质量流量和 D_{in} 和 D_{ou}，用式（5-6）计算：

$$w''_{0,av}=\frac{D_{in}+D_{ou}}{2\rho'' F} \quad \text{m/s} \tag{5-6}$$

水的折算流速为（$G-D$），所以水的折算流速可用式（5-7）计算：

$$w_0'=\frac{G-D}{\rho' F}=\frac{V'}{F} \quad \text{m/s} \tag{5-7}$$

式中 ρ'——饱和水的密度，kg/m^3；

V'——流经该截面的水的容积流量，m^3/s。

由式（5-4）、式（5-5）和式（5-7），可得到循环流速与折算流速之间的关系式为

$$w_0=w_0'+w_0''\frac{\rho''}{\rho'} \quad \text{m/s} \tag{5-8}$$

（4）混合物流速。

混合物流速可以通过流经管子截面的混合物容积进行计算。流过某截面的混合物容积应该是水容积 V' 与汽容积 V'' 之和，所以混合物流速为

$$w_m=\frac{V'+V''}{F}=w_0'+w_0'' \quad \text{m/s} \tag{5-9}$$

把式（5-8）代入上式，得

$$w_m=w_0+w_0''\left(1-\frac{\rho''}{\rho'}\right) \quad \text{m/s} \tag{5-10}$$

（5）质量含汽率。

质量含汽率又称蒸汽干度，它是指某一管段或受热面出口蒸汽的质量流量 D 与工质总的质量流量 G 之比，以 x 表示：

$$x=\frac{D}{G}=\frac{F w_0''\rho''}{F w_0\rho'}=\frac{w_0''\rho''}{w_0\rho'} \tag{5-11}$$

也可根据能量平衡关系，得到任一截面上的质量含汽率：

$$x=\frac{D}{G}=\frac{h-h'}{r}=\left[\frac{\dot{Q}}{G}-(h'-h_{in})\right]\frac{1}{r} \tag{5-12}$$

式中　h——该截面上工质的焓，kJ/kg；

h'——饱和水的焓，kJ/kg；

r——饱和水的汽化潜热，kJ/kg；

$\dot{Q}$——工质从管段入口到该截面之间的吸热率，kJ/s；

h_{in}——管段入口工质的焓，kJ/kg。

对于沿管长均匀受热的管段，可根据入口和出口质量含汽率 x_{in}和 x_{ou}，用式（5-13）计算管段平均质量含汽率：

$$x_{ar}=\frac{x_{in}+x_{ou}}{2} \tag{5-13}$$

把式（5-11）代入式（5-10），可得到 w_m与 x 的关系式

$$w_m=w_0\left[1+x\left(\frac{\rho'}{\rho''}-1\right)\right]\quad \text{m/s} \tag{5-14}$$

（6）容积含汽率。

流经管子某一截面的蒸汽容积流量与混合物的总容积流量之比，称为该截面上的容积含汽率，用 β 表示：

$$\beta=\frac{V''}{V'+V''}=\frac{F\,w_0''}{F\,w_m}=\frac{w_0''}{w_0+w_0''\left(1-\frac{\rho''}{\rho'}\right)} \tag{5-15}$$

把式（5-11）代入式（5-15），可得到容积含汽率 β 与质量含汽率 x 之间的关系式：

$$\beta=\frac{1}{1+\frac{\rho''}{\rho'}\left(\frac{1}{x}-1\right)} \tag{5-16}$$

分析上式可知，β 与 x 之间的关系仅与饱和汽与饱和水的密度大小有关，也就是只取决于汽水混合物所处的压力。低压下，因为 ρ'' 比 ρ' 小得多，所以这时即使 x 比较小，β 也比较大。随着 x 的增加，β 的增加逐渐趋缓，压力越低这种变化特性越明显；而当压力逐步升高时，ρ''与 ρ'的差别将越来越小，则 β 与 x 也将越来越接近，当达到临界压力时，ρ''与 ρ'将无差别，β 与 x 也就相等了。

（7）流量密度。

汽水混合物的质量流量与体积流量之比，称为流量密度，用 ρ_m表示：

$$\rho_{hm}=\frac{G}{V}=\frac{\rho''V''+\rho'V'}{V''+V'}=\beta\rho''+(1-\beta)\rho'\quad \text{kg/m}^3 \tag{5-17}$$

2. 真实流动特性参数

流量参数，是为了研究问题简便而通过计算的方法得到的参数，不是工质真正在该流通截面上的真实流动特性参数。因为两相流中汽和水的流速不同，二者之间存在相对运动，因此真实流动特性参数如管内工质状态、重位压头等需要采用另外的方法进行计算，以保证这些参数能够真实反映两相流动的某些特征。下面介绍一些真实流动特性参数的计算方法。

（1）真实流速。

假设 F'和 F''分别表示汽水混合物中的水和汽所占管子截面的面积，则该截面上水的真

实流速为

$$w' = \frac{G - D}{\rho' F'} = \frac{V'}{F'} \quad \text{m/s} \tag{5-18}$$

而汽的真实流速为

$$w'' = \frac{D}{\rho'' F''} = \frac{V''}{F''} \quad \text{m/s} \tag{5-19}$$

汽水两相真实流速之比称为汽水滑动比 S，即

$$S = \frac{w''}{w'} \tag{5-20}$$

（2）截面含汽率。

在工质流动的某一截面上，蒸汽所占截面积 F'' 与管子总截面积 F 之比，称为截面含汽率，即

$$\varphi = \frac{F''}{F} \tag{5-21}$$

根据

$$\beta = \frac{V''}{V' + V''} = \frac{F''w''}{Fw_{\text{m}}} = \frac{w''}{w_{\text{m}}}\varphi$$

令 $\frac{w_{\text{m}}}{w''} = C$，得

$$\varphi = C\beta \tag{5-22}$$

容积含汽率 β 和汽水混合物流速 w_{m} 是根据汽水混合物的体积流量计算得到的，并没有考虑汽水两相之间存在流速差的影响。事实上，对于向上流动的介质，$w' < w_{\text{m}} < w''$，因此 φ 与 β 一般是不相等的，比例系数 C 则是反映汽水两相速度差影响的系数。

在向上流动时，$C<1$，$\varphi<\beta$；当工质向下流动时，$w'' < w_{\text{m}} < w'$，此时 $C>1$，$\varphi>\beta$。随着压力的升高，汽和水的相对流速减小，在达到临界压力时，$w''=w_{\text{m}}=w'$，这时 $C=1$，$\varphi=\beta$。C 的具体数值与工质的压力和流速有关，通过试验确定，并整理成线算图或经验公式供实际应用。

φ 与 β 之间的关系也可以用汽水滑动比 S 表示：

$$\varphi = \frac{1}{1 + S\left(\frac{1}{\beta} - 1\right)} \tag{5-23}$$

与比例系数 C 一样，S 的具体数值也要通过试验确定。

（3）真实密度。

介质流通截面上的工质密度，称为真实密度，按式（5-24）计算：

$$\rho_{\text{tr}} = \varphi \rho'' + (1 - \varphi)\rho' \quad \text{kg/m}^3 \tag{5-24}$$

汽水混合物向上流动时，由于汽速大于水速，汽水之间的速度差使饱和汽所占的截面份额 φ 变小，而饱和水占的截面份额（$1-\varphi$）变大，所以这时的真实密度 ρ_{tr} 大于流量密度 ρ_{tr}。随着压力升高，这两种密度的差别逐渐减小，直到临界压力，差别消失。

（二）两相流动的压降

当工质流经某个管段时，在进出口截面 1、2 之间的压力降可表示为

$$\Delta p = p_1 - p_2 = \Delta p_{\text{fr}} + \Delta p_{\text{ac}} \pm \Delta p_{\text{gr}} \tag{5-25}$$

式中 p_1、p_2——截面 1、2 处的静压；

Δp_{fr}——流动阻力（摩擦阻力和局部阻力）损失；

Δp_{ac}——流体加速引起的静压降；

Δp_{gr}——重位压头，向上流动时为正，向下流动时为负。

在两相流体流动中，流体的压降与流型和含汽率等有很大关系，所以两相流与单相流的流动阻力计算方法是不一样的，一般采用的方法是先按照单相流计算阻力，然后再用修正系数进行修正。

1. 两相流体摩擦阻力

对于均匀混合的两相流，首先按照单相流的计算方法，用混合物的流速和混合物密度来计算流体在管内流动的摩擦阻力：

$$\Delta p_f = \lambda \frac{l}{d} \frac{w_w^2 \rho_w}{2} \quad \text{Pa} \tag{5-26}$$

式中 λ——摩擦阻力系数；

l、d——管子的长度、内径，m。

在稳定流动情况下，根据前述混合物流速 w_w 与循环流速 w_0 之间的关系式，式（5-26）可表示为

$$\Delta p_f = \lambda \frac{l}{d} \frac{w_0^2 \rho'}{2} \left[1 + x\left(\frac{\rho'}{\rho''} - 1\right)\right] \tag{5-27}$$

式（5-27）就是以单相流方法计算的流动摩擦阻力损失，即摩擦阻力系数 λ 是按单相流体计算的，因此，为了反映两相流动特性的影响，在实际计算中对以上均相模型引入了修正系数。在我国电站锅炉水动力计算标准方法中，采用的摩擦阻力计算公式为

$$\Delta p_f = \psi \lambda \frac{l}{d} \frac{w_0^2 \rho'}{2} \left[1 + x\left(\frac{\rho'}{\rho''} - 1\right)\right] \tag{5-28}$$

式中 ψ——反映两相流动特性对摩擦阻力影响的校正系数，通过试验整理得到。

2. 两相流体的局部阻力

流体流动过程中的局部阻力，包括流经管子弯头、管子进口、管子出口、阀门和分叉管时，因流动方向改变或流通截面改变而产生的流动阻力。其计算方法仿照两相流动的摩擦阻力计算，也是采用乘以修正系数的方法来得到两相流的局部阻力系数。

局部阻力所引起的压力损失可按式（5-29）计算：

$$\Delta p_{lo} = \xi \frac{w_0^2 \rho'}{2} \left[1 + x\left(\frac{\rho'}{\rho''} - 1\right)\right] \quad \text{Pa} \tag{5-29}$$

式中 ξ——两相流体局部阻力系数，通过试验方法确定，其值一般比单相流体局部阻力系数稍大，可根据不同局部情况由有关手册查出。

3. 重位压差

当两流通截面之间的高度差为 h 时，两相流体的重位压差为

$$\Delta p_{gr} = h \rho_{av} g \quad \text{Pa} \tag{5-30}$$

$$\rho_{av} = \varphi_{av} \rho'' + (1 - \varphi_{av}) \rho' \quad \text{kg/m}^3 \tag{5-31}$$

式中 ρ_{av}——管段内工质的平均真实密度；

φ_{av}——管段内的平均截面含汽率。

4. 流体加速压降

流体在管内因受热或压力变动等原因会导致其流速发生变化，并使得流体沿程的动量及

其对应的静压也发生变化，我们把因动量改变而引起的静压变化量称为流体的加速压降。假定汽水混合物均匀混合，对于等截面管段的流体加速压降即可按式（5-32）计算：

$$\Delta p_{ac}=\rho w(w_{w,2}-w_{w,1}) \quad \mathrm{Pa} \tag{5-32}$$

式中 $w_{w,1}$、$w_{w,2}$——管子进、出口截面的混合物流速，m/s。

分别对管子进口截面（质量含汽率为 x_1，和出口截面（质量含汽率为 x_2）应用式（5-14），并代入式（5-32），可得

$$\Delta p_{ac}=(\rho w)^2\left(\frac{1}{\rho''}-\frac{1}{\rho'}\right)(x_2-x_1) \tag{5-33}$$

第二节 自然循环原理及循环安全性

一、自然循环原理

1. 自然循环回路

锅炉的炉膛四壁布置了大量的吸收火焰或烟气的热量而使水产生蒸汽的受热面——蒸发受热面，也叫水冷壁。这些蒸发受热面工质的循环流动方式可根据其中工质的压力分成两大类，一类是依靠亚临界以下压力水和蒸汽的密度差产生的循环推动力，进行循环流动，称为自然循环；另一类是依靠泵的推动力使得工质在锅炉受热面中做强制流动，称为强制循环。当然，也有将二者结合在一起的流动方式，即控制流动的锅炉。

工质在水冷壁中受热蒸发而产生蒸汽，因此为了维持蒸发受热面中良好的沸腾放热，同时也为了对管壁金属的有效冷却，受热管子中的工质必须要有足够大的流速。这在采用强制循环的受热面中是比较容易办到的。但在低于临界压力下采用控制流动的锅炉尤其是采用自然循环方式的锅炉中却不是那么容易做到的。为此，有必要对自然循环的原理、循环推动力的影响因素以及循环安全性等问题进行深入了解。

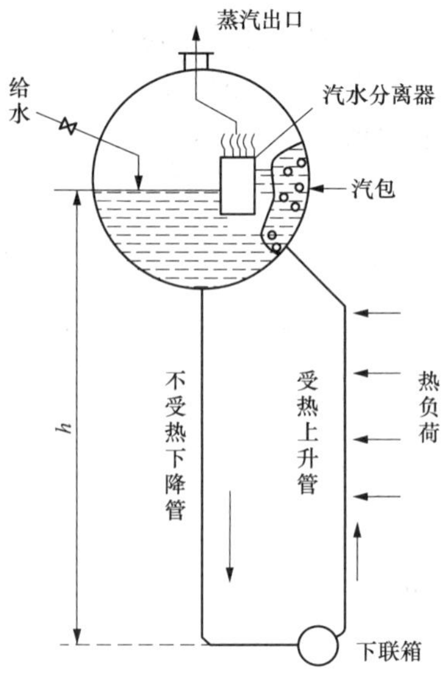

图 5-8 简单自然循环回路

图 5-8 为简单自然循环回路的示意，包括炉内受热的上升管和炉外不受热的下降管、汽包和联箱。汽包是具有较大容积的储存蒸汽和水的容器，其中下半部充满水，上半部为蒸汽空间，两者的分界面称为蒸发面。整个回路中的水统称为锅水。

水在上升管中被炉内的高温火焰加热升温，达到饱和温度后将产生部分蒸汽，因此上升管内的工质实际上是汽水混合物，而下降管中的水是汽包中的饱和水与省煤器来的给水混合后的未饱和水。于是二者之间就产生了密度差，使得下联箱左右两侧产生压力差，从而推动上升管中的汽水混合物向上流动而进入汽包。进入汽包的汽水混合物将会汽水分离，分离出来的饱和蒸汽进入过热器；饱和水则与省煤器来的给水混合后流入下降管，继续完成下一个循环过程。一般情况下，自然循环锅炉的蒸发区不只是一个回路，而是有很多的循环回路，且每个回路中都有许多并列的上升管和很少的大直径下降管。

2. 循环压头

下降管中的工质柱重和上升管中的工质柱重之差是自然循环回路的推动力，称为运动压头，以 S_{dr} 表示：

$$S_{dr}=h\rho_{dc,av}g-h\rho_{ri,av}g \quad Pa \tag{5-34}$$

式中 h——循环回路高度，m；

$\rho_{dc,av}$——下降管中工质的平均密度，kg/m^3；

$\rho_{ri,av}$——上升管内工质的平均密度，kg/m^3。

从式（5-34）可以看出：运动压头的大小是由下降管的饱和水和上升管中的汽水混合物之间的密度差决定的，它与工质的密度、上升管平均含汽率和循环回路的高度有关 。随着压力的增高，汽水密度差减小，运动压头也将减小；但如能适当增大上升管中的含汽率和回路高度，仍可维持足够的运动压头，目前自然循环锅炉的最高汽包压力可达到 19MPa 左右。

工质在流经受热的上升管时，沿管长各处的含汽率是逐渐增大的，因此上升管中汽水混合物的密度处处不同，在进行运动压头的计算时，需要分段计算混合物密度。

根据自然循环回路中的压差与流量的关系，运动压头将用于克服整个循环回路的流动阻力，包括下降管、上升管和汽水分离装置中的流动阻力，即

$$S_{dr}=\Delta p_{dc}+\Delta p_{ri} \tag{5-35}$$

式中 Δp_{dc}——下降管中的流动阻力，Pa；

Δp_{ri}——上升管和汽水分离装置中的流动阻力，Pa。

如果把下降管流动阻力单独分开计算，则式（5-35）可写成

$$S_{ef}=S_{dr}-\Delta p_{ri}=\Delta p_{dc} \tag{5-36}$$

式中 S_{ef}——自然循环回路的有效压头，在数值上等于循环回路运动压头与上升管和分离装置阻力损失之差；可用它来克服下降管中的流动阻力。

式（5-34）和式（5-35）还可以表示成

$$h\rho_{dc,av}g-\Delta p_{dc}=h\rho_{ri,av}g+\Delta p_{ri} \tag{5-37}$$

该式表示下降管、上升管两侧从汽包到下联箱之间的压差是相等的，这在进行流体受力分析时，可以认为是受力平衡而处于稳定流动的状态。

式（5-35）～式（5-37）是锅炉自然循环计算的基本公式，它们的形式不同但本质是一样的。都表示了自然循环回路中的重位压头与流动阻力之间的平衡关系。用这三个公式都可以进行水循环计算，分别称为运动压头法、有效压头法和压差法。

3. 循环流速和循环倍率

循环流速和循环倍率是自然循环回路两个重要的安全性指标。

循环流速 w_0 是指循环回路中水在饱和温度下按上升管入口截面计算的水流速度。如果 w_0 很小甚至为负值，就会出现循环停滞、倒流等非正常工况，并发生传热恶化，使上升管因超温而受到破坏。因而需要根据循环回路的压头和流动阻力以及热负荷分布，检查回路的 w_0 是否正常。有关 w_0 的推荐数据可查阅相关文献。

进入上升管的循环水流量 G 与上升管出口蒸汽流量 D 之比称为循环倍率，以 K 表示。设上升管出口汽水混合物的质量含汽率为 x，对应的上升管出口蒸汽流量等于 Gx，则有

$$K=\frac{G}{D}=\frac{G}{Gx}=\frac{1}{x} \tag{5-38}$$

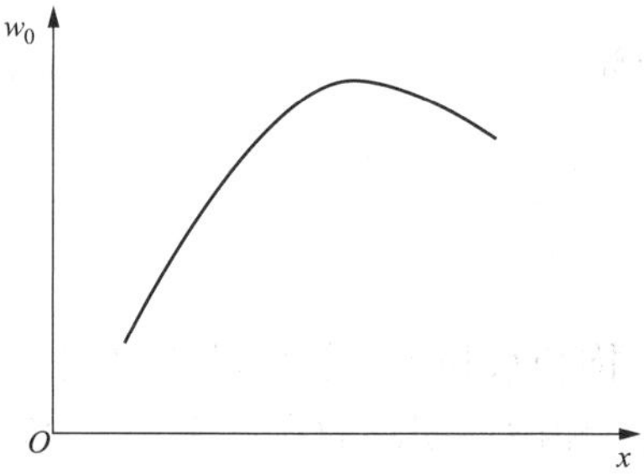

图 5-9 上升管 w_0 与 x 的关系

根据式（5-38），出口含汽率 x 越大，循环倍率 K 就越小。随着锅炉的工作压力增高，饱和水与饱和汽的密度差减小，为使回路有足够的运动压头，维持合理的循环流速 w_0，就应设法增大上升管中的含汽率 x。在 x 不太高的情况下，x 增加时运动压头的增加幅度大于流动阻力的增加幅度，所以循环流速 w_0 随 x 的增加而增加，这同时也意味着热负荷高的上升管对应的循环流速也高，这就是所谓的自然循环自补偿能力。但是 x 过大时，又会使管子中的流动阻力增加超过运动压头的增加，因而使 w_0 随 x 的增加反而降低，如图 5-9 曲线峰值后的线段所示，这也意味着自补偿能力的丧失，其结果是热负荷高的管子中的循环流速反而低，从而可能出现传热恶化。通常把开始失去自补偿能力时的循环倍率称为界限循环倍率 K_{jx}。此外，如果循环倍率过低（即含汽率过高），还会使上升管出现含水不足的传热恶化现象，所以对受热最强管子的出口含汽率 x 一般应限制在 0.4 以下，即循环倍率要大于 2.5。

表 5-1 示出不同参数自然循环锅炉循环倍率的推荐值。表中推荐循环倍率是指锅炉额定负荷下回路的平均计算循环倍率。在低于额定负荷下工作时，可按式（5-39）估算循环倍率 K：

$$K=\frac{1}{0.15+0.85\dfrac{D}{D_{rat}}}K_{rat} \tag{5-39}$$

式中 D_{rat}、D——锅炉额定蒸发量和实际蒸发量；

K_{rat}——额定负荷下的循环倍率。

表 5-1 **界限循环倍率和推荐循环倍率**

汽包压力		4～6	10～12	14～16	17～19
锅炉蒸发量		35～240	160～420	185～670	≥800
界限循环倍率		10	5	3	≥2.5
推荐循环倍率	燃煤锅炉	15～25	8～15	5～8	4～6
	燃油锅炉	12～20	7～12	4～6	3.5～5

二、简单回路水循环计算

水循环计算的任务，是通过循环回路中压差与流量的平衡关系来计算回路的循环流速和循环倍率，以校验循环回路中蒸发受热面的安全性。

凡是新投产或对循环系统有较大改动的锅炉都要进行水循环计算，以校验循环回路的工作是否安全。水循环的安全校验一般只在额定负荷和额定参数下进行，这是由于绝大多数情况下锅炉负荷的变动不会对循环安全造成影响；而降压运行只会使运动压头增大，因此不必进行验算。

水循环计算的前提是锅炉的热力计算必须提前进行，并确定好回路的结构尺寸。由于一台锅炉中各循环回路的结构和受热情况随热负荷的分布不均而呈现出较大的差异，且不同的回路之间常常互相影响，因此需对每个回路进行计算，当不同的回路其结构与受热情况基本一致时，可只计算其中之一。

限于篇幅，此处只对简单循环回路水循环计算方法进行介绍。所谓简单回路是指由一根下降管和一根上升管所构成的独立循环回路，或者循环回路中的下降管、多根并列的上升管因结构、流动和传热特性相近，可以简化成一根下降管和一根上升管的循环回路。图 5-10 所示的是一个简单循环回路，在上、下联箱之间有多根并列受热的蒸发管，生成的汽水混合物经由不受热的上联箱和导管引入汽包。汽水混合物在汽包内进行分离，分离出的蒸汽由顶部送出，而饱和水则与给水混合后进入下降管。如果进入下降管的水未达到饱和状态，即存在欠焓时，则水进入上升管后必须要吸收一定的热量才能到达饱和状态。这样，上升管就会出现不含汽的热水段（h_{hw}）。达到饱和状态以后的管子称为含汽段（h_{vc}），由于该段管子是受热的，因此其含汽率是逐步变化的（导管除外，其中含汽率不变）。由上联箱至汽包水位一段导管（h_{lp}）仍可产生运动压头，但高于汽包水位的一段导管（h_{ov}）产生的运动压头小于零，所以把它视为阻力损失 Δp_{ov}。

1. 水循环基本方程

对于图 5-10 的简单回路，为分析问题方便起见，以下联箱内经过圆心的垂面为基准，分析其左右两侧的受力情况，即可得出下联箱左右两侧的压力平衡式为

$$h\rho_{dc,av}g-\Delta p_{dc}=\sum h_i\rho_{i,av}g+\Delta p_{ri}+h_{lp}\rho_{lp}g+\Delta p_{lp}+\Delta p_{ov}+\Delta p_{se}+\Delta p_{ac} \tag{5-40}$$

$$\Delta p_{ov}=h_{ov}g(\rho_{ov}-\rho'')=h_{ov}g(1-\varphi_{ov})(\rho'-\rho'') \tag{5-41}$$

式中　$\sum h_i\rho_{i,av}g$——上升管（$h_{hw}+h_{vc}$）内工质的柱重；

Δp_{ri}——上升管（$h_{hw}+h_{vc}$）内工质的流动阻力；

$h_{lp}\rho_{lp}g$——导管（h_{lp}）内工质的柱重；

Δp_{lp}——上联箱与汽包之间的汽水导管的流动阻力；

Δp_{se}——汽包内汽水分离装置的流动阻力；

Δp_{ac}——循环回路中流体的加速压降；

Δp_{ov}——因 h_{ov} 段的重位差而造成的流动阻力；

ρ_{ov}——h_{ov} 段的真实密度，kg/m^3；

φ_{ov}——h_{ov} 段的截面含汽率。

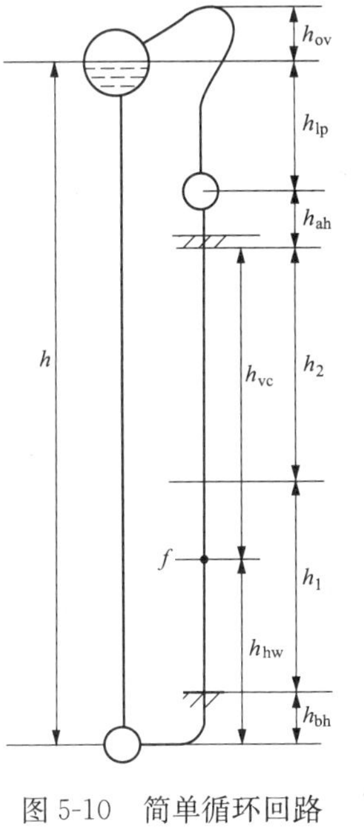

图 5-10　简单循环回路

由于下降管工质柱重与上升管中工质柱重之差等于自然循环回路的运动压头，所以图 5-10 循环回路的运动压头为

$$S_{dr}=h\rho_{dc,av}g-(\sum h_i\rho_{dc,av}+h_{lp}\rho_{lp})g \tag{5-42}$$

回路的有效压头 S_{ef} 等于运动压头与上升管阻力之差，即

$$S_{ef}=S_{dr}-(\Delta p_{ri}+\Delta p_{lp}+\Delta p_{ov}+\Delta p_{se}+\Delta p_{ac})=\Delta p_{dc} \tag{5-43}$$

式（5-40）和式（5-43）分别与式（5-37）和式（5-36）相对应，所以用式（5-40）和式（5-

43）进行水循环计算的方法分别称为压差法和有效压头法。

在应用以上各式进行计算时，首先要分清循环回路中哪些部分是单相流动，哪些是两相流，然后分别应用各自的计算方法来计算工质柱重和流动阻力。对于汽水导管的工质柱重可按上升管出口的截面含汽率计算。

值得注意的是，上述计算方法中上升管（$h_{hw}+h_{vc}$）中工质重位压头 $\sum h_i\rho_{i,av}g$ 的计算，也就是上升管工质平均密度 $\rho_{i,av}$ 的计算，与加热水段高度 h_{hw} 的计算密切相关，因此必需首先计算出加热水段的高度 h_{hw}。

2. 加热水段高度 h_{hw} 的计算

进入下降管的水一般是由锅内的饱和水和省煤器进入汽包的不饱和水混合组成的，因此其温度要低于饱和温度，也就必然存在欠焓 Δh_{uh}，工质沿流程的压力是变化的，因此欠焓会随着工质的流程而改变，流动阻力会减小欠焓，而重位压头在下降流动时增大欠焓，但在上升流动时则会使欠焓减小。

加热水段一般处在图 5-10 所示的 h_1 段内，h_{hw} 计算式如下：

$$h_{hw}=h_{bh}+\frac{\Delta h}{\Delta q_1}=h_{bh}+\frac{\Delta h_{uh}+[\rho'g(h-h_{bh})-(\Delta p_{dc}+\Delta p_{bh})]\dfrac{\partial h'}{\partial p}}{\dfrac{\dot{Q}_1}{h_1G}+\dfrac{\partial h'}{\partial p}(\rho'g+\Delta\dot{p}_1)}\quad \text{m} \tag{5-44}$$

式中 Δh——上升管吸热段进口的工质欠焓，kJ/kg；

Δq_1——因吸热和压力变化，h_1 段每米高度工质的当量吸热量，kJ/(kg・m)；

Δp_{dc}、Δp_{bh}——下降管、上升管热前段的流动阻力，Pa；

$\dfrac{\partial h'}{\partial p}$——饱和水焓值对压力的变化率，kJ/(kg・Pa)；

$\dot{Q}_1$——h_1 段单位时间内吸热量，kW；

G——工质流量，kg/s；

$\Delta\dot{p}_1$——h_1 段单位高度上的流动阻力，Pa/m。

下降管进口工质的欠焓 Δh_{uh}，可通过对汽包进、出口工质的质量平衡和能量平衡进行计算：

$$\Delta h_{uh}=h'-h_{dc}=\frac{D}{G}(h''-h_{eco})-x(h''-h')\quad \text{kJ/kg} \tag{5-45}$$

式中 D——汽包出口蒸汽流量，kg/s；

h_{eco}——由省煤器送入汽包的水焓，kJ/kg；

x——上升管出口工质的质量含汽率。

当上升管出口的蒸汽流量 Gx 等于 D 时，式（5-45）可表示为

$$\Delta h_{uh}=h'-h_{dc}=x(h'-h_{eco})=\frac{h''-h_{eco}}{K}\ \text{kJ/kg} \tag{5-46}$$

3. 循环回路的工作点

利用上述的压头法或压差法，可以对稳定流动工况下的循环流速（或循环水流量）以及对应的压差、压头进行计算，从而确定该循环回路在某个热负荷下的工作点，也就是使等式（5-40）或式（5-43）成立的循环流速所对应的点。

但是在应用上述等式进行计算时，需要先知道循环流速或循环水流量的大小，而这正是水循环计算所要求的目标值。因此需采用试算法，在手算时一般采用曲线图解法，而在计算机的计算中赖于计算机强大的计算能力，可以采用渐次接近法进行计算。下面简单介绍手算中的图解法。

首先用压差法，在绘制曲线时，要先选取三个不同的循环流速（也可以是循环水流量），然后按每一循环流速根据式（5-40）算出对应的下降管侧总压差：

$$Y_{dc}=h\rho_{dc,av}g-\Delta p_{dc}\quad \text{Pa} \tag{5-47}$$

和上升管侧总压差：

$$Y_{ri}=\sum h_i\rho_{i,av}g+\Delta p_{ri}+h_{lp}\rho_{lp}g+\Delta p_{lp}+\Delta p_{ov}+\Delta p_{se}+\Delta p_{ac}\ \text{Pa} \tag{5-48}$$

这样就可以根据已有的三个 Y_{dc} 和三个 Y_{ri} 值，分别绘制出它们与循环流量 G 之间的循环回路特性曲线（见图 5-11）。由于循环回路在稳定工况下的条件是 $Y_{dc}=Y_{ri}$，以及 $G_{dc}=G_{ri}=G_0$，因此可以看出，在图 5-11 中，能够满足以上条件的只有两条曲线的交点，这就是用压差法确定的循环回路的工作点。

再看压头法，参照上述压差法，根据式（5-43），可以绘制出循环回路的 S_{ef} 和 Δp_{dc} 与循环流量 G 之间的特性曲线（见图 5-12），同样可得两条曲线的交点就是该循环回路的工作点。

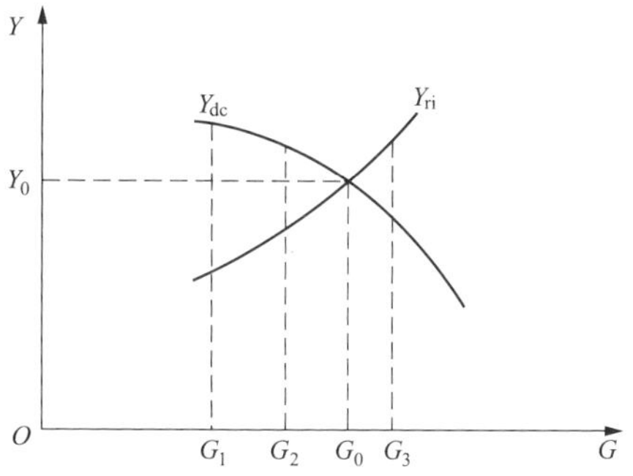

图 5-11　循环回路特性曲线（压差法）

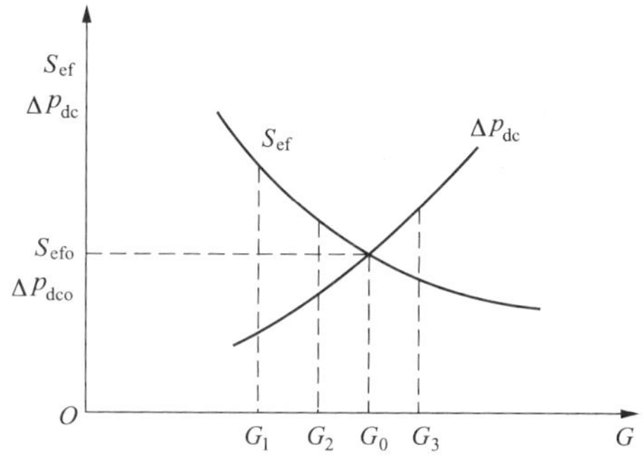

图 5-12　循环回路特性曲线（有效压头法）

值得注意的是，应用上述两种方法所确定的工作点上的循环流量 G_0 应该是相等的。

三、自然循环安全性

一般来说，我们通过水循环计算，可以得到循环流量（或循环流速）的值，并据此对循环的安全性做出判断。但是我们通过计算得到的循环流量是在工作点上整个循环回路的总流量，而与其对应的循环流速、循环倍率等也都是循环回路的平均值，并不能代表所有管子真实的安全状况。由于结构和运行状况的差异，在并联的许多管子之间存在着水力不均和吸热不均的现象，这些不均匀性导致了不同的管子之间出现了循环流速、循环倍率的偏差，而个别的管子可能因冷却条件变差而长期处于危险的工作环境中，直至超温损坏。因此对于那些工作条件最差的管子要进行严格的安全性检查。在自然循环锅炉中最危险的管子一般是指受热弱的管子，这一点似乎有悖常理，但却是事实。因为受热弱时，生成的蒸汽量少而致使混合物密度过大，进而造成循环推动力减小，循环流速降低，从而可能出现循环停滞或倒流等非正常的水动力工况。另外，下降管内出现带汽或者汽化时，也会对整个循环回路带来不利的影响。

1. 上升管

对于上升管来说，安全性的要求主要是工质能够稳定的流动，不发生循环停滞、循环倒流和出现自由水面等现象。

循环停滞是指循环回路中某上升管中的循环水量等于该管子所产生的蒸汽量 D 时的工况。这时从宏观上看，上升管出口的水处于停滞状态，上升管内的水流速度也很小。因此对管子的冷却作用大大减弱，非常易于出现传热恶化，甚至烧坏管子。

循环倒流是当循环回路的上升管中发生水自上而下的流动时的一种现象。这是因为对于上升管接入汽包水空间的管子来说，如果管子内产生的蒸汽量大于该管子进口处的循环水量时，管内工质无法从下降管得到补充，为了维持压力平衡，管内缺失的工质将会从汽包水空间得到补充，因此就会出现倒流现象。当上升管出口连接到汽包的蒸汽空间时，如果在该上升管中发生循环停滞或倒流现象，那么将在该管中形成一个水面，蒸汽缓慢穿过此水面进入汽包空间，这一水面或停顿，或下降，或短暂上升，称为自由水面。出现自由水面的危险性比倒流要大。这是因为如果倒流速度较大，管中气泡也会被水流带动一起向下运动，因此管子因较大的倒流水速可以得到足够的冷却（当然，如果倒流速度小，气泡将附在管壁附近聚集而导致管子损坏）。

只有混合物引入汽包水容积的上升管，或具有上联箱的上升管，才有发生循环倒流的可能性。由于受热弱的管子中工质的重位压头比较大，当这些偏差管子的重位压头大于整个循环回路总体的工作压差时，在该管子内工质就会出现倒流，因此受热最弱的上升管一般会最先出现循环倒流现象。

锅炉在正常运行过程中，是不允许发生循环停滞、循环倒流或出现自由水面等现象的。

2. 下降管

下降管最担心出现的问题是出现蒸汽，因为整个循环的推动力是由下降管和上升管内工质的平均密度差维持的，因此，如果下降管内出现蒸汽，将像上升管中不产生蒸汽一样而使循环回路的运动压头、有效压头减小，回路压差下降，从而影响水循环的安全性。

在电厂锅炉中，为了防止下降管带汽，一般多采取以下措施：

（1）汽包内采用性能优良的汽水分离装置，以尽量减少汽包水容积的蒸汽含量。

（2）减少下降管进口的阻力损失，保持下降管口上面有足够的水位高度，以防在下降管入口处发生水的汽化。当汽包内的水处于饱和状态时，下降管口上面的水位高度 h 应满足式（5-49）：

$$h > (1+\xi')\frac{w_{dc}^2}{2g} \tag{5-49}$$

式中 ξ'、w_{dc}——下降管进口的阻力系数和水速。

若汽包水容积中的水处于欠热（欠焓）状态，允许的水位高度 h 明显减小，此时

$$h > (1+\xi')\frac{w_{dc}^2}{2g} - \frac{p_d - p_{s,d}}{\rho g} \tag{5-50}$$

式中 p_d——汽包内蒸汽压力，Pa；

$p_{s,d}$——汽包水温下的饱和压力，Pa；

ρ——汽包内水（欠热状态）的密度。

（3）控制每根下降管的水流量。汽包水位高度 h 和水流量 Q 之间可按照经验公式（5-

51）进行确定，以防汽包空间的蒸汽带入下降管：

$$h \geqslant \frac{Q^{0.5}}{(g R_d)^{0.25}} \tag{5-51}$$

式中　Q——每根下降管水的容积流量，m^3/s；

R_d——汽包半径，m。

现代锅炉中，一般都在下降管的入口处加装了格栅或十字挡板，以消除下降管入口处有可能产生的旋涡，从而避免蒸汽被卷入下降管。

3. 提高循环安全性的措施

在自然循环锅炉中，炉膛的水冷壁管所承受的热负荷是最高的，因而从其工作条件来说，是最恶劣的，但由于水冷壁管内的工质以水为主，因此如果循环工况不被破坏的话，管子发生危险的概率相对来说比过热器要小。因此确保水循环系统工作的安全性是锅炉设计和运行过程中必须要高度重视的问题。

（1）减小并联管子的热偏差。

炉膛内热负荷的分布特性与燃料性质、燃烧器布置方式和燃烧工况等因素有关。如果燃料的挥发分含量高且含碳量大或者单个燃烧器的功率较大，就会导致放热集中从而使热负荷分布的不均匀性偏大；采用四角切圆方式布置燃烧器时，炉膛内的温度分布要稍微均匀一些。因此炉膛中水冷壁管所在的位置不同，其受热程度也会不同。对于一面墙来说，沿炉墙宽度方向，中间部分一般受热最强，而靠近炉膛角上的管子受热最弱。

当整面水冷壁的管子组成一个循环回路时，回路中并联各管的吸热可能很不均匀。如果把这些管子分为几个独立的循环回路，每一回路有相应的上升管和下降管及与之连接的上下联箱和导管，这样每个回路的吸热不均性就明显减小，有利于水循环的安全。但即使这样，每个循环回路还是会有很多并联的上升管，其中受热强的管子易于发生换热恶化而受热弱的管子则可能发生循环停滞或倒流。

运行工况对水循环安全性也会有很大影响。如燃烧火焰偏斜会增大传热不均匀度，金属管壁上的积灰和结渣则是增大吸热不均的另一因素。结渣总是不均匀的，当回路中某些管子结渣时，它们的吸热将会减少而使循环流速降低。当水冷壁管子的下部出现结渣时，会导致水冷壁加热水段增长而使其含汽段缩短，结果导致循环推动力降低，影响到水循环安全性。当部分燃烧器停用时，可能会造成更大的吸热不均。锅炉超负荷下运行时，炉膛中火焰的充满度将得到一定程度的改善，这虽然会减小吸热不均现象，但却增大了整个炉膛辐射受热面的热负荷，从而可能导致第一类换热危机的加剧。

（2）减小下降管、汽水导管和汽水分离装置的流动阻力。

通过对水循环推动力的构成因素分析可以知道，整个循环回路中的阻力包括下降管、上升管、联箱以及汽水导管、汽水分离装置的流动阻力，减小这些阻力就相当于增加了整个循环回路的循环推动力，从而使循环回路中的循环流速和循环倍率得以提高，这无疑有利于蒸发管工作安全性的提高。

减小阻力的方法很多，减少管子的长度和弯头数、增大管子流通截面积、采用大直径的管子等。一般把循环回路中下降管或汽水导管的总截面积与上升管总截面积的比值作为选择汽水系统循环回路管子截面的重要参考依据。增加截面比可以降低下降管内工质的流速，这是减小流动阻力的有效措施，但同时也增加了金属耗量并使汽包的开孔增多。

由于摩擦阻力与管子直径呈反向关系，因此即使保持总的管子流通截面和流速不变，只增加管子直径也可使流动阻力减少很多。因此，在现代的大型电站锅炉机组中一般都采用数量很少的大直径下降管。

不论任何原因，在下降管中出现蒸汽都会破坏正常的水循环工况。下降管中出现蒸汽后，直接导致下降管中工质的柱重减小，工质的流动阻力增加，降低了运动压头。因此应尽量防止下降管带汽。锅炉运行中如果汽压突然下降，下降管中的水有可能因压力骤降而达到饱和压力从而发生汽化，因此，为保证水循环的安全，汽压降低的速度应有一定的限制。

（3）合适的上升管高度、管径和流动阻力。

从运动压头的来源看，增大上升管的高度会使循环推动力增大，但同时也会增大水冷壁管的出口含汽率 x，其结果可能会导致第二类传热恶化的出现。此外过高的含汽率，可能会使循环倍率降到界限循环倍率以下，使循环回路丧失自补偿能力。自然循环锅炉水循环的自补偿特性是指在一定的热负荷范围内，受热越强的水冷壁管其中产生的蒸汽量越多，因而汽水混合物的密度就越小，循环推动力就越大，管内工质的流速就越快，从而对管子的冷却作用也越好，使管子的安全性在一定程度上受到保护。该补偿特性只在一定的含汽率范围内有效，超出这一范围，即含汽率高到一定值后，继续增加含汽率带来的效果已无法弥补由于流动阻力增加而带来的反作用。

与下降管不同，上升管采用小管径不仅可以节省金属耗量，而且可以提高管内工质的含汽率，从而提高循环的运动压头。但小管径同样也会增加上升管的流动阻力，况且由上述分析可知，过高的含汽率对水冷壁的安全并无益处，因此，上升管管径减小会有限制。值得注意的是：尽管上升管流动阻力增加会使循环流速和循环倍率降低，对水循环产生不利影响，但上升管流动阻力过小，会使得上升管内工质流量随压差的变化过于敏感，在由于吸热工况改变而引起各并列上升管的重位压头发生变化时，更容易在受热弱的上升管中出现循环停滞和倒流的现象。

值得指出，水循环计算得到的结果虽然可以判断水循环工况的优劣，但由于水循环问题的复杂性，以及计算中所选数据与实际情况也可能存在一定的偏差，因此，真实的水循环工况需要通过水循环试验来进行验证。

第三节　强制流动蒸发受热面水动力特性

所谓水动力特性是指在一定的热负荷下，受热面内工质的流量与压降的关系。对于单相流动的工质，每一个流量对应一定的压降，这就是所谓的流动呈单值特性。但在强制流动的蒸发受热面中，工质的流动为水和汽的两相流动，而两相流在压降和吸热量近似的情况下，也可能出现由于某些原因导致的各并列管子中工质的流量完全不同的现象，这就是所谓的流动的多值特性，这种情况的出现对蒸发受热面的安全运行带来十分不利的后果。

强制流动蒸发受热面与前述的自然循环蒸发受热面不同，由于系统的流动阻力不再依靠下降管和上升管的工质密度差产生的运动压头来克服，而是主要依靠泵的压头来克服，因此其主要关注点也略有不同。除了保证蒸发受热面良好的传热性能外，对于强制流动蒸发受热面还要保证水动力工况满足以下条件：

（1）并列受热管处于正常的温度水平且不出现过大的水力偏差和热偏差；

(2) 水动力特性是单值性的；

(3) 流体不发生脉动；

(4) 不发生流体的停滞和倒流；

(5) 对于控制流动锅炉，系统中的循环泵内不发生汽化。

一、蒸发管中的流动阻力

蒸发管中总的流动阻力为

$$\Delta p=\Delta p_{fr}+\Delta p_{gr}+\Delta p_{ac}=\Delta p_{f}+\Delta p_{lo}+\Delta p_{gr}+\Delta p_{ac} \tag{5-52}$$

式中　Δp_{fr}——流动阻力损失，等于摩擦阻力（沿程阻力）损失 Δp_{f} 和局部阻力损失 Δp_{lo} 之和；

Δp_{gr}——重位压头损失；

Δp_{ac}——加速压力损失。

在直流锅炉中，很多的水冷壁管采用水平放置和微倾斜放置，这样环绕炉膛四壁上升到达炉膛顶部时，每根管子的长度可达数百米甚至更长，且管子又有许多弯头，因此流动阻力损失很大，而管子的高度与其长度相比却小很多，因此重位压头的大小远不及流动阻力损失来的大，况且高压以上的锅炉因流体加速而引起的损失也很小。故平置和微斜管子中的总压降可简化为

$$\Delta p=\Delta p_{fr} \tag{5-53}$$

但如果流体是在立置管中流动时，由于其管子长度较小，则重位压头的大小就不能忽略了。此时的总压降为

$$\Delta p=\Delta p_{fr}\pm\Delta p_{gr} \tag{5-54}$$

式中，重位压头 Δp_{gr} 的符号规定为：向上流动的流体取正号，向下流动时则取负号。

在考察流体流动的稳定性时，一般采用总压降与质量流量的函数形式表示，即 $\Delta p=f(\rho w)$。根据上式计算出的结果分析，如果 ρw 为单一解，此时说明一个压降值只对应于一个质量流量值，这就是单值性的流动（如图 5-13 曲线 1 所示）；但如果函数式出现了两个以上的实数解，则说明一个压降对应着多个不同的流量，这就是所谓的流动的多值性（见图 5-13 曲线 2），显然，多值性的流动是不稳定的。

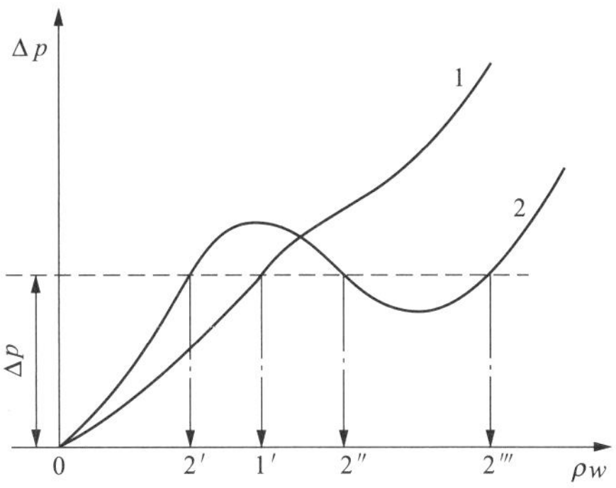

图 5-13　水动力特性曲线

一般只有在两相流中才会造成流动的多值性。其原因主要是由于汽水混合物中水和蒸汽的比体积存在差异而造成的。工质的压力、流动方向、进口工质的焓值、管子的几何参数等都会影响工质的比体积，从而改变水动力特性。下面分别对强制流动锅炉中应用最多的平置和立置蒸发管的水动力特性进行分析。

二、平置蒸发管的水动力特性

1. 数学描述

根据图 5-14，当入口水有欠焓并且在临界压力以下时，蒸发管中的流动压降由热水段和蒸发段两部分压降组成：

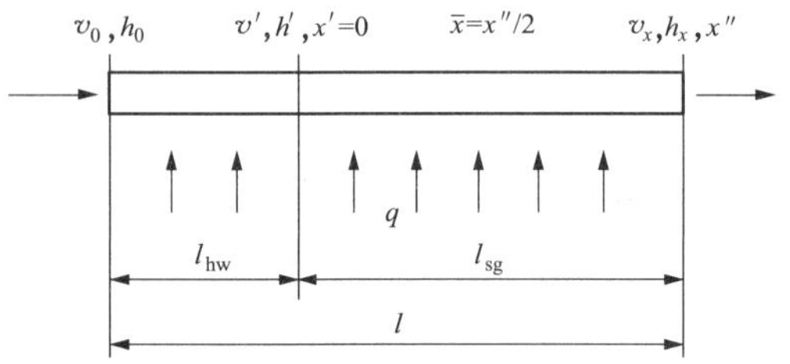

图 5-14　临界压力以下的受热管中工质参数的变化

$$\Delta p=\frac{\lambda\, l_w}{2d}(\rho w)^2\, v_{hw,av}+\psi\frac{\lambda\, l_{sg}}{2d}(\rho w)^2\, v_{sg,av}\ \text{Pa} \tag{5-55}$$

式中　ψ——反映两相流动特性的摩擦阻力校正系数。

热水段中工质的平均比体积为

$$v_{hw,av}=\frac{v_0+v'}{2}\approx v'\ \text{m}^3/\text{kg} \tag{5-56}$$

当蒸发段中工质沿管子长度均匀受热时，其平均比体积可表示为

$$v_{sg,av}=v'+\frac{x''(v''-v')}{2}\ \text{m}^3/\text{kg} \tag{5-57}$$

由于管子均匀受热，所以热水段长度为

$$l_{hw}=\frac{(h'-h_0)G}{\dot{Q}/l}=\frac{\Delta h(\rho w)f}{q_1}\ \text{m} \tag{5-58}$$

式中　G——工质流量，kg/s；

$\dot{Q}$——管子总吸热量，kJ/s；

Δh——管子进口水的欠焓，kJ/kg；

f——管子的流通截面积，m^2；

q_l——单位长度管子的吸热量，$\dot{Q}/l$。

相应的蒸发段长度为

$$l_{sg}=l-l_{hw}\ \text{m} \tag{5-59}$$

蒸发管出口工质的质量含汽率 x'' 可表示为

$$x''=\frac{q_l(l-l_{hw})}{(\rho w)fr} \tag{5-60}$$

式中　r——水的汽化潜热，kJ/kg。

把式（5-56）～式（5-60）的各变量计算式代入式（5-55），为简化分析，将式（5-55）中的 ψ 值取为 1，可得蒸发管流动压降的表达式为

$$\Delta p=A(\rho w)^3+B(\rho w)^2+C(\rho w) \tag{5-61}$$

式中

$$A=\frac{\lambda(v''-v')\Delta h^2 f}{4d\, q_l r} \tag{5-62}$$

$$B=\frac{\lambda l}{2d}\left[v'-\frac{\Delta h}{r}(v''-v')\right] \tag{5-63}$$

$$C=\frac{\lambda(v''-v')\, l^2\, q_1}{4dfr} \tag{5-64}$$

从数学角度看，式（5-61）有实际意义的解应该是一个实根两个虚根与三个实根两种情况。在有一个实根和两个虚根时，没有极值，如图 5-13 的曲线 1 所示的情况，压降 Δp 与流量之间是一一对应的单值关系；而在有三个实根的情况下，对应的水动力特性曲线却有两个极值点，一个压降值可对应于三个不同的流量（见图 5-13 中的曲线 2），这就是水动力的多值性，也称为不稳定性。

上述的水动力多值性相对应的流动过程可以通过图 5-15 表示出来：在热负荷一定的情况下，如果工质流量很小，即 $\rho w<(\rho w)_v$时，则工质大部分都被蒸发成蒸汽，这使得蒸发管内的热水段和蒸发段都很短，而主要是蒸汽的过热段；反之，如果工质流量很大，即 $\rho w>(\rho w)_w$ 时，则蒸发管吸收的热量无法把水加热到饱和温度，此时不再有蒸汽产生，即蒸发管只有热水段。这两种情况都属于极端情况，它们的阻力特性都是单值特性，其中在同样的质量流速 ρw 下，由于蒸汽的比体积大于水的比体积，所以蒸汽的流动速度远大于水，因此其阻力要比水的流动阻力大得多。当蒸发管出口为汽水混合物，即$(\rho w)_v<\rho w<(\rho w)_w$时；如果对应的流动阻力方程式（5-61）具有三个实根，就会出现水动力的多值性，即一个压降可以对应三个质量流速 ρw。

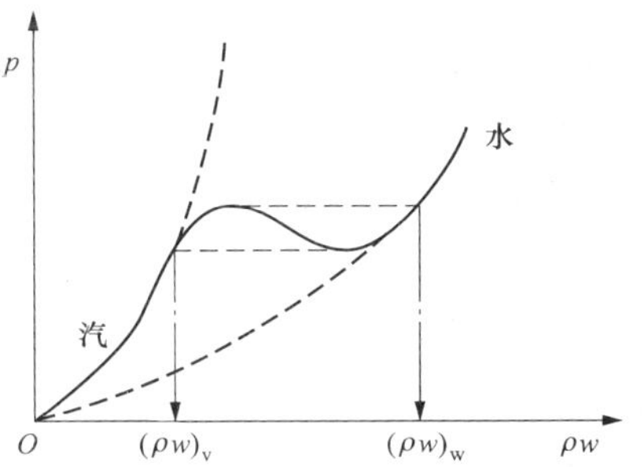

图 5-15 多值性水动力特性曲线

2. 影响水动力多值性的因素

在蒸发管中既存在热水段又存在着蒸发段，而蒸发段工质的比体积要比热水段的大，并且受流量的影响比较大，这是造成蒸发管水动力多值性的根本原因。例如：当蒸发管进口的未饱和水流量增加时，则工质的欠焓增大，从而导致产汽量减小；这就使得蒸发段长度和蒸发段内工质的平均比体积减小，而蒸发段的流动压降也会因此而减小；如果这种减小的幅度足够大时，随着流量增加，整个蒸发管的流动阻力反而会一定程度地减小，从而出现图 5-13 曲线 2 或图 5-15 所示的水动力多值性。

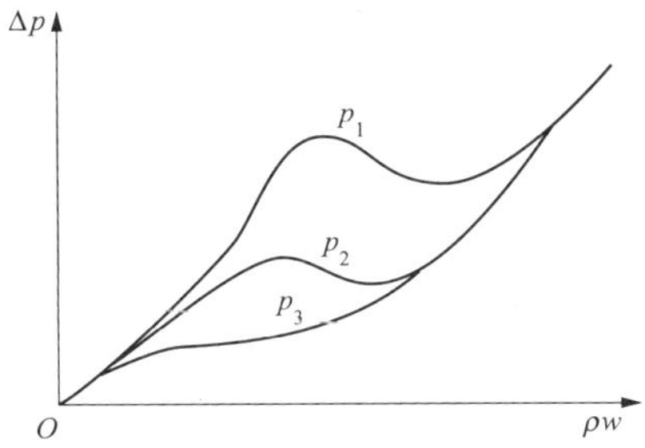

图 5-16 压力 p 对水动力特性的影响（$p_3>p_2>p_1$）

水动力多值性的影响因素很多，如果进行详细而准确的分析是比较困难的，总的来说可归纳为以下几点：

（1）工质压力。蒸发管出现水动力多值性的原因，是蒸汽和水两者的比体积存在差异，而这种差异是随着压力的提高而缩小，所以提高压力对防止水动力多值性是有利的（见图 5-16）。

（2）上升管进口工质的欠焓。由式（5-61）～式（5-63）可知，当进口工质的欠焓 Δh 等于零时，式（5-61）变成

$$\Delta p=B(\rho w)^2+C(\rho w) \tag{5-65}$$

式中系数 B、C 都大于零，压降 Δp 随流量 ρw 单调增加，这时的水动力特性是单值的。

一般来说，大型锅炉省煤器采用的都是非沸腾式省煤器，这就使得锅炉汽包中的水总是处于不饱和状态。因而在绝大多数情况下，上升管入口处的工质也存在着欠焓 Δh。通过上述分析可知，总体上，降低 Δh 对防止水动力多值性是有利的。图 5-17 是蒸发管进口工质欠焓对水动力特性影响的示意。

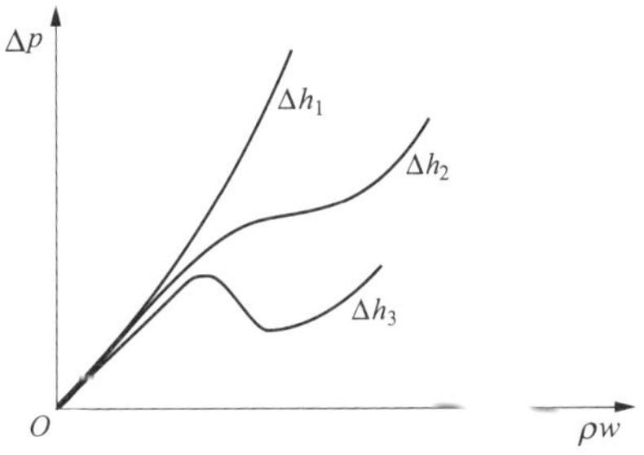

图 5-17 欠焓 Δh 对水动力特性的影响（$\Delta h_3>\Delta h_2>\Delta h_1=0$）

值得注意的是，降低欠焓固然对预防水动力多值性有利，但如果 Δh 太小，当运行中的工质压力稍有下降，就可能会使并联蒸发管进口的工质发生汽化，造成流量分配不均，这对于蒸发管的安全运行同样是不利的。因此，直流锅炉必须采用非沸腾式省煤器，而且应保证在各种负荷下以及燃用不同燃料时，压力的变化均不至于发生沸腾。

（3）热负荷。提高热负荷 q 可以起到类似于降低 Δh 的作用，因而从蒸发管工质流量 ρw 的整个变化范围来看，提高热负荷 q 对防止水动力多值性是有利的。但必须注意的是：热负荷的提高，必须以不出现第一类换热危机为界限，否则，同样会对锅炉运行的安全性造成致命危害。

（4）局部阻力。工质流动过程中的局部阻力可表示为

$$\Delta p_{\mathrm{lo}}=\xi\frac{(\rho w)^2}{2}v\ \mathrm{Pa} \tag{5-66}$$

在蒸发受热面中，由于蒸发管中热水段和蒸发段工质状态存在差异，因此两段的局部阻力对蒸发管中水动力多值性的影响也不同。在热水段，工质的比体积基本上不随流量大小而改变，所以式（5-66）中压差与流量成二次方的正比关系，这对提高水动力稳定性有利；但是蒸发段中的工质比体积 v 随流量的增加可能会有比较明显的减小，因而在某些工况下，可能会出现工质流量增加时压差反而减小的情况（因含汽量小而减小了流动阻力），这种情况的出现对水动力稳定性会产生负面影响。因此，可采用增加热水段局部阻力的方法来提高蒸发段的流动稳定性，一般的做法是热水段采用小管径或者在热水段进口加装节流圈、扰流子等。

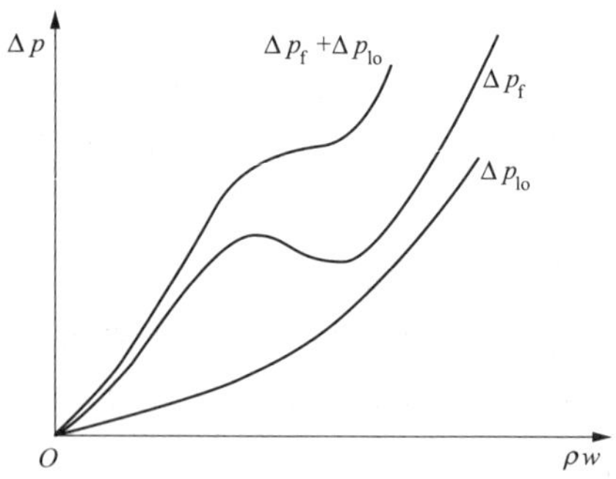

图 5-18　进口节流圈对水动力特性的影响

如图 5-18 所示，蒸发管进口加装节流圈后，总压降变为蒸发管摩擦阻力 Δp_{f} 与节流圈局部阻力 Δp_{lo} 之和。从图中可以清楚地看出，原来的 Δp_{f} 是一个多值曲线，即有两个极值的曲线，而由节流圈产生的阻力 Δp_{lo} 是一个二次方抛物线二者叠加的结果，则消除了原来的两个极值，将多值曲线变成了单值曲线。这就是节流圈的典型作用。

对于超临界压力的蒸发管，在一定条件下也可能出现多值性流动状态。这是因为在超临界压力下，工质比体积在相变点附近区域随温度的变化非常大，这就使得蒸发管内工质的比体积受流量的影响非常明显。所以在超临界压力下，减小蒸发管入口欠焓和蒸发管采用较低的热负荷同样可以提高水动力稳定性。此外提高工作压力可以远离相变点附近工质比体积容易变化的区域，所以也可以改善超临界压力下的水动力特性。

三、立置蒸发管的水动力特性

在采用一次上升或上升——下降折返流动的立置蒸发管屏时，管子高度与长度差别不大，此时工质的重位压头 Δp_{gr} 对系统的压降具有不可忽略的影响。在工质一次上升流动的立置管屏中，流动压差必须克服流动阻力 Δp_{fr} 和重位压头 Δp_{gr}，这时上下联箱之间的压差为

$$\Delta p=\Delta p_{\mathrm{fr}}+\Delta p_{\mathrm{gr}} \tag{5-67}$$

当受热面接受的辐射热量一定时，某些偏差较大的管子中的工质流量可能很小，从而使管子中的工质基本上都成为了过热蒸汽。蒸汽的密度远小于水的密度，因此其产生的重位压

头很小。但随着工质流量的增加，重位压头也相应增大。极限情况是管子中完全被水所充满时，重位压头 Δp_{gr} 的大小不再随工质流量而变，如图 5-19 最下端曲线所示。一般来说，在工质向上流动的立置管屏中，重位压头对提高流动特性的稳定性是有利的；但在下降流动中，重位压头却不利于水动力的稳定性。这是因为下降流动中，重位压头 Δp_{gr} 与流动阻力 Δp_{fr} 的作用方向是相反的，这时管屏上下联箱间的压降不再是二者之和而变为两者之差，即

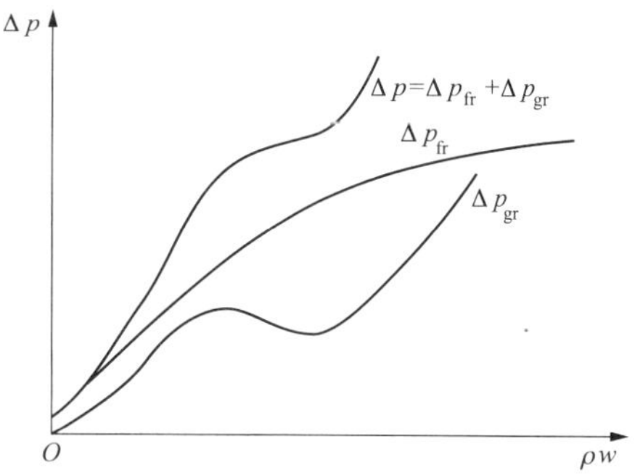

图 5-19　立置上升蒸发管的水动力特性

$$\Delta p = \Delta p_{fr} - \Delta p_{gr} \tag{5-68}$$

比较式（5-67）和式（5-68）即可得知，下降流动中重位压头对水动力稳定性的作用刚好与上升流动时相反。

四、蒸发管中的脉动

在直流锅炉运行过程中，由于热负荷、主蒸汽流量、给水流量、压力和温度等参数的变化而引起工质流量呈周期性波动的现象称为脉动。流量脉动会导致管子出口处蒸汽温度或热力状态的周期性波动，而整个管组的进水量和蒸汽量却无显著变化。一般来说，无论直流锅炉的蒸发管采用何种布置方式，都无法杜绝脉动现象，脉动通常容易在锅炉启动和降负荷过程中发生，其表现方式主要有三种：管间脉动、管屏（管带）间脉动和整体脉动，而以管间脉动居多。下面具体介绍。

（1）管间脉动。发生管间脉动时，管屏的总流量和进、出口联箱之间的压差均没有出现明显变化，但是各管中的工质流量却发生了周期性的变化。对于一根管子而言，管子入口水流量 G 与出口蒸汽量 D 都发生了周期性变化，而且 G 与 D 的变化方向相反，也就是说对同一根管子来说，入口水流量 G 和出口蒸汽流量 D 随时间 t 的脉动有 180°的相位差，水流量最大时蒸汽流量最小，而水流量最小时蒸汽流量却最大。再对比同一管屏的并联管子，当一部分管子的进水量 G 减小而蒸汽量增加时，另一部分管子的进水量 G 增加，蒸汽量减小；相反，当这部分管子的 G 增加时，而另一部分管子的 G 减小。目前的研究结果倾向于认为管间脉动的产生原因是蒸发管的吸热量或水流量的变化而导致的汽、水的比体积存在着差异。

（2）管屏间脉动。并联的管屏之间也会出现与管间脉动相似的脉动现象，此时管屏进、出口总的流量和压降也无明显变化，但不同的管屏之间却存在有相位差的流量脉动。从机理上来说，管屏间的脉动与管间的脉动并无本质上的不同。

（3）整体脉动。锅炉的整体脉动是指锅炉所有的并列水冷壁管子内的工质流量发生同步的周期性波动。直流锅炉的整体脉动起因主要是由于燃料量、主蒸汽流量和给水流量以及压力的剧烈扰动导致的。此外给水泵特性曲线过于平坦也会导致压力出现微小波动而致使流量大范围变化。

无论何种形式的脉动，都会给锅炉造成严重危害。尤其是管间和屏间的脉动，其给水量、产汽量的周期性波动，会使热水段、蒸发段、过热段的长度不断变化，而工质状态的变化又会导致金属管壁的温度频繁波动从而使金属管子出现疲劳破坏。此外，出现脉动时，并联各管之间会出现较大的热偏差，也容易引起金属超温破坏。

防止脉动的主要措施如下：

（1）提高压力。提高工作压力可以减小汽水两相的密度差，缩小汽水之间的差别，因而可以减小管间脉动。在超临界压力下，由于在大比热容区内工质的比体积变化较大，所以也可能会出现脉动现象，只是脉动较少发生而且幅度也较小，但脉动的特性与亚临界压力是相近似的。

（2）提高热水段与蒸发段的阻力之比$\Delta p_{hw}/\Delta p_{sg}$。在设计直流锅炉蒸发受热面时，应适当加大热水段的阻力，减小蒸发段的阻力。热水段采用较小的管径或在热水段的进口加装节流圈，都是提高热水段阻力比较好的方法。

（3）提高质量流速。随着质量流速的增大，管内产汽量变化的相对影响减小，流量脉动将减轻。蒸发管的最小极限质量流速表示为$(\rho w)_{lim}$，极限质量流速取决于工作压力、热负荷、管子结构尺寸、管子进口的阻力系数和进口的工质欠焓。在实际应用中，管中的质量流速应大于极限质量流速，否则就要在进口加装节流圈来增加热水段的阻力。

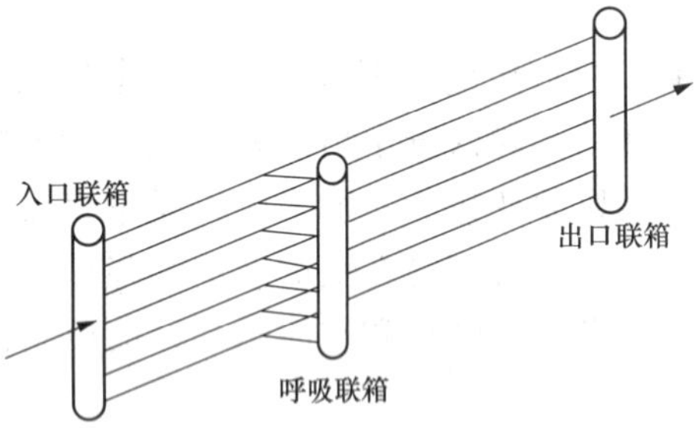

图 5-20　并联管的呼吸联箱

（4）在蒸发段加装呼吸联箱（见图 5-20）。呼吸联箱用以把并联的各个蒸发管连通，借以平衡蒸发管中部的压力。采用呼吸联箱之后，只要保证热水段的阻力与呼吸联箱之前的蒸发段阻力大于一定的比值，即可消除脉动。由于呼吸联箱前的蒸发段阻力比整个蒸发段的阻力小得多，因而可相应降低热水段和节流圈的阻力。实践证明，呼吸联箱装在蒸发管含汽率$x=10\%\sim15\%$的部位最好。

第四节　热　偏　差

一、热偏差基本概念

锅炉是由很多受热面组成的，受热面负责把燃烧放出的能量转化成工质的热能，锅炉的受热面虽然目的有所不同，但功能都是实现热量的传递，因此结构上基本一致，都是由许多布置在两个联箱之间的并联受热管子组成的换热器，包括省煤器、水冷壁、过热器和再热器（空气预热器也是受热面，但其结构与上述各受热面有所不同）。当多根受热管并联工作时，由于每根管子的结构尺寸、阻力系数、进出口压差和受热强弱都会存在差异（对于蒸发管还存在水动力不稳定性等影响因素），故而使得并联布置的每根管子中工质的焓增量Δh出现差异，这种现象称为热偏差。

热偏差的大小一般通过热偏差系数φ表示：

$$\varphi=\frac{\Delta h_{d}}{\Delta h_{0}} \tag{5-69}$$

式中角标 0 和 d 分别表示整个管组的平均值和“偏差管”的数值。如果用角标 1 和 2 分别表示管子进出口处的数值，则有

$$\Delta h_{0}=h_{20}-h_{10}=\frac{q_{0}H_{0}}{G_{0}}\quad \mathrm{J/kg} \tag{5-70}$$

$$\Delta h_d = h_{2d} - h_{1d} = \frac{q_d H_d}{G_d} \quad \text{kJ/kg} \tag{5-71}$$

式中　q ——受热面的热负荷，kW/m^2；

　　H ——受热面的面积，m^2；

　　G ——工质的质量流量，kg/s。

把式（5-70）和式（5-71）代入式（5-69）得

$$\varphi = \frac{q_d}{q_0}\frac{H_d}{H_0}\frac{G_0}{G_d} = \frac{\eta_q \eta_H}{\eta_G} \tag{5-72}$$

式中，$\eta_q = q_d/q_0$、$\eta_H = H_d/H_0$ 和 $\eta_G = G_d/G_0$ 分别称为吸热不均系数、结构不均系数和流量不均系数。一般情况下，受热面中各管子的结构差异不大，即$\eta_H \approx 1$，也就是说受热面的热偏差主要是由于吸热不均和流量不均所导致的。

实际运行中的锅炉，仪表上显示的监测数据往往是平均值，却无法反应出现热偏差的管子的实际工作状况。因此完全根据仪表的显示而进行运行操作，是无法保证所有的管子都处在锅炉安全运行的允许范围之内的。一般最危险的管子是那些工质流量小，但热负荷却很高的偏差管。因此，有必要对热偏差的影响因素进行详细分析，以期在锅炉设计、运行过程中采取有效的措施，将出现严重热偏差的现象消灭在萌芽状态，以确保受热管子时刻满足安全运行的要求。

二、过热器和再热器的热偏差

（一）影响热偏差的因素

1. 吸热不均

造成过热器管子吸热不均的主要因素既有结构因素，也有运行因素，下面分别阐述。

由于炉膛空间巨大，燃烧器布置在四个角或前后墙上，因此炉膛内温度场和速度场会出现很大的不均匀现象，而且，炉膛越大，这种不均匀状况就愈加严重。沿炉膛宽度方向烟气温度分布的不均匀，将会不同程度地在对流烟道中延续下去而引起对流过热器的吸热不均，且离炉膛出口越近，这种影响就越大。因此在对流烟道内的烟气流通截面上，也往往存在着较大的烟气流速和烟气温度分布不均匀的现象，这种情况的存在将直接导致受热面的吸热不均。此外，运行过程中火焰中心的偏斜，四角切向燃烧器所产生的旋转气流在对流烟道中的残余扭转，等等，也都会或多或少地影响对流过热器的吸热不均匀性。

一般来说烟道内的热负荷分布规律如图 5-21 所示，烟道中部的热负荷较大，沿宽度两侧的热负荷较小，这种情况下的吸热不均系数η_q可能达 1.1～1.3。如果将烟道沿宽度分为三部分（也可分成多个部分），并将受热面分别布置在两侧和中间，则受热面中并列管子的吸热不均匀性可以大幅度的减少。实际锅炉中的高温对流过热器就是分成冷热段，冷端布置在烟道的两侧，而热段则布置在烟道中间，这样大大减小了热偏差，从而保证了高温过热器运行的安全性。

锅炉的受热面在运行过程中不可能总保持清洁，含灰燃料在燃烧过程中总会产生一些导致受热面沾污的物质（如过热器的结渣或积灰等）黏敷到受热面管壁上，且这种污染物的黏敷不可能均匀，因此沾污严重的管子吸热量减少，而其他管子的吸热量相对增加，这就造成了很大的热偏差。

2. 流量不均

流量不均的影响因素主要是管子与联箱之间的连接方式的不同，以及并行管之间重位压头、管径、长度及阻力系数等存在差异。当然，吸热不均也会引起流量分布的不均。

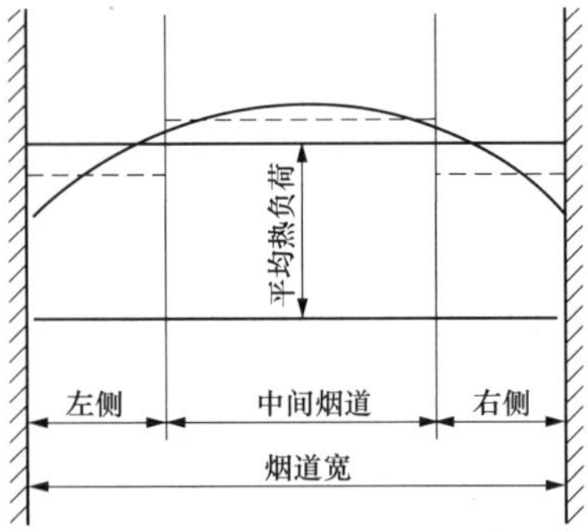

图 5-21 沿烟道宽度热负荷的分布

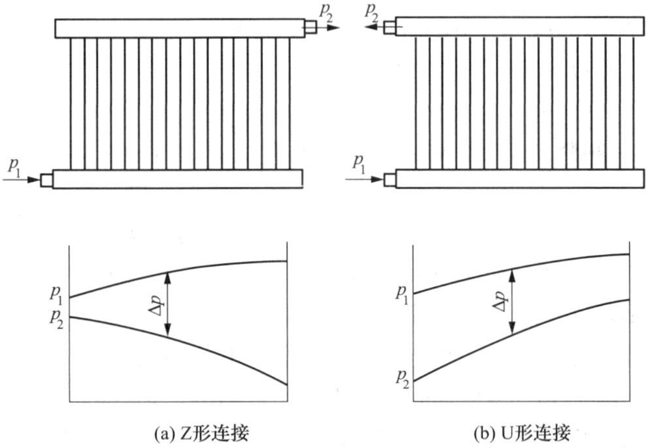

图 5-22 过热器的 Z 形和 U 形连接方式

两个联箱之间的受热管子与联箱之间如何进行连接（主要是工质引入联箱的方式），会造成并列管子进出口端静压出现差异。图 5-22 示出工质引入联箱的两种连接方式。一种是 Z 形引入的连接方式，一种是 U 形引入的连接方式。在 Z 形连接的管组中［见图 5-22 (a)］，蒸汽由进口联箱左端引入，并从出口联箱的右端导出。在进口联箱中，沿联箱长度方向，工质流量因逐渐分配给各受热管而不断减少，在进口联箱右端，蒸汽流量下降到最小值。根据能量守恒的原理，沿联箱的长度方向，速度能逐渐降低，相反静压能则逐步升高。

可以通过理论进行分析，在水平布置的联箱中，工质流程上任意 a、b 两点的动能与静压 p 之间的关系，可根据伯努利方程得到：

$$p_a+\frac{\rho w_a^2}{2}=p_b+\frac{\rho w_b^2}{2}+\Delta p_{\mathrm{fr},ab} \tag{5-73}$$

式中 ρ、w——联箱内工质的密度、流速，kg/m³、m/s；

$\Delta p_{\mathrm{fr},ab}$——$a$、$b$ 两点之间的工质流动阻力（在具体计算时，要注意沿流程工质质量流量变化的影响），Pa。

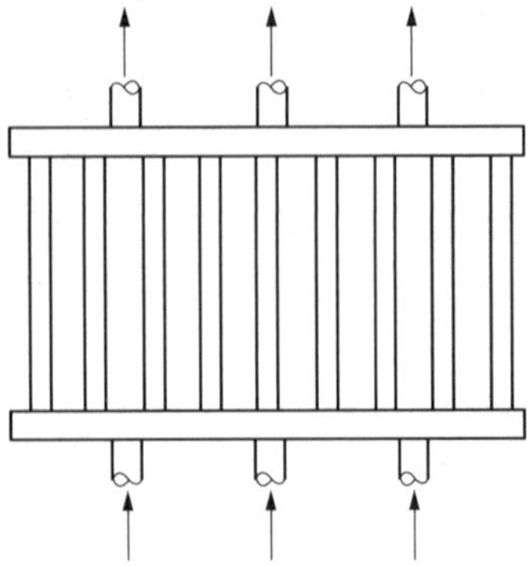

图 5-23 过热器的多管连接

根据式 (5-73)，进口联箱中静压的分布曲线可用图 5-22 中曲线 p_1 表示；出口联箱中的静压变化则可用图中曲线 p_2 表示。可以看出，在 Z 形连接方式中，各并行管子两端的压差 Δp 出现了相当大的差异，甚至是两个极端，因而导致了较大的流量不均。但在 U 形连接管组中［见图 5-22 (b)］，两个联箱内静压的变化有着相同的方向，因此并列管子之间两端压差的差别较小。其流量不均比 Z 形连接方式要小得多。为了减小上述的流量偏差，可以将联箱的长度尽量变短，这样最大偏差值也会随之变小。因此，在采用图 5-23 所示的多管均匀引入和导出的连接方式中，沿联箱长度方向的静压变化对流量不均的影响将大大小于 Z 形和 U 形连接的方式。另外，在联箱结构设计中，设法降低联箱中的静压变化范围也可以减小静压变化对流量不均带来的不利影响。

当然，即使假定沿联箱长度各点的静压相同，也就是各并列管子两端的压差 Δp 相等，也会产生流量不均的现象。在这种情况下，整个管组的平均压差可以进行简化计算：

$$\Delta p_0 = \left(\sum\xi + \lambda\,\frac{l}{d}\right)_0 \frac{w_0^2}{2\,v_0} + \frac{h}{v_0}g$$

$$= \left(\sum\xi + \lambda\,\frac{l}{d}\right)_0 \frac{1}{2\,f_0^2}\left(\frac{fw}{v}\right)_0^2 v_0 + \frac{h}{v_0}g$$

$$= K_0\,G_0^2\,v_0 + \frac{h}{v_0}g \quad \text{Pa} \tag{5-74}$$

式中　ξ、λ——管子的局部阻力系数、摩擦阻力系数；

d、l、f——管子的内径、流通截面、长度，m、m^2、m；

w、v、G——管内蒸汽的流速、比体积、质量流量（$G = fw/v$），m/s、m^3/kg、kg/s；

h——进出口联箱之间的高度差，m；

K——折算阻力系数，等于 $\left(\sum\xi + \lambda\,\frac{l}{d}\right)_d \frac{1}{2f^2}$。

角标“0”表示整个管组的平均值。

而对于产生偏差的管子（以角标“d”表示）则有

$$\Delta p_d = K_d\,G_d^2\,v_d + \frac{h}{v_d}g \quad \text{Pa} \tag{5-75}$$

按照前述假定，沿联箱长度各点的静压相同，也就是各并列管子两端的压差 Δp 相等，则有

$$\Delta p_d = \Delta p_0 = \Delta p \tag{5-76}$$

根据式（5-74）和式（5-75），整理可得

$$K_0\,G_0^2\,v_0 + \frac{h}{v_0}g = K_d\,G_d^2\,v_d + \frac{h}{v_d}g \tag{5-77}$$

由于分析的介质是过热蒸汽，其总的流动压差中的重位压头所占的份额可以忽略。这时上式可简化为

$$K_0\,G_0^2\,v_0 = K_d\,G_d^2\,v_d \tag{5-78}$$

由此可得到相应的流量不均系数

$$\eta_G = \frac{G_d}{G_0} = \sqrt{\frac{K_0 v_0}{K_d v_d}} \tag{5-79}$$

由式（5-79）可以看出，即使并列管子的阻力系数完全相同，即$K_0 = K_d$，但因为吸热不均而引起的工质比体积的差别也会导致流量产生不均。此时的流量不均系数为

$$\eta_G = \frac{G_d}{G_0} = \sqrt{\frac{v_0}{v_d}} \tag{5-80}$$

在自然循环锅炉中，吸热量越大的管子其产汽量也大，因而循环推动力也越大，这是自然循环锅炉的自补偿特性；而强制流动锅炉的流动特性是管子吸热量越大（$\eta_q > 1$），其工质比体积也大，因而管内工质的流量就小（$\eta_G < 1$）。在这种情况下，由于吸热不均引起的受热面热偏差系数 φ 要大于吸热不均系数η_q。也就是说，此时热偏差的实际数值是除了流量不均外，还受到吸热不均本身以及吸热不均导致的流量不均的增加值的共同影响。因此，当

过热器并列管子中的偏差管的吸热量偏大时，在其热负荷增加、工质流量减小的双重作用下，偏差管工质焓增就会出现较大的增量，使得管壁温度和出口工质温度明显高于平均值。

（二）减小热偏差的措施

实际运行中的锅炉，受热面并列管子之间总会有热偏差存在，我们可以在锅炉的结构布置和运行调整中采取适当措施，以最大限度地减小受热面的热偏差，从而保证锅炉受热面的正常工作。常用的减小热偏差的方法介绍如下。

（1）受热面分级或分段。所谓分级或分段就是将整个受热面沿工质流程方向分成几个部分，每两部分之间用联箱加以连接，从而将工质进行中途混合。在联箱中进行的中途混合，可使前一管段中的热偏差，不致延续到下一管段，从而避免各级热偏差累积成大的偏差。

根据热偏差系数 φ 的定义式（5-69），可得

$$\Delta h_d - \Delta h_0 = (\varphi - 1)\Delta h_0 \tag{5-81}$$

假设所有各管子进口的工质焓 h_1 相同，则偏差管与平均管的出口工质的焓差为

$$h_{2d} - h_{20} = (\varphi - 1)\Delta h_0 \tag{5-82}$$

在 φ 一定时，这一焓差与管组的平均焓增 Δh_0 成正比。所以减小 Δh_0（分级分段的作用就是减小了 Δh_0）可以使此焓差减小，从而减少了并列管之间的热偏差。这就是为什么将受热面分成几个部分可以降低热偏差的理论依据。

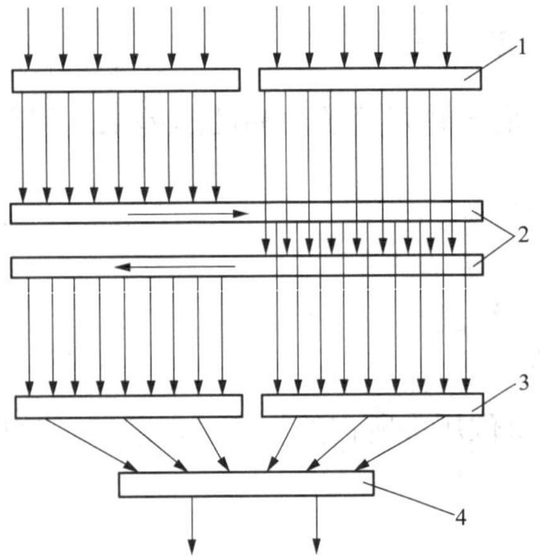

图 5-24 工质流程左右交叉布置
1—进口联箱；2—中间联箱；
3—出口联箱；4—集汽联箱

（2）工质流程左右交叉。采用工质流程左右交叉的方法，能够克服由于烟道热负荷分布不均匀和烟道左右两侧流速大小不一而导致的吸热不均现象。图 5-24 所示的是采用中间联箱左右连通的方式，实现工质流程的左右交叉。也可以中间联箱左右不连通，而采用中间连接管左右交叉的方式，实现工质流程的左右交叉。

（3）采用合理的联箱与受热面管子连接方式。由图 5-22 可知，不同的介质引入和导出联箱的连接方法所导致的流量偏差情况是不同的。U 形连接方式比 Z 形连接方式更容易得到较小的流量偏差。而采用如图 5-23 所示的多管连接方式则可以使流量不均匀程度更小。

前已述及，降低联箱中工质的流速以减小联箱中的静压变化，或者降低联箱中压力变化在整个流动压降中所占的比例，都可以不同程度的减小流量不均。此外还要尽量使并行管的结构以及阻力系数趋于一致。

（4）减少炉膛出口烟温、烟速的左右偏差。对于切圆燃烧的锅炉，要采用一定的措施用以削弱炉膛出口的烟气残余旋转。如部分二次风与一次风反向旋转，炉膛上部布置的屏式受热面向炉膛内延伸足够距离等措施，都可以起到部分削弱烟气旋转残余的作用，从而使进入对流烟道的烟气流速趋于均匀。另外在运行组织方面，必须维持炉膛内良好的空气动力工况，避免出现火焰偏斜现象。

（5）由于对流烟道内的热负荷呈现出中间高而两侧低的情况（见图 5-21），因此，沿工

质流程方向将受热面分成两段分别布置在烟道两侧和中间的方法在降低同级受热面中并列管子的吸热不均匀性方面是非常好的尝试。此外，烟道的受热面布置要尽量使各处的烟气流通截面分布均匀，防止因流通截面的流动阻力不同而形成烟气走廊，造成热偏差。

(6) 屏式过热器因其不同于对流过热器的结构特点，不仅存在比较大的吸热不均和流量不均，而且结构不均现象也很突出。因此在结构设计时，要设法减轻结构不均匀性造成的热偏差。如减小屏的外圈管子流程，使受热强的管子对应大质量流量；减少并列管子的根数；内外圈管子进行交叉换位；外圈管子采用较大直径等措施都可以减轻屏式受热面的热偏差。

(7) 及时对受热面进行吹灰、清渣，以消除由于受热面污染而导致的吸热不均。

三、蒸发受热面的热偏差

1. 影响热偏差的因素

与过热器的热偏差类似，蒸发受热面的热偏差也主要是由于吸热不均和流量不均所造成的。但是导致蒸发受热面吸热不均和流量不均的影响因素却与过热器有所不同。

(1) 吸热不均。

和对流烟道不同，炉膛是锅炉燃烧的场所，在燃烧的组织过程中，任何构成或参与燃烧的要素或参量发生变化，都有可能对炉内三维的温度场和速度场产生重要影响。如炉膛和燃烧器的结构及布置方式、燃料特性和配风方式、锅炉运行负荷高低、火焰中心的位置、水冷壁的清洁程度等各种因素，都会影响炉膛不同位置的热负荷分布状况。因此，对于炉膛的某一壁面，沿其高度、宽度方向的热负荷分布差别很大。图 5-25 和图 5-26 给出了切圆燃烧固态排渣煤粉锅炉的热负荷不均系数，沿高度和宽（深）度方向的变化曲线。从图中可以清楚地看出炉内热负荷的分布与炉膛内具体位置的密切关系。

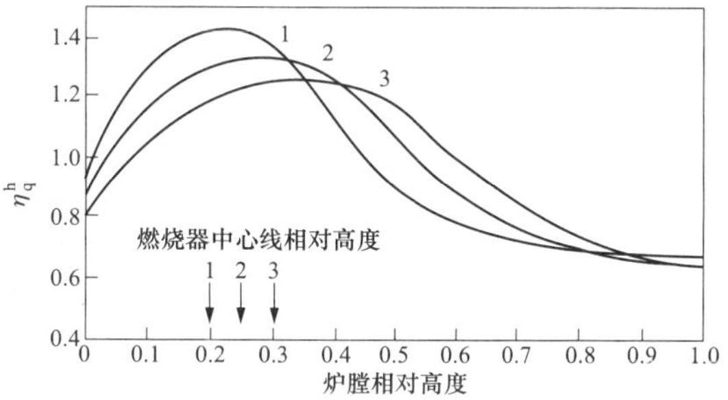

图 5-25　沿炉膛高度的热负荷不均系数 η_q^h

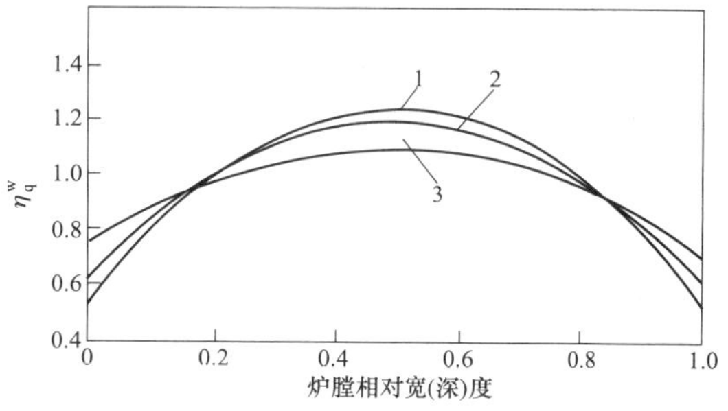

图 5-26　沿炉膛宽度的热负荷不均系数 η_q^w

1—燃烧器区域；2—整个炉墙；3—炉膛出口

除上述各种因素外，水冷壁的布置形式对工质吸热不均也有一定程度的影响。当水冷壁采用垂直布置的管屏时，沿壁面宽度方向的热负荷分布对工质吸热不均的影响比较大，沿而高度方向的热负荷差别则影响很小；但水冷壁若采用螺旋管圈形式时，则沿壁面高度方向的热负荷分布对工质吸热不均的影响较大，且并联管子数目越多，吸热不均程度越大。

(2) 流量不均。

蒸发受热面内的工质是蒸汽与水的气液两相流，因此蒸发受热面的流量不均虽然与过热器、再热器管内的流量不均有相同之处，但却更加复杂。前已述及，两相流中由于汽液比体积存在较大差异，因此即使管组两端的压差相同，也会造成并行管内流量出现很大差异，而炉内复杂的传热工况对蒸发管的热负荷不均产生了很大的影响，从而会影响蒸发管内工质的比体积，进而导致蒸发管工质流量出较大偏差。

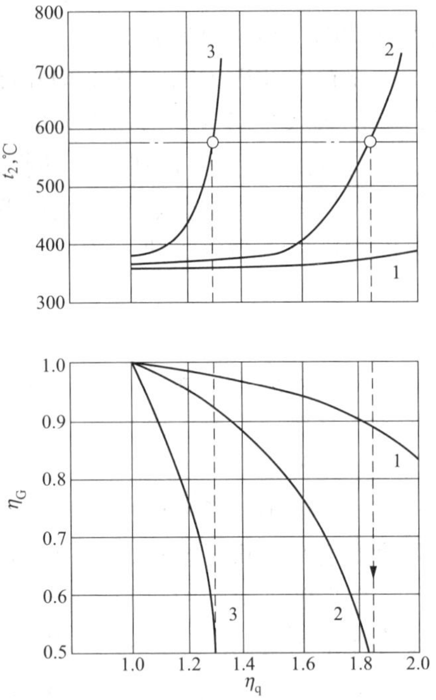

图 5-27 $p=24$MPa 时直流管组偏差特性

根据管组的平均总压降和偏差管的总压降可以对流量不均系数进行计算。然后再根据给定的吸热不均系数（忽略结构不均系数），就可以计算出热偏差系数 φ。图 5-27 所示的是在 $p=24$MPa 的超临界压力状态下，某个直流管组的偏差特性曲线。

根据图 5-27，对于受热强的偏差管（$\eta_q>1$ 的管子），随着吸热不均系数η_q的增大，其流量不均程度也增大（$\eta_G<1$，流量减小），即流量不均系数减小。工质出口温度 t_2 上升，在曲线某一段中，曲线的斜率迅速增大，这种情形下，η_q 即使只有微小的增量也会使流量迅速下降，工质出口温度 t_2 迅速上升。这是因为在超临界压力下的大比热容区内，工质焓值的增加会使其比体积迅速大，从而使流动阻力激增。流动阻力的增大又反过来使管子的流量减少而继续增大了热偏差，恶性循环的结果是吸热越多的偏差管子其中工质流量越小。而且随着偏差管内工质焓增的加大，出口工质状态逐步远离大比热容区，在工质焓值增加和比热容下降的双向影响下，工质温度上升的更加迅速。

2. 减少热偏差的措施

蒸发管内的工质一般以水为主，对管子的冷却程度要好于过热器，从这个角度讲，蒸发管出现较大的热偏差对管子的安全性影响并不大。但炉膛内温度远高于过热器区域，因此一旦传热工况出现异常，可能在很短时间内，就会出现受热面超温甚至破坏。因此必须采取适当的措施防止蒸发受热面出现较大的热偏差。

（1）蒸发管进口加装节流圈或节流阀。装设适当阻力的节流圈或节流阀，可使各管子中的流动阻力趋于相同，从而最大限度的消除不同管子之间工质比体积的差异，使流量不均系数 η_G 接近于 1。实际上，即使并列的所有管子装设同样阻力的节流圈或节流阀，也可以改善流量不均的现象。这是因为节流元件的加入增大了各个管子的总阻力，相当于增大了分母，从而降低了比体积变化的百分比，因此流量趋于均匀。

节流元件的作用不仅可以减少热偏差，还可消除直流锅炉水动力的多值性和流体产生的脉动，因此在实际选用节流圈或节流阀时，应考虑三方面的需求进行计算，然后选择阻力最大的节流元件。但为防止管子堵塞，一般节流圈孔径应大于 6mm。

（2）采用较高的质量流速。在其他条件相同时，取用较大的质量流速 ρw，可增大管子内壁的表面传热系数，因而管壁金属温度较低，可容许有较大的热偏差。

（3）采用并联管屏式蒸发受热面。把蒸发受热面分成若干个并联管组，这样就减小了管组的宽度，从而减小了各管组中管子间的受热不均和流量不均。此外对每一管组可在其供水管上加装节流阀，可根据炉内热负荷分布情况对并联管组的工质流量进行有针对性的调节从而减少管组间的热偏差。

(4) 减少管组中工质的焓增，并采用中间混合。可参照过热器防止热偏差的方法，沿工质流程方向对管组进行分段，加装中间联箱。但需注意蒸发区汽水混合物在进行中间混合后的两相流的流量分配均匀性问题。

(5) 组织好炉内燃烧。在设计中，尽量采用四角切圆燃烧方式，以获得良好的火焰充满度和比较均匀的热负荷。燃烧器尽量采用分散式多层布置，以防止热负荷过于集中。运行中应尽可能使各个燃烧器的给粉量和配风量趋于均匀；燃烧器要力求均匀投停；避免火焰中心偏斜；及时吹灰以防止或减少因炉膛壁面结渣、积灰引起的吸热不均。此外，还要加强水质管理，防止蒸发管内结垢或腐蚀而造成流动阻力系数出现偏差。

第五节 蒸汽污染及携带

一、蒸汽品质

蒸汽的品质通常含有两方面的要求，其一是指锅炉产生的蒸汽要满足设计温度和压力等参数的要求；其二是蒸汽中杂质的含量不允许超过限制值。由于蒸汽品质的好坏对设备的安全性和经济性有很大影响，因此现代大型锅炉机组对蒸汽品质的要求十分严格。

蒸汽中常见的杂质包括气体杂质和非气体杂质。气体杂质主要包括 O_2、N_2、CO_2、NH_3 等，这些气体杂质的存在可能会腐蚀金属，且 CO_2 还可以参与沉淀过程，造成金属内壁的结垢。非气体杂质主要是指蒸汽中含有的盐分。这些盐分随蒸汽进入过热器后，一部分会沉积在过热器的管壁上，通过增大热阻的方式致使过热器管壁温度升高；另一部分溶解于过热蒸汽中的盐分，会随着压力的降低而结晶析出后沉积在后续的管道、阀门、汽轮机的调节阀和叶片上。沉积在阀门上的结晶盐会使阀门卡涩并影响其严密性。而汽轮机叶片上的沉积盐会改变叶片的型线，降低汽轮机热效率；积垢的不均匀性将影响转子的动平衡，使汽轮机振动加大，甚至造成重大事故。

为了保证锅炉和汽轮机长期安全运行，我国的火力发电厂蒸汽质量标准中对蒸汽中杂质的含量提出了如表 5-2 所示的质量要求。

表 5-2　蒸汽质量标准

炉型	压力（MPa）	钠（μg/kg）		二氧化硅（μg/kg）	铁（μg/kg）	铜（μg/kg）
		磷酸盐处理	挥发性处理			
汽包锅炉	3.8～5.8	≤15		≤20	≤20	≤5
	5.9～15.6	≤10	≤5～10			≤5
	15.7～18.3	≤10	≤5～10			≤3～5
直流锅炉	5.9～15.6	≤5～10		≤20	≤10	≤5
	15.7～18.3	≤5～10		≤20	≤10	≤3～5
	18.4～25	≤3～5		≤10～15	≤10	≤2～5

二、蒸汽污染的原因

经过化学处理的锅炉给水虽然去除了可溶性气体和大量的盐分，但仍有极少量的盐分会残留在给水中进入锅炉。由于水溶解盐分的能力要高于蒸汽，因此在自然循环汽包锅炉中，随着蒸发过程的不断进行，给水中的杂质将源源不断地转移到蒸发区的锅水中，尤其是在汽包中蒸汽空间和水空间的交界面——蒸发面附近，锅水的杂质浓度要远高于给水。因此，在汽包中完成汽水分离后的饱和蒸汽在一定条件下会携带少量的锅水，这是蒸汽污染的第一个原因，也是中、低压锅炉蒸汽污染的主要原因；蒸汽污染的第二个原因就是蒸汽也可以溶解少量盐类，即使蒸汽对盐的溶解是有选择性的。蒸汽溶解盐的能力与工作压力有很大关系。

锅炉技术中，把饱和蒸汽携带锅炉水的现象称为机械携带；而把蒸汽溶解盐类的现象称为溶解性携带或选择性携带。下面分述其计算法。

（1）机械携带量的计算。如果把蒸汽携带的锅水量用蒸汽湿度 ω ——即蒸汽中水的质量占湿蒸汽总质量的百分比来表示，并且对于没有蒸汽清洗装置的设备，把蒸汽带出水分的含盐浓度与锅水含盐浓度看作是相同的，就可以得到由于机械携带而产生的蒸汽含盐量S_v^{ca}：

$$S_v^{ca}=\frac{\omega}{100}S_w \quad \mathrm{mg/kg} \tag{5-83}$$

式中 S_w——锅水的含盐量，mg/kg。

（2）选择性携带量的计算。为了得到选择性蒸汽携带量，引入分配系数的概念。所谓分配系数 α，是指某物质溶解于蒸汽中的量 S_v^{so}（mg/kg），与该物质溶解于锅水中的量 S_w 的比值，并以百分数表示，即

$$\alpha=\frac{S_v^{so}}{S_w}\times 100\% \tag{5-84}$$

这样，当蒸汽既有机械携带又有选择性携带时，蒸汽中所含的某一物质的量就可以写成二者之和：

$$S_v=S_v^{ca}+S_v^{so}=\frac{\omega+\alpha}{100}S_w \quad \mathrm{mg/kg} \tag{5-85}$$

蒸汽的总含盐量有时用携带系数 K 表示，也就是蒸汽中的含盐量相对于锅水含盐量的百分数，即

$$S_v=\frac{K}{100}S_w \quad \mathrm{mg/kg} \tag{5-86}$$

比较式（5-85）和式（5-86）可知，蒸汽的携带系数 K 等于蒸汽湿度 ω 与分配系数 α 之和

$$K=\omega+\alpha \quad \% \tag{5-87}$$

分析式（5-85）可看出，对自然循环锅炉来说，降低蒸汽携带的盐量 S_q 的途径主要是：

（1）尽可能提高给水品质。

（2）尽量减小蒸汽湿度 ω，即减小饱和蒸汽的机械携带量；

（3）降低蒸发面附近水中所含的盐量S_w，尤其是减少高分配系数的盐分含量。

三、蒸汽的携带

1. 饱和蒸汽的机械携带

锅炉水冷壁中的工质经过炉膛加热而产生的汽水混合物需要送至汽包中进行汽水分离。由于水冷壁的管子数目众多，因此为了在汽包壁上开孔尽量均匀以减小热应力，一般将管子分别引入水空间和蒸汽空间。由于从水冷壁管排出的工质具有一定的动能，因此对于引入水空间的工质，当蒸汽穿出蒸发面时，气泡破裂会形成飞溅的小水滴；而当汽水混合物引入汽包的蒸汽空间时，汽水混合物下落撞击到蒸发面上时也会生成大量的水滴。这些水滴的运动方向是杂乱无序的，有些水滴还可能具有较大的动能，因此总有一部分向上升起高度较大的水滴。这部分水滴最容易随蒸汽带出，从而使蒸汽大量带水。对于那些四处飞溅的细小的水滴，虽没有足够的动能飞跃到很高的高度，但因其质量小而有可能被蒸汽流卷吸带走。

如果上升的蒸汽流对水滴的摩擦力（或拖曳力）大于球形水滴在蒸汽中的重力，则该水滴将被蒸汽卷吸带走，即

$$\xi \frac{w^2}{2}\rho'' \frac{\pi d^2}{4} \geqslant \frac{\pi d^3}{6}(\rho' - \rho'')g \tag{5-88}$$

由式（5-88）可以计算出卷吸水滴所需的最小汽流速度（也叫卷吸速度）为

$$w = 1.155\sqrt{\frac{d}{\xi}\left(\frac{\rho'}{\rho''} - 1\right)g}\ \text{m/s} \tag{5-89}$$

式中　ρ'、ρ''——饱和水、饱和汽的密度，kg/m^3。

d——水滴直径，m；

ξ——球形水滴在汽流中的流动阻力系数。

由式（5-89）可知，水滴直径越小，被蒸汽卷吸带走所需的汽流速度就越低；随着工作压力的提高，水、汽密度差逐渐减小，汽流带水能力将进一步增大。

式（5-89）也可以用于求取 d 值。对应卷吸速度 w，可求出一个水滴界限直径 d_{th}，直径小于 d_{th} 的水滴则可全部被汽流带走，这种水滴称为输送水分。显然，汽流速度越高，带水能力越强。实际运行中的锅炉，由于各种复杂的原因，不仅仅是输送水分被蒸汽带走，还有一部分较大直径的水滴也将会被带走。

饱和蒸汽的机械携带有很多影响因素，其中以锅炉负荷、锅水含盐量、汽包中水位的高度和工作压力最为典型，下面分别叙述。

（1）锅炉负荷的影响。

前已述及，汽水混合物无论是引入汽包的水空间还是蒸汽空间，总会在蒸汽空间内形成大小不一、四处飞溅的水滴。这其中小于临界直径的水滴都将被蒸汽卷吸带走而进入过热器。大的水滴不能被带走会回落到水空间中，这是对一定的蒸汽速度而言的结果。但是，随着蒸汽负荷的增大，进入汽包的汽水混合物无疑会有更大的速度和冲击动能，因此也会在蒸汽空间中生成更多的水滴，使得蒸汽湿度增大。

对于一定的锅炉水含盐量，蒸汽湿度 ω 与锅炉负荷 D 具有如下关系：

$$\omega = AD^n \tag{5-90}$$

式中　A——反应压力和汽水分离装置影响的系数；

n——随负荷而变化的指数。

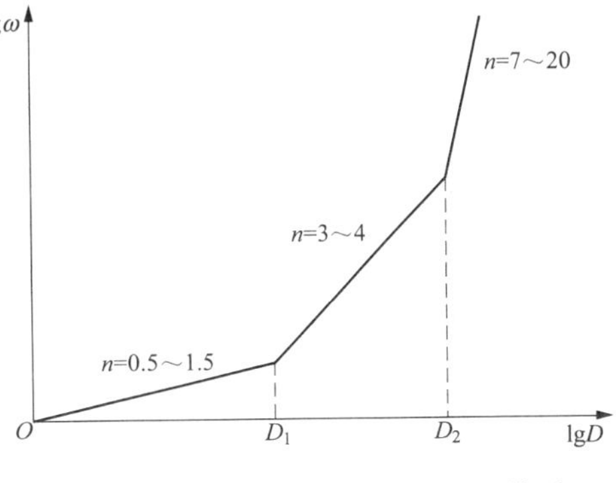

图 5-28　蒸汽湿度 ω 与负荷 D 的关系

图 5-28 将上述关系用曲线的形式表示出来。图中把蒸汽的负荷分划分为三个区域，小于 D_1 的负荷为一个区域，该区内的指数 n 约为 1～2，蒸汽能够带走的水滴只是一些极细小的水滴，此时的 $\omega<0.03\%$。介于 D_1 与 D_2 之间的负荷区域为第二个区域，其中的指数 n 为 3～4，该区段的蒸汽流速较高，带水能力增强，蒸汽湿度 ω 为 0.03%～0.2%。大于 D_2 的负荷区域为第三个区域，其中指数 n 为 7～20，此时蒸汽带水能力大大增强，大量飞溅水滴被带入过热器，蒸汽湿度 $\omega>0.2\%$。

一般情况下，锅炉的工作大都位于第二负荷区，因此也将负荷 D_2 称为临界蒸汽负

荷。实际运行中的最大负荷应低于临界负荷，以避免蒸汽湿度过大而造成过热器的盐分沉积。

在设计汽包及其内部装置时，常用到蒸发面负荷 R_A 和蒸汽空间负荷 R_s 两个指标。蒸发面负荷是指相对于单位蒸发面积的蒸汽容积流量，它在一定程度上代表着蒸汽在汽包蒸汽空间的平均上升速度，因此也就代表了蒸汽卷吸水滴的能力。

$$R_A = \frac{Dv}{A} \quad m^3/(m^2 \cdot h) \tag{5-91}$$

而蒸汽空间负荷是指单位汽包蒸汽容积中的蒸汽容积流量，其具有“空间速度”的意义，它表示蒸汽在汽包蒸汽空间内停留时间的倒数。R_s 越小表示蒸汽逗留的时间越长，蒸汽中的水滴可有更多的机会重新落到水容积中。

$$R_s = \frac{Dv}{V} \quad m^3/(m^3 \cdot h) \tag{5-92}$$

式中 D——蒸汽流量，kg/h；

v——饱和蒸汽的比体积，m^3/kg；

A——汽包中蒸发面的面积，m^2；

V——汽包蒸汽空间的容积，m^3。

在实际设计时，由于条件的不同，如蒸汽分配的均匀性以及各种分离装置的不同效果等，R_A 和 R_s 的限额不完全一样，表 5-3 的 R_s 值可作参考。

表 5-3 蒸汽空间负荷 R_s 的设计参考值

汽包压力（MPa）	4.3	11	15
蒸汽空间负荷 [$m^3/(m^3 \cdot h)$]	500～1000	350～400	250～300

（2）锅水含盐量的影响。

纯净水和含盐水具有不同的表面张力和动力黏度，锅水含盐量增多，特别是化学性质偏碱性的盐类增多，将使溶液表面张力减小，并因此减小气泡直径。另外，随锅水含盐浓度增高，相邻气泡间的液体黏度增大，使得沿气泡表面水层流动的摩擦阻力也增大，气泡难以完成由小变大的合并过程。这两方面的影响都将使得生成的气泡直径变小，并且气泡对水的相对运动减慢，从而导致汽包水容积中含汽量的增多，促使水容积膨胀，蒸汽空间高度减小。其结果大大增加了蒸汽的带水能力。

动力学研究表明，越小的气泡其内部过剩压力越高，气泡液膜强度也越大，从而使气泡只能在液膜很薄时才会破裂，并且破裂后飞溅出的水滴也越多且直径也越小，更容易被蒸汽卷吸带走。

蒸汽含盐量 S_v 与锅水含盐量 S_w 的关系示于图 5-29。观察 D_1 和 D_2，最初两者呈线性关系，说明在锅水含盐量 S_w 增大时，蒸汽带水量并未发生变化（否则曲线将向上弯曲），只是水中含盐增多才使蒸汽含盐增加。但当锅炉水的含盐量达到某个数值后，蒸汽含盐量突然大幅增高，D_1 和 D_2 不再保持直线而是剧烈向上弯曲。我们把这时的锅炉水含盐量称为临界含盐量。此时汽包蒸汽空间高度显著减小，蒸汽空间中的微细水滴大幅增多，这种现象又称为汽水共腾，图 5-29 中示出了不同负荷 D_1 和 D_2 下的两条关系曲线。可以看出，在相同的 S_v 下，负荷较大的 D_1 工况下的 S_w 要小于负荷较小的 D_2 工况下的S_w，这说明随着锅炉负荷的增加，水容积中的含汽量增多致使水容积膨胀加剧，因此锅水的临界含盐量降低。为了避免上述问题对锅炉正常工作的影响，一般规定实际运行过程中锅水的许可含盐量为临界含盐量的 70%左右。

锅水最大许可含盐量除了与锅炉负荷有关外，还与盐的种类、蒸汽压力、蒸汽空间高度、汽水分离装置的形式和运行状况等因素有关。

（3）汽包水位的影响。

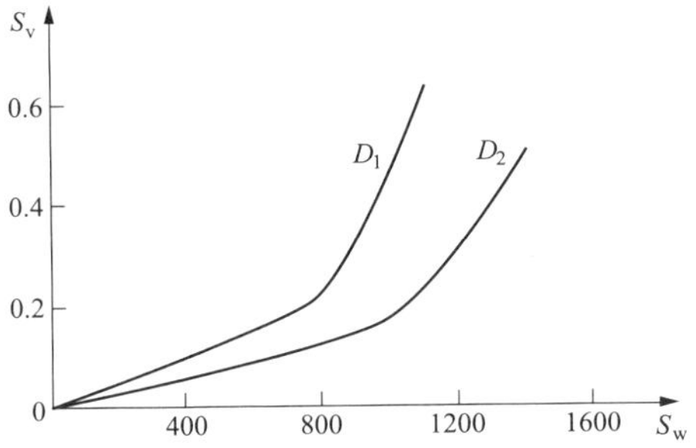

图 5-29 蒸汽含盐与锅水含盐的关系 $D_1>D_2$

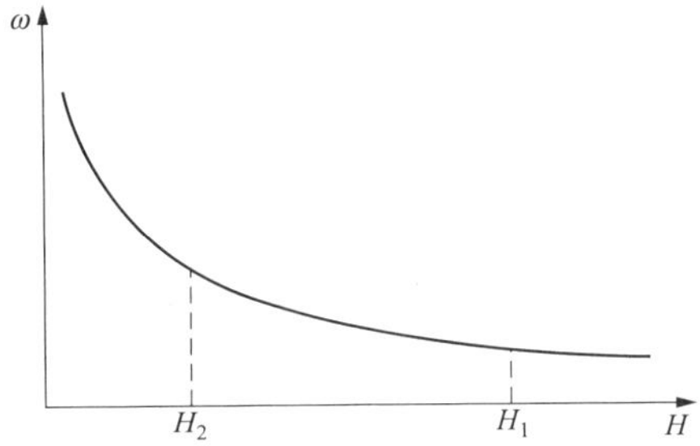

图 5-30 ω 与 H 的关系

汽包水位高低直接决定着蒸汽空间的高度 H，也就是说决定着液滴被蒸汽带走的最大距离，因而也影响蒸汽的带水量。当水位升高时，H 减小，飞溅的大水滴也有可能因逃离蒸汽空间的距离变短而随蒸汽一起离开汽包，致使蒸汽湿度 ω 显著增加。比较图 5-30 中的 H_1 和 H_2 可见，当 H 从 H_2 增大到 H_1，蒸汽湿度有很大的降低，但之后继续增大 H 时，ω 的变化则非常微小，这是因为水滴的动能是一定的，因此其飞溅的高度也是有限的，当 H 超过此限度时，飞溅出的大水滴在动能消失后又将重新落回到水容积中，而随蒸汽带出的只是输送水分。

（4）工作压力的影响。

随着锅炉压力的升高，汽水密度差减小，汽水分离变得十分困难；高压蒸汽卷吸水滴的能力远高于低压蒸汽。此外，压力升高时饱和温度也相应升高，这使得水的表面张力减小，气泡更容易破碎成细水滴。因此工作压力愈高，蒸汽愈容易带水。这从表 5-3 中也可以看出，高压锅炉的蒸汽空间许可负荷 R_s 要比中压锅炉低。

除了工作压力正常的升降外，压力的急剧波动也会对蒸汽带水过程产生较大影响。如汽轮机用汽量突然增大时将使锅炉汽压急剧下降。这就造成汽包和蒸发系统中的存水处于过饱和状态，从而释放热量产生附加蒸汽。同时蒸发系统的金属也会由于高于管内工质温度而放出热量产生附加蒸汽。二者共同作用的结果使得蒸发管和汽包水容积中的含汽量突然增大，汽包水容积急剧膨胀，蒸汽空间高度降低，同时穿过蒸发面的蒸汽量增多，造成蒸汽大量带水。这一现象将导致过热蒸汽温度降低，甚至对汽轮机的工作产生巨大影响。

2. 蒸汽的溶解性携带

饱和水溶解的盐类有一部分也会溶于蒸汽。并且这种溶解能力随工作压力的升高而升高。蒸汽和水一样，对不同盐类的溶解能力也是不同的，就是说蒸汽的溶盐也是有选择性的，并具有下列特点：

（1）饱和蒸汽和过热蒸汽具有不同的溶解盐类的能力；

（2）蒸汽溶解盐的能力随工作压力的升高而增大；

（3）蒸汽溶解盐类具有选择性，不同盐类在同等条件下在蒸汽中的溶解度具有很大区别。

前文述及的分配系数 α 的大小与饱和蒸汽密度 ρ'' 和饱和水密度 ρ' 的比值有关。实验结果显示，二者的关系为

$$\alpha=\left(\frac{\rho''}{\rho'}\right)^{n} \tag{5-93}$$

式中 n——与盐的种类有关的溶解指数。

由式（5-93）可知，分配系数 α 随压力的增加而增加，随溶解指数 n 的增加而减小。根据饱和蒸汽的溶盐能力，可把锅水中常遇到的物质分为三类：

第一类物质是硅酸（H_2SiO_3、$H_2Si_2O_5$、H_4SiO_4 等，其通式为 $x SiO_2 \cdot y H_2O$）。硅酸的分配系数最大，表 5-4 中给出了不同压力下硅酸的分配系数。

表 5-4　　不同压力下硅酸的分配系数

工作压力（MPa）		4	6	8	10	11	14	15	16	18	20	22.5
α SiO_2 %	pH=7	—	—	0.5～0.6	0.8	1.0	2.8	—	—	8.0	16.3	100
	pH=10	0.033	0.07	0.16	0.6	0.92	2.2	2.8	3.8	7.3	—	100

可以看出，随着压力的提高，溶于蒸汽而被带出的硅酸要比正常的机械携带（ω=0.01%～0.1%）大出很多。

第二类物质为 NaOH、NaCl 和 $CaCl_2$ 等，这类物质在蒸汽中的溶解度比硅酸低很多，但是在超高压及更高压力的锅炉中，蒸汽对这类物质的溶解携带不能忽略。

第三类物质为 Na_2SO_4、Na_2SiO_3、Na_3PO_4、$Ca_3(PO_4)_2$、$CaSO_4$ 和 $MgSO_4$ 等。这类物质的溶解度很低，压力在 20MPa 以下时，可以不考虑它们在蒸汽中的溶解问题。

硅酸在蒸汽中的溶解度最大，并且会随压力的降低在汽轮机内产生沉积。而硅酸盐（如 Na_2SiO_3、$Na_2Si_2O_5$）则很难溶于蒸汽。因此适当增大锅水的 pH 值，将有利于硅酸转变为难溶于蒸汽的硅酸盐，从而使蒸汽中的硅酸含量减少。但如碱度过大则锅水易生泡沫，使蒸汽的机械携带剧增。并且容易引起金属的碱性腐蚀，因此 pH 值不可过高。运行中可以利用增大蒸发面的排污量来降低锅水的硅酸含量，但应注意增大排污在降低硅酸含量的同时，也会降低锅水的 pH 值，其结果反倒使硅酸含量增高。

当分配系数一定时，与蒸汽接触的水的含盐越少，蒸汽的溶盐也就越少。为了减少蒸汽中的硅酸含量常采用清洁的给水对蒸汽进行清洗，这是改善高压蒸汽品质的一个有效方法。

前已述及，不同的压力下，蒸汽对盐类有着不同的溶解度，而且随着压力降低，溶盐能

力下降。而锅水所含物质的成分千差万别，同时锅水中溶解的各种物质还远未达到饱和状态，因此在离开汽包后，各种物质由于压力下降而导致溶解能力下降后会逐步发生沉积，而不是集中沉积在过热器进口附近。蒸汽中所含盐类杂质转为固相后，除少量被蒸汽带走外，大部沉积在过热器管子内。中压锅炉蒸汽中的非挥发性物质几乎全部沉积在过热器中。但随压力升高，过热蒸汽的溶盐能力增强，于是沉积在过热器中的物质就会明显减少。当带盐的蒸汽进入汽轮机后，随蒸汽压力的下降，蒸汽中的溶盐逐渐分离出来并沉积在汽轮机流通部分。蒸汽中溶解度较低的钠盐首先分离析出并沉积在汽轮机的高压级。而溶解度较高的硅酸则大多沉积在靠近汽轮机后部的低压级。由于硅酸几乎不溶于水，因此叶片上沉积的硅酸几乎不能用水洗掉，需要采用其他方法甚至打开汽轮机进行清除。

第六节 汽水分离与蒸汽净化

一、对汽水分离装置的要求

由于火力发电厂对蒸汽洁净度的高标准要求。使得蒸汽净化装置的设计及运行变得越来越重要。对于汽包锅炉可以采用排污的方法改善蒸发系统中水的品质，但过多的排污会使经济效益下降。采用分段蒸发也是降低蒸汽含盐的一种方式；高压时还可以采用蒸汽清洗，也可以使蒸汽溶盐量大幅度下降。但这些都不能从根本上彻底解决问题。因此高效的汽水分离装置的设计和良好的运行将是得到合格蒸汽的重要基础。

对于汽水分离系统提出的要求是：蒸汽湿度足够低，单位蒸汽负荷要高，流动阻力要小，运行安全可靠。要想满足这些要求，应从以下几方面来考虑汽水分离装置的设计：

（1）分离装置要在尽可能不打散水滴的前提下消除汽水混合物的动能，并做到汽水初步分离，为更进一步的分离创造条件。

（2）分离装置应能够保证蒸汽沿水平截面各处分配均匀，从而避免局部蒸汽的上升流速过大而增大水滴的卷吸量。

（3）充分利用汽水密度差，通过重力、离心力、惯性力以及附着力等作用，把细微水滴从蒸汽中分离出来。

根据以上设计思想，锅炉汽包中的汽水分离装置一般都采用多种功能元件的组合方式，来完成汽水分离任务。如采用进口挡板、水下孔板、旋风分离器等元件作为初步分离手段；而把波形板、均汽孔板等元件作为汽水的二次细分装置，完成最终的分离。

二、汽水分离装置

电站锅炉常用的汽水分离元件主要有：旋风分离器、波形板（百叶窗）、均汽孔板等，近些年来也有一些新型的分离元件问世，在实际应用中得到了满意的效果。

1. 旋风分离器

旋风分离器是目前所有的初步分离装置中，效果最好，应用最广的分离装置，其结构与工作的基本原理如图 5-31 所示。汽水混合物沿切向引入，在离心力作用下，水贴着筒壁旋转流下，蒸汽集中在筒体中心向上流动，由于旋转作用，筒内水面呈抛物面形。在筒的顶部装有溢流环以防止贴壁的水膜层被上升汽流撕破，而使蒸汽重新带水。为防止水向下排出时把蒸汽带出，在筒底中心部分设置一圆形底板，使水顺着底板周围的环形通道排出，通道内还装有倾斜导叶，可保证排水稳定地排入汽包水容积中并不激起过大水花。还有的在筒底下方装有托斗目的也是为防止排水把蒸汽带出。汽包中装有很多的旋风分离器，每个旋风分离器中的水都在做旋转运动，这就可能造成汽包水位面的偏斜，因此设计中为了消除旋转，可将相邻旋风分离器的排水旋转方向进行相反设计，就可使汽包的水位面保持平稳。

筒内的汽流是旋转上升的，各处汽流速度很不均匀，并携带有水滴。因此在旋风分离器的顶部出口还装有波形板组成的顶帽，既能均匀蒸汽的流速，又能对汽水进行再一次分离。顶帽通常有两种结构：一种是汽流通过它可以垂直上升；另一种是使汽流转向 90°，沿径向通过波形板进行二次分离后流出。

汽水混合物引入旋风分离器有三种常见方式：单位式、总联箱式和分联箱式（见图 5-32）。由一根或几根汽水导管连接一只分离器的方式称为单位式，其优点是阻力小，缺点是由于热偏差的客观存在，各只分离器的蒸汽负荷可能出现很大的差别。将来自汽包一侧的汽水导管中的汽水混合物引入一个总联箱，然后再将其导出到很多并列的分离器中，这种方式称为总联箱式。这种方式弥补了单位式连接方法蒸汽负荷差异性较大的缺点，但其汽水流动阻力较大，而且由于汽包的壁厚同联箱壁厚相差很大，故很长的焊缝容易裂开。为了解决这一问题，出现了把总联箱进行分段而变成分联箱的连接方式。显然，这是一种折中的办法。

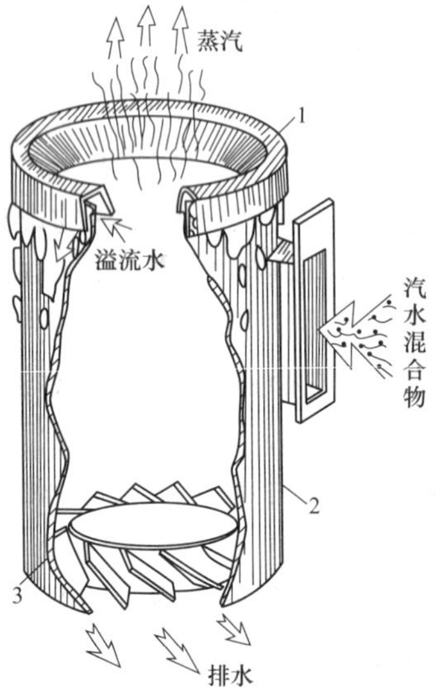

图 5-31 旋风分离器

1—溢流环；2—筒体；3—桶底

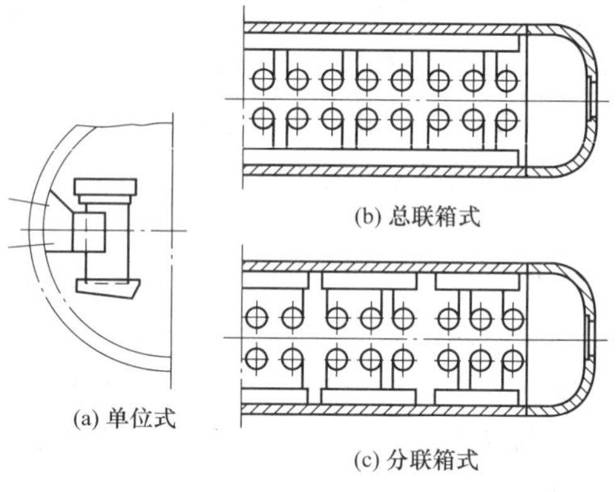

图 5-32 旋风分离器的连接方式

除上述的旋风分离器外，还有一种控制循环锅炉经常采用的分离效率高，但流动阻力大的涡轮式分离器（见图 5-33）。该分离器的工作过程是：汽水混合物由分离器的底部引入，在向上流动的过程中，经过固定在筒内的导向叶片时产生强烈的旋转，然后水在离心力的作用下，贴着内筒壁旋转向上流动到顶部，经过集汽短管与内筒壁之间的环形通道，进入内、外筒之间的夹层，然后再向下流入汽包的水空间。蒸汽则在内筒的中间向上流动，经集汽短管和波形板顶帽的二次分离后，进入汽包的蒸汽空间。

2. 波形板（百叶窗）

波形板分离器也称百叶窗分离器，它由很多平行的波形板组成，板间的距离约为 10mm

(见图 5-34)。波形板的布置形式有立式和水平式两种。

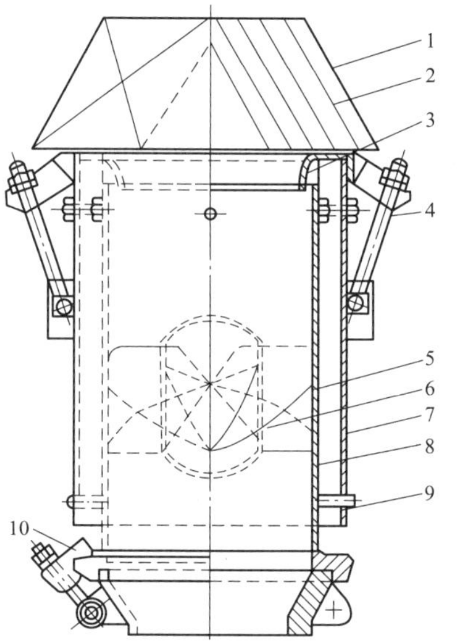

图 5-33　涡轮式分离器

1—梯形顶帽；2—波形板；3—集汽短管；
4—钩头螺栓；5—固定式导向叶片；6—涡轮芯子；
7—外筒；8—内筒；9—排水夹层；10—支撑螺栓

图 5-34　波形板

当携带水滴的蒸汽在波形板之间流经弯曲的通道时，依靠惯性力作用使水滴分离，细微水滴黏附在板壁上，并形成一层水膜，然后靠自身重力流下落入水容积中。蒸汽通过波形板的速度不能过高，否则会把已形成的水膜撕破，使蒸汽又重新带水，图 5-35 给出了波形板分离器中不同压力下的最大许可蒸汽流速。压力升高会使蒸汽撕破水膜的能力增强，故蒸汽流速应当减小。当波形板立式布置时，疏水与汽流方向垂直，可允许有较大的蒸汽流速。

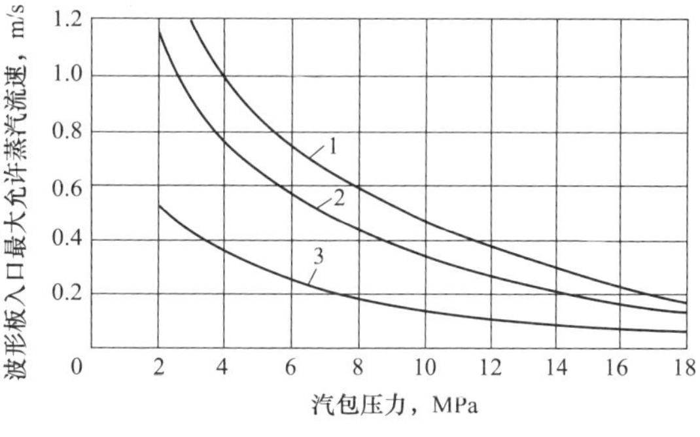

图 5-35　波形板分离器中最大允许蒸汽流速

1—立式布置（无洗汽装置）；2—立式布置（有洗汽装置）；3—水平布置

3. 集汽孔板（均汽孔板）

集汽孔板是装在蒸汽引出管之前的多孔钢板，孔径一般为 8～12mm。

集汽孔板实质上是对各处的上升汽流附加了一个流动阻力，从而促使汽包蒸汽空间各处上升汽流具有均匀的流速，因此也称为均汽孔板。由于均匀的流速就是最小的流速，因此在蒸汽负荷一定的情况下，可以使蒸汽的机械携带量最少。当然，蒸汽空间中飞溅的水滴在向上运动过程中，如果不能直接从孔中穿过，则大概率的被孔板阻挡而最终凝聚成更大的液滴后掉落至水容积中，因此集汽孔板也可起到一定的细分离作用。

三、蒸汽清洗

以上介绍的汽水分离措施只能减少蒸汽的机械携带，而对蒸汽的溶解性携带则作用不大。因此对于高压以上的锅炉汽包，普遍采用蒸汽清洗的方法来减轻由于选择性携带而导致的蒸汽含盐量增多的问题。蒸汽清洗的目的主要是降低溶解在蒸汽中的盐分，尤其是溶解度高的硅酸。分析式（5-83）可知，当压力一定时，分配系数 α 为常数，此时要减少蒸汽中溶解的硅酸含量，只能降低与蒸汽接触的水的硅酸浓度。这就是蒸汽清洗的理论依据。所谓蒸汽清洗，就是用含盐低的清洁水与蒸汽接触，使已经溶于蒸汽的盐分转移到清洗水中来，从而减少蒸汽中溶解的盐分浓度。

蒸发面下的锅炉水经循环蒸发后，其中的含盐浓度较高，所以由锅水产生的蒸汽溶解了相当多的盐类。如果蒸汽在离开汽包之前，最后能够与清洁的给水接触，这样不仅蒸汽的溶盐会大幅减少，而且携带水滴所带的盐也会减少，因为带出的水为含盐较低的清洗水，而不再是蒸发面附近的高盐分锅水。

蒸汽清洗装置的工作过程是：进入汽包的一部分给水由配水装置均匀地送到清洗孔板上（通过对孔板孔径和清洗水量的合理设计保持一定厚度的清洗水层），流过孔板后的给水经溢流挡板落入汽包水空间。蒸汽自下而上穿过清洗孔板以及孔板上面的清洗水层后再穿过集汽孔板后导出汽包。影响蒸汽清洗效果的因素主要是清洗水量和清洗水的品质、清洗水层厚度、蒸汽穿过清洗孔板时的流速、清洗前的蒸汽品质等。

对于亚临界压力锅炉，由于汽水密度差过小会使得蒸汽带水能力大大提高，为了避免汽包出口蒸汽湿度过大，汽包中一般不再布置蒸汽清洗装置。

第六章 锅炉受热面外部工作过程

第一节 水冷壁的结渣与高温腐蚀

现代大型锅炉的蒸发受热面主要是水冷壁。水冷壁布置于炉膛四周，时刻处于高温环境中，炉内气流流场复杂，气氛多变，工作环境十分恶劣，在实际运行中容易出现一些问题。固态排渣煤粉炉中主要存在的问题就是结渣和水冷壁高温腐蚀问题。

一、固态排渣煤粉炉的结渣

固态排渣煤粉炉中，火焰中心温度可达 1400～1700℃。在这样的高温下，炉内烟气中的灰粒多呈熔化或软化状态。随烟气一起运动的灰渣粒子，由于水冷壁的吸热而被冷却下来。当液态的灰渣在接近水冷壁或炉墙之前，已因温度降低而凝固，这时它们附着在受热面管壁上，形成的是一层疏松的灰层，这样的灰层经吹灰很容易清除。若燃烧过程中形成的熔融灰渣在凝固之前接触到受热面，则会黏结在上面，并积聚和发展成一层硬结且难以清除的灰渣层，这个现象称为结渣（俗称结焦）。煤粉炉中发生结渣的部位，通常是在燃烧器布置区域和炉膛出口折焰角处，甚至还出现在屏式过热器及其后的对流管束入口等处，有时在炉膛下部冷灰斗处也会发生结渣。

1. 结渣的危害

结渣会危及锅炉运行的安全性和经济性，造成的后果是十分严重的：

(1) 受热面结渣以后，会使传热热阻增加，传热减弱，工质吸热量减少，锅炉排烟温度升高，排烟热损失增加，锅炉效率下降。为保持锅炉的出力，在增加燃料量的同时必须相应地加大风量，这就使送、引风机负荷增加，厂用电增加。因此，结渣使锅炉运行的经济性明显降低。

(2) 受热面结渣时，为了保持锅炉的出力，必须增大风量。若通风设备容量有限，加上结渣容易使烟气通道局部堵塞，将使烟气阻力增加而风机风量难以加大，锅炉只好被迫降负荷运行。

(3) 炉膛受热面结渣后，炉膛出口烟温升高，导致过热汽温升高，加之结渣造成的热偏差，易引起过热器超温损坏。这时为了维持过热汽温和保护再热器，运行中也需要限制锅炉负荷。

(4) 燃烧器喷口结渣，改变了燃烧器出口气流结构，从而使炉内空气动力工况受到破坏，影响燃烧过程的进行。喷口结渣严重而被堵塞时，锅炉只好降负荷运行，甚至被迫停炉。

(5) 水冷壁结渣，会使其各部分受热不均，对自然循环锅炉的水循环安全性和控制流动锅炉水冷壁的热偏差带来不利影响，可能导致水冷壁管破坏。

(6) 炉膛上部积结的焦块掉落时可能会砸坏冷灰斗的水冷壁管。

(7) 冷灰斗处结渣严重时，会使冷灰斗出口逐渐堵塞，无法排渣，锅炉无法继续运行。

总之，结渣不但增加了锅炉运行维护和检修的工作量，严重危及锅炉安全经济运行，还可能迫使锅炉降低负荷运行，甚至被迫停炉。结渣本身是一个复杂的物理化学过程，同时还有自动加剧的特点。一旦发生，由于渣层的热阻使传热恶化，炉内烟气温度和渣层表面温度都将升高，加之渣层表面粗糙，渣粒更容易黏附上去，结果结渣过程会越演越烈。所以应尽最大努力来减轻或防止锅炉结渣。

2. 影响结渣的因素

影响结渣过程的主要因素有：

(1) 煤粉灰分特性。目前判断燃煤锅炉燃烧过程中是否发生结渣的一个重要的依据是灰的熔融性，通常将灰的软化温度 ST 作为衡量是否发生结渣的主要指标。不同燃料的灰分具有不同的成分和熔融性，灰熔点较低的煤（ST<1200℃）易结渣。灰的熔融性是在实验室条件下测定的，与炉内实际工况有较大差异，而且煤灰是多种无机化合物的混合物，并不具有单一的熔点。因此，评价煤灰的结渣性能除用灰的熔融性说明外，还必须引入其他一些指标，甚至要用多项指标进行综合评价。目前采用的有硅比、酸碱比、结渣指数以及极限黏度等。

硅比就是 SiO_2 比。用 S_R 表示：

$$S_R=\frac{SiO_2}{SiO_2+Fe_2O_3+CaO+MgO}\times 100\% \tag{6-1}$$

式（6-1）中的几种氧化物是指它们在灰中的重量百分比。硅比是反映燃煤结渣趋势和对不同煤种进行比较的一个简单的指标。硅比越大，灰渣黏度越高，越不易结渣。灰中含铁量和含钙量增加会使 S_R 值减小，灰的黏度降低。一般硅比 $S_R>72$ 时的灰渣不易发生结渣，当 $S_R<65$ 时就有可能发生严重结渣。通常把 SiO_2 含量高的渣称为酸性渣，含量低的称为碱性渣，酸性渣的灰熔点和黏度都是比较高的，因而不易发生结渣。

灰分中的碱性和酸性两类氧化物含量之比，称为灰的酸碱比：

$$\frac{B}{A}=\frac{Fe_2O_3+CaO+MgO+Na_2O+K_2O}{SiO_2+Al_2O_3+TiO_2} \tag{6-2}$$

式（6-2）分子中的碱性氧化物都是提高灰的流动性的，而分母中的酸性氧化物都是增加灰的黏滞性的。由此可知，B/A 越小的煤越不易发生结渣，对于固态排渣煤粉炉使用的煤，为防止结渣，灰的酸碱比应尽可能低于 0.5。

当考虑硫对结渣的影响时，提出了另一指标——结渣指数 R_S。对于 $Fe_2O_3>CaO+MgO$ 的烟煤型灰，结渣指数为

$$R_S=\frac{B}{A}S_d \tag{6-3}$$

式中　S_d——煤中干燥基含硫量。结渣指数 R_S 与碱酸比相似，R_S 小则灰渣有较高的黏度。

通常 $R_S<0.6$ 时，结渣的可能性很小；而当 $R_S>2$ 时，就会发生严重结渣。

燃煤灰分特性对结渣的影响，是一个十分复杂的问题，目前还没有一个世界公认的评价结渣性能的方法。它不仅与灰中各组分的含量有关，还与各组分的物理化学性质、相互之间的作用和锅炉的运行工况（如炉内介质的气氛）等因素有关。

(2) 炉内空气动力特性。炉膛内的烟气温度以及水冷壁附近的温度工况和介质气氛等都与炉内空气动力特性密切相关。

正常运行工况下，高温的火焰中心应位于炉膛断面的几何中心。实际运行中，由于气流组织不当，会造成火焰中心偏移，甚至使煤粉气流火焰贴壁冲墙而引起局部水冷壁结渣。另外，运行中炉内空气动力工况组织不好，易形成死滞旋涡区并形成还原性气氛。在还原性气氛中，灰的熔点降低，增大了结渣的可能性。例如，燃用含 Fe_2O_3 较高的煤时，在还原性气氛中熔点较高的 Fe_2O_3 被 CO 还原成熔点较低的 FeO，而 FeO 与 SiO_2 等进一步形成熔点更低的共晶体，有时会使灰的熔点下降 150～300℃。

(3) 炉膛的设计特性。炉膛容积热负荷 q_V、断面热负荷 q_A 和燃烧器区域热负荷 q_B 数值的大小都会对结渣产生一定的影响。当锅炉设计时炉膛热负荷取得过大，或实际运行时炉膛热负荷过高，都会提高炉膛或局部区域的温度水平，使结渣的可能性增大。

(4) 锅炉运行负荷。锅炉负荷升高时，炉内温度也相应升高，结渣的可能性也就增大。

3. 防止结渣的措施

防止结渣主要是从避免炉温过高和防止灰熔点降低两个方面着手。主要措施有：

(1) 防止受热面附近温度过高，力求使炉膛容积热负荷 q_V、断面热负荷 q_A 和燃烧器区域壁面热负荷 q_B 设计合理，避免锅炉超负荷运行，从而达到控制温度水平、防止结渣的目的。堵塞炉底漏风，以防止火焰中心上移，导致炉膛出口结渣。一、二次风率和风速的合理设计和匹配，给粉机和各燃烧器风、粉量的均匀供给，四角燃烧器中心切圆的正确调试等，都有助于防止火焰中心偏斜和水冷壁结渣。

(2) 防止炉内生成过多的还原性气体。保持合适的炉内空气动力特性，避免炉内过量空气系数太低，特别是防止水冷壁等受热面附近出现还原性气氛。

(3) 做好燃料管理工作。进行全面的燃料特性分析，特别是灰的成分分析及灰熔点和结渣特性分析。尽量使用固定煤种，避免锅炉运行时煤种多变。保持合适的煤粉细度和均匀度，不使煤粉过粗，以免火焰中心上移，导致炉膛出口结渣。

(4) 加强运行监视，及时吹灰除渣。运行中应根据仪表指示和实际观察来判断是否出现结渣。如发现过热汽温偏高、排烟温度升高、炉膛负压减小等现象，就要注意水冷壁及炉膛出口是否结渣。由于结渣过程是一个自动加速的过程，因此一旦发现结渣就应及时清除。

(5) 做好设备检修工作。检修时应根据运行中出现的结渣情况，适当地调整燃烧器。检查燃烧器有无烧坏、变形情况，及时校正修复。检修时应彻底清除积存灰渣，而且应做好堵塞漏风工作。

二、水冷壁的高温腐蚀

锅炉的高温受热面（包括水冷壁、屏式过热器、高温过热器和高温再热器）烟气侧发生的金属腐蚀是由较高的烟气温度和管壁温度引起的，因此称为高温腐蚀。锅炉的各种高温受热面都可能发生高温腐蚀，本节主要讨论水冷壁的高温腐蚀问题，对流受热面高温腐蚀的相关内容将在下节介绍。水冷壁的高温腐蚀首先发现于液态排渣煤粉炉。后来发现，在一定条件下，高参数固态排渣炉的水冷壁管也会发生高温腐蚀。腐蚀比较严重的区域大部分位于燃烧器区域能够被火焰直接冲刷到的水冷壁上。在腐蚀严重时，管子正面的腐蚀速度可达 3～4mm/a。

水冷壁高温腐蚀主要取决于水冷壁附近的烟气成分和管壁温度。一般来说，燃烧器附近火焰温度可高达 1400～1700℃，如此高温下，煤中的矿物成分可受热挥发出相当多的腐蚀性气体，如 $NaOH$、SO_2、HCl、H_2S 等。如果恰逢水冷壁附近的烟气处于还原性气氛中，则煤灰的熔点将会有一定程度的降低，于是加快了灰分沉积速度，为受热面的腐蚀创造了条件。水冷壁产生高温腐蚀的机理可简述为锅炉水冷壁管子金属在氧、硫等氧化剂的作用下，发生氧化反应：

$$\left.\begin{aligned} Fe + \frac{1}{2}O_2 &\rightarrow FeO \\ 2FeO + \frac{1}{2}O_2 &\rightarrow Fe_2O_3 \end{aligned}\right\} \tag{6-4}$$

在还原性气氛下，一部分分解出来的 S 及黄铁矿 FeS 与金属化合：

$$\left.\begin{aligned} Fe + S &\rightarrow FeS \\ 3FeS + 5O_2 &\rightarrow Fe_3O_4 + 3O_2 \end{aligned}\right\} \tag{6-5}$$

金属的氧化速度取决于上述反应所形成的氧化膜（FeO、Fe_2O_3、Fe_3O_4）的理化性质。如果氧化膜具有致密的组织且能够牢固地黏附在管壁上（Fe_2O_3），且能够阻止氧化剂与金属继续发生反应，就可以使氧化的速度降低或停止；反之，如果氧化膜结构疏松多孔，易脱落（如 FeO、Fe_3O_4），则氧化将会继续进行。当烟气和积灰层中含有腐蚀性成分（如硫化物、氧化物等）时，管子将发生腐蚀，甚至造成爆管。

在燃烧过程中，燃料灰分中升华出来的 Na_2O 和 K_2O 会凝结在管壁上并与烟气中的 SO_3 化合生成硫酸盐 Na_2SO_4 或 K_2SO_4。碱性硫酸盐、氧化铁及 SO_3 反应形成复合硫酸盐，以 K_2SO_4 为例：

$$3K_2SO_4 + Fe_2O_3 + SO_3 \rightarrow 2K_3Fe(SO_4)_3 \tag{6-6}$$

通过这个反应，使管子表面的保护膜被消耗掉，管壁上又进行氧化反应并形成新的保护层。另外，熔化状态的复合硫酸盐还与管壁金属发生如下反应：

$$4K_3Fe(SO_4)_3 + 12Fe \rightarrow 3FeS + 3Fe_3O_4 + 2Fe_2O_3 + 6K_2SO_4 + 3SO_2 \tag{6-7}$$

式（6-7）中，反应产物有减慢腐蚀速度的趋势。但是如果保护膜 Fe_2O_3 和 Fe_3O_4 从管壁碎落下来，则又开始新的反应。

此外，烟气对水冷壁管的冲刷也会加速保护膜的脱落。

减轻水冷壁高温腐蚀的措施：

（1）改善燃烧过程。首先控制好适当的煤粉细度，以防止煤粉过粗易产生离析而冲破气流撞击到水冷壁；在炉内组织合理的空气动力工况，杜绝火焰中心贴壁冲墙；各燃烧器的负荷分配尽可能均匀等。

（2）避免金属管壁出现局部温度过高现象。尽量减少水冷壁管屏的热偏差；加强水质管理，避免管内结垢；运行中尽量避免超负荷运行，防止炉膛局部热负荷过高等。

（3）始终避免管壁附近出现还原性气氛。可在壁面附近增设空气幕，还可适当提高炉内过量空气系数，使有机硫尽可能与氧化合，而不与管壁金属发生反应。

（4）采用耐腐蚀材料。在燃用易产生高温腐蚀的煤种时，可采用抗腐蚀的高温合金作受热管子的材料，或者采用渗铝管等其他材料作水冷壁管；对金属管壁进行防腐处理，如喷涂防腐材料，可用于防腐的涂层有铝铁合金粉、高铬复合粉等。

第二节　高温对流受热面的积灰与腐蚀

一、高温积灰

高温烟气环境中的飞灰在管束外表面的沉积现象称为高温积灰。一般锅炉的各种受热面中易发生高温积灰的受热面主要是过热器和再热器。积灰的不利影响主要是增大传热热阻和烟气流动阻力，还会参与受热面金属的腐蚀过程。因此，将积灰减少到最低限度，是锅炉设计和运行的重要任务。

煤灰可根据其易熔程度分成三类：低熔点灰、中熔点灰和高熔点灰。低熔点灰的主要成分是金属氯化物和硫化物［$NaCl$，Na_2SO_4，$CaCl_2$，$MgCl_2$，$Al_2(SO_4)_3$ 等］，它们的熔点大都在 700～850℃。中熔点灰的主要成分是 FeS、Na_2SiO_3、K_2SO_4 等，熔点为 900～1100℃。高熔点灰则主要由纯氧化物（SiO_2，Al_2O_3，CaO，MgO，Fe_2O_3）组成，熔点可达 1600～2800℃。其中高熔点灰是组成飞灰的主要成分。

高温过热器与再热器所处的烟温区域通常在 700～800℃以上的烟道内，在金属管子的外表面产生的积灰一般由内外两层组成，内层灰结构致密，与管子黏结牢固，很难清除；外层灰是松散的，容易清除。

低熔点灰在炉膛内高温烟气区一般以气态方式随烟气流动。当流入高温过热器和再热器区域时，由于烟温较高，低熔点灰若不接触温度较低的受热面则不会凝固，但一旦接触到温度较低的受热面就会凝固在受热面上，形成黏性灰层。灰层形成后，表面温度将随灰层厚度的增加而增加。因此会使得一些中熔点、高熔点灰粒也被黏附在黏性灰层中。这种积灰在高温烟气中的氧化硫气体的长期作用下，会形成白色的硫酸盐密实灰层，整个过程称为烧结。随着灰层厚度的增加，其外表面温度继续升高，低熔点灰的黏结结束。但是中熔点灰和高熔点灰在密实灰层表面还进行着动态沉积，形成松散而且多孔的外灰层。

一般把内灰层的坚硬程度称为烧结强度。显然，烧结强度越大的灰层越难清除。烧结强度与温度、灰中 Na_2O 和 K_2O 的含量及烧结时间等因素有关。炉内过量空气系数、燃烧方式和炉膛结渣程度等都会影响进入对流烟道的烟气温度，从而影响灰层的烧结强度。烧结强度随着时间而增大，时间越长灰层越结实。所以，为了不增加清理积灰的难度，必须及时清灰。

此外，对于灰分中氧化钙（CaO）含量大于 40%的燃煤，开始沉积在管子外表的是松散灰层。当烟气中存在氧化硫气体时，在烟气温度大于 600～700℃条件的长期作用下，也会烧结成坚实的灰层。

减少积灰的方法：对于煤中的灰分含钙、钠、钾较多的燃料，设计过热器与再热器时应重点考虑防止烧结成坚实灰层或减轻其危害性的措施，如采用管束立式布置，应增大管子横向节距，减小管束深度以利吹灰和检修；装设高效吹灰器，对每根管子都进行有效吹灰。

二、高温腐蚀

在高温对流受热面（高温过热器与高温再热器，包括固定管束的管夹、支吊架）上发生的烟气和飞灰中的有害成分与金属管壁之间的化学反应，可使管壁变薄、强度降低，这个现象称为高温腐蚀。高温腐蚀易发生的部位为金属管子的迎风面。

实验分析结果表明，燃料燃烧过程中灰分中含有的钾、钠等成分是产生高温积灰的重要原因，它们与飞灰中的铁、铝等成分，以及通过松散的外灰层随烟气扩散进来的氧化硫气体，经过长时间的化学作用，可生成碱金属的硫酸盐［$Na_3Fe(SO4)_3$、$KAl(SO_4)_2$ 等］的复合物，从而对高温过热器和高温再热器的金属产生强烈的腐蚀。这种腐蚀一般从金属壁温达到 540℃左右即开始发生，壁温在 650～700℃时达到最大腐蚀速率。

当然，硫酸盐（M_2SO_4）本身在高烟温区域也具有腐蚀作用，只不过其腐蚀性比复合硫酸盐要弱一些。亚硫酸盐（M_2SO_3）在过热器高温区域不能稳定存在，极易与飞灰中 Fe_2O_3 化合而快速形成复合硫酸盐。

由此可见，燃煤锅炉过热器与再热器的外部腐蚀，主要是因为沉积层中存在 $M_3Fe(SO_4)_3$ 复合物，且该复合物在高温下被融化成液态导致的。沉积物中 $M_3Fe(SO_4)_3$ 的形成过程为

$$3M_2SO_4 + Fe_2O_3 + 3SO_3 \rightarrow 2M_3Fe(SO_4)_3$$

在高温烟气中 $M_3Fe(SO_4)_3$ 对金属腐蚀的化学反应过程如下：

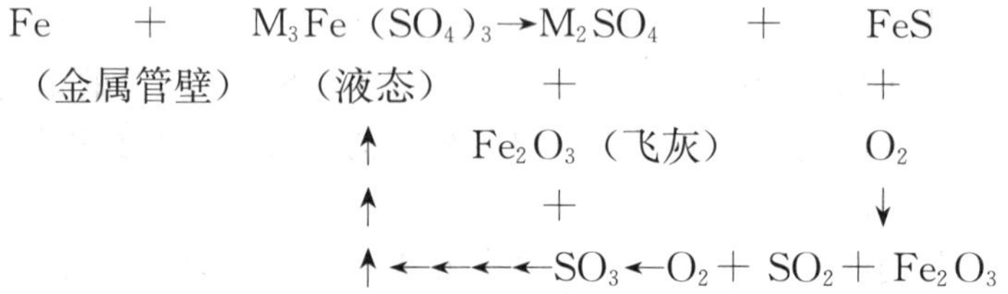

显然，这个腐蚀反应过程的一个周期结果为

$$3Fe + 2O_2 \rightarrow Fe_3O_4$$

由此可见，液态 $M_3Fe(SO_4)_3$ 相当于腐蚀剂，在有 O_2 供给的情况下，少量的腐蚀剂可腐蚀大量的金属。

液态 $M_3Fe(SO_4)_3$ 发生的腐蚀是沿金属晶粒周界进行的，在腐蚀过程中所产生的 FeS 也有腐蚀作用，而且是穿过金属晶粒。因此，FeS 对加速复合硫酸盐的腐蚀作用很大。

在上述所讲到的常见的复合硫酸盐 $M_3Fe(SO_4)_3$ 中，$Na_3Fe(SO_4)_3$ 的热稳定性较差，很容易分解成固态硫酸钠及氧化铁，因此其腐蚀作用较小。但 $K_3Fe(SO_4)_3$ 的腐蚀能力则相当强，一般在复合硫酸盐中的钠钾比例相同时，可达到最低的熔点，此时的腐蚀作用也最强烈。

总之，如果燃煤中 K、Na、S 等成分含量较多时，必须注意过热器和再热器管壁外部的腐蚀问题。需要合理组织运行过程，严格控制金属壁温。目前主要以限制汽温来控制高温腐蚀。因此，国内外对高压、超高压和亚临界压力机组，锅炉过热蒸汽温度趋向于采用 540℃，这既是由于金属材料的许用温度的限制，也是受高温腐蚀条件的限制。

三、减少或防止高温积灰与腐蚀的措施

1. 限制主蒸汽温度

国外电厂曾经采用 650℃以上的主蒸汽温度，但由于严重的高温积灰与腐蚀，不得不通过改造将主蒸汽温度降低到 540℃左右，而这时高温积灰与腐蚀明显减轻。这说明就目前的技术能力，主蒸汽温度不宜超过 600℃。

2. 控制炉膛及炉膛出口烟气温度

适当降低炉内的火焰温度，一方面可以减少 Na、K 等气态物质的生成量，还可以防止

气态硅化物 SiS_2、SiO_2 的生成；另一方面，炉膛温度及炉膛出口烟温低时，可使得高温对流受热面金属壁温也较低，因此易腐蚀气态物质在到达受热面之前已经固化，不再具有黏性，从而减少气态矿物质在管壁上的沉积量，降低积灰的烧结强度和烧结速度。表 6-1 为不同腐蚀倾向的燃煤对炉膛出口烟温的要求。

3. 管子采用顺流、顺列布置，加大管间节距

高温对流受热面，尤其是处于高烟温区的末级过热器和再热器，采用顺流布置并加大横向节距，能有效地防止积灰搭桥，减轻积灰和腐蚀；采用顺列布置则可以为蒸汽吹灰创造有利条件。表 6-2 是美国 CE 公司提出的高温对流受热面横向节距 s_1 的推荐值。

表 6-1 煤的腐蚀倾向对炉膛出口烟温的要求

煤腐蚀倾向	炉膛出口烟温（℃）
低	1300～1500
中	1250～1300
高	1200～1250

表 6-2 燃烧不同沾污性煤的对流管节距 s_1

温度范围（℃）	管节距（mm）	
	不沾污煤	沾污煤
1093～1316	屏式 558	屏式 558
954～1093	177	304
788～954	76	152
＜788	50	76

4. 选用抗腐蚀材料

（1）采用高铬钢管。由于添加铬的高铬钢管可在其表面生成致密的 Cr_2O_3 保护膜，从而大大提高了抵抗熔融硫酸盐的溶解能力。且随着含铬量增加，抗腐蚀性也明显增加，但对腐蚀性极强的灰沉积物，高铬钢还是无法完全满足防腐要求。

（2）双金属挤压管。将高温受热面的金属管制成内外两层，内层是普通合金钢，与普通的过热器管相同；外层则采用如 25Cr20Ni、18Cr14Ni、18Cr11Ni 或 18Cr9Ni 等防腐合金，它们的腐蚀速度仅为低碳钢的 1/3～1/5。不过双金属挤压管的造价很高。

（3）防护涂层或者改性金属管。利用高温火焰、电弧或等离子弧等喷镀方法，在管子外表面形成一层防护涂层，以延长过热器或再热器管子的使用寿命。还可以利用现代工艺对金属管子进行改性处理，如对管子表面进行渗铬或渗铝处理。

5. 采用添加剂

可以采用石灰石（$CaCO_3$）和白云石（$MgCO_3 \cdot CaCO_3$）等添加剂进行炉内脱硫，以减轻硫酸盐型的高温腐蚀，此外 CaO、MgO 还可与 K_2SO_4 发生如下反应：

$$2MgO + K_2SO_4 + 2SO_3 \rightarrow K_2Mg_2(SO_4)_3$$

生成的 $K_2Mg_2(SO_4)_3$ 是外形松散的灰层，它取代了 $K_3Fe(SO_4)_3$，故也可减轻高温腐蚀。

6. 采用低氧燃烧技术

低氧燃烧技术可以减少烟气中 SO_x 的生成量，从而降低硫酸盐型高温腐蚀。

7. 加强吹灰

加强吹灰可从两方面考虑，一方面要合理设计布置吹灰装置，并选用高效的吹灰器；另一方面要加强吹灰管理，落实责任制，按时吹灰，保证效果。

第三节 尾部受热面的磨损

一、飞灰磨损机理

尾部受热面烟气温度较低，灰粒变得坚硬，因此被高速烟气裹挟的飞灰颗粒冲击到受热面金属壁面时，会对金属壁面产生冲击和刨削的作用，这就是磨损的根本原因。

对于横向正面冲刷布置的管子，第 1 排管子的磨损量往往沿管子圆周方向是不均匀的，一般最严重的磨损点发生在与烟气流呈对称的 30°～40°的角度上，如图 6-1（a）所示，当烟气流及飞灰颗粒斜向冲刷管束时，磨损的位置分布在管子的正向上，如图 6-1（b）所示。

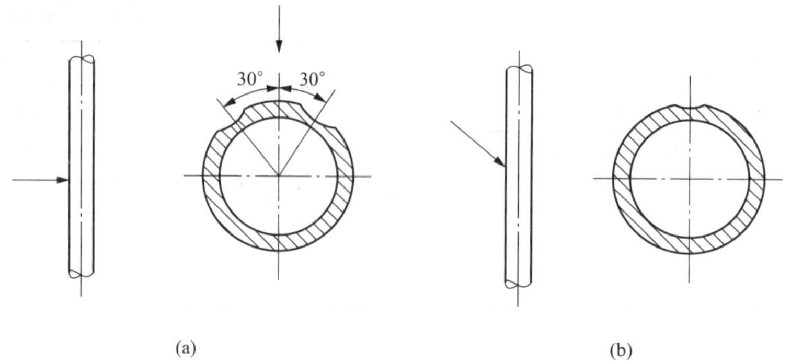

图 6-1 烟气冲刷管外时磨损最大的位置

对于顺列管束，第 2 排及以后各排管子的磨损主要集中于 $\alpha=60°$ 的对称点上，其最大磨损发生在第 5 排及以后各排管子上。

对于错列管束，管子的磨损分布略有不同，第 2 排及以后各排管子的磨损集中于 $\alpha=25°\sim30°$ 的对称点上，而第 2 排管子的磨损最为严重，其磨损状况分布如图 6-2（a）所示。

当烟气在管内做纵向流动时，磨损要比横向冲刷小得多，只有在距离进口约 150～200mm 长的一段管道内发生较严重的磨损，其他部位基本上不发生磨损或只有轻微的磨损，如图 6-2（b）所示。

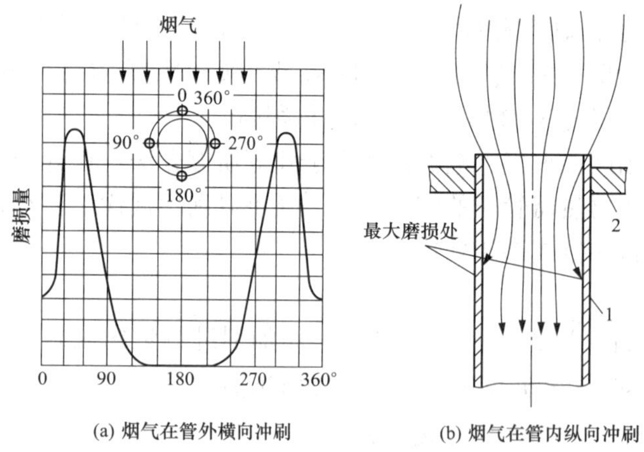

图 6-2 受热面管子的飞灰磨损

1—空气预热器管子；2—上管板

磨损的主要影响因素如下：

（1）烟气速度。磨损速率与烟气速度的 n 次方成正比，根据不同的煤种和金属种类，n 值一般在 3～4 之间，大部分情况下，n 介于 3.1～3.5 之间。

（2）飞灰浓度。经验表明，灰粒对金属管壁的磨损速率与烟气中的飞灰浓度成正比。

（3）飞灰颗粒与管壁金属表面发生撞击的概率或飞灰撞击率。它与飞灰颗粒的大小有关，飞灰颗粒越大，撞击率亦越大。

(4) 煤灰的成分。煤灰中的某些成分在高温火焰的作用下，会发生一系列的物理、化学变化，导致其磨蚀性增大。如铝硅酸盐的玻璃化导致其出现针状结晶从而增大了硬度；石英颗粒的部分玻璃化而导致尖角石英的含量增大等。

(5) 灰粒的外形及尺寸。灰粒的外部形状大多呈球形，磨损能力不强，但少数灰粒的表面有结晶相的存在，这些晶体物质的磨损能力大大强于玻璃球，且其硬度远高于碳钢。此外，灰粒中的大颗粒往往是吹灰时掉落的烧结性灰块，且呈非球形，磨损能力很强。还有未燃尽的焦炭，也都以大颗粒状态存在，并有锐利的棱角和表面的硅酸盐小灰粒，磨损能力类似于玻璃质硅酸盐。灰颗粒的尺寸对磨损也有较大影响，实验结果表明，粒径较小的灰粒惯性小，易被气流带着绕过管子，因此磨损小，粒径过大的灰粒对管子的磨损因接触面积增大也有限，只有介于两者之间（一般为 5～45μm）的尺寸适度的灰粒对管子的磨损才最为严重。

二、减轻和防止尾部受热面磨损的措施

1. 限制烟气流速

由于实际灰粒对金属的磨损速率与烟气流速的 3.1～3.5 次方成正比（理论上与流速的 3 次方成正比），可见，降低烟气速度可有效地减轻对流受热面的磨损。但是烟速过低不仅降低对流传热效果，而且会造成受热面的积灰现象。所以合理的烟气速度，需要综合磨损、积灰和传热三方面因素进行综合考虑。对于回转式空气预热器，一般可采用 8～12m/s 的烟速，但在锐角灰粒较多或灰中 SiO_2 含量达到 55%～60%时，需将烟气速度降到 10m/s 或以下。对于钢管式空气预热器，可取最佳烟速为 10～14m/s，但对于磨蚀性较强的灰，应尽量取下限值。

一般工程上最大允许烟速推荐值见表 6-3。

表 6-3　　最大允许烟速

折算灰分 $A_{ar,red}$（g/MJ）	最大允许烟气速度（m/s）		折算灰分 $A_{ar,red}$（g/MJ）	最大允许烟气速度（m/s）	
	过热器	省煤器		过热器	省煤器
<12	14	13	18～24	11	9
13～17	12	10	70	8	7

2. 防止受热面烟道内局部烟速过高或飞灰浓度过大

(1) 消除烟气走廊。在管束与炉墙之间或管束与管束之间由于存在较大的空隙而致使流动阻力降低，从而形成烟气高速流动的通道，这就是所谓的烟气走廊。某些烟气走廊中的烟气流速可能达到烟道内平均烟气速度的 3～4 倍，此时即使烟道内的平均烟速只有 4～5m/s，但靠近炉墙处却可高达每秒十几米甚至更高，使管子发生严重的磨损。运行实践表明，省煤器中的泄漏事故大多数是由于这类局部磨损造成的。由于锅炉在安装时，为了保证管子具有足够的膨胀空间，必须在管束与炉墙之间留有一定的间隙，烟气走廊的存在是难以避免的，但可以想方设法减少流通面积的差别。

(2) 防止局部飞灰浓度过大。在倒 U 形布置的锅炉中，烟气在转向室做 90°转弯后，在离心力的作用下，大部分灰粒，尤其是磨损性强的粗灰粒向后墙聚集，使得靠近后墙处的管子产生强烈磨损。解决的方法：一是在转向室中加装导流板；二是在转向室内装置百叶窗式

重力沉降除尘器。

（3）消除漏风。锅炉的漏风将会增大烟气流量，从而使烟气流速得以增大，这无疑会增大磨损量。

3. 改善省煤器结构

（1）省煤器采用较大直径的管子。管子的直径越大，飞灰的撞击概率就越低，飞灰磨损也越轻。例如、管径由 ϕ32 改为 ϕ42 后，飞灰的撞击概率约下降 10%。我国在以往的省煤器设计中，为了加强传热，节省金属，一般采用 ϕ32、甚至 ϕ25 直径的管子，由于小口径金属管的管壁较薄，刚性较差，因此造成管束之间出现烟气走廊，使省煤器管爆漏事故率常年居高不下。如今省煤器已普遍采用 $\phi42 \sim \phi51$、甚至 ϕ57 的管子，再通过可靠的定位支撑，很少出现烟气走廊，因此尽管烟速有所提高，省煤器并未发现严重的磨损现象。

（2）选用较大的横向节距。横向相对节距 s_1/d 越大，则管子的磨损越轻。对于飞灰磨损性较强的煤种，一般选择 $s_1/d>2.5$。

（3）可适当选用顺列管束代替错列布置的管束，以减轻磨损。

（4）采用膜式省煤器或螺旋肋片管省煤器，可有效地减轻磨损。

4. 采用防磨措施

在尾部受热面易受磨损部位加装防磨装置，可将飞灰对管壁造成的磨损转嫁到保护组件上，而在检修时只需更换这些组件即可。

（1）省煤器的防磨装置。如图 6-3 所示，(a) ～ (d) 的目的都是为了消除烟气走廊或者直接对受磨损的管子进行保护。(e)、(f) 的目的是减轻这几排管子的均匀磨损。

（2）空气预热器的防磨装置。由于管式空气预热器烟气是纵向冲刷，因此在烟气进口段由于气流的收缩以及进入管内的扩张作用，使得烟气流向与管子的轴线发生偏离，这就导致在 1～3 倍管径长度范围内会发生严重的磨损，如图 6-4（a）所示。要降低入口段的局部磨损，就应从根本上消除入口段的气流分离收缩和所出现的旋涡。

因此为了防止空气预热器的磨损，可在烟气入口处的管子内加装防磨套管，设计中常用的防磨方法如下：

①防磨套管几乎全部插入空气预

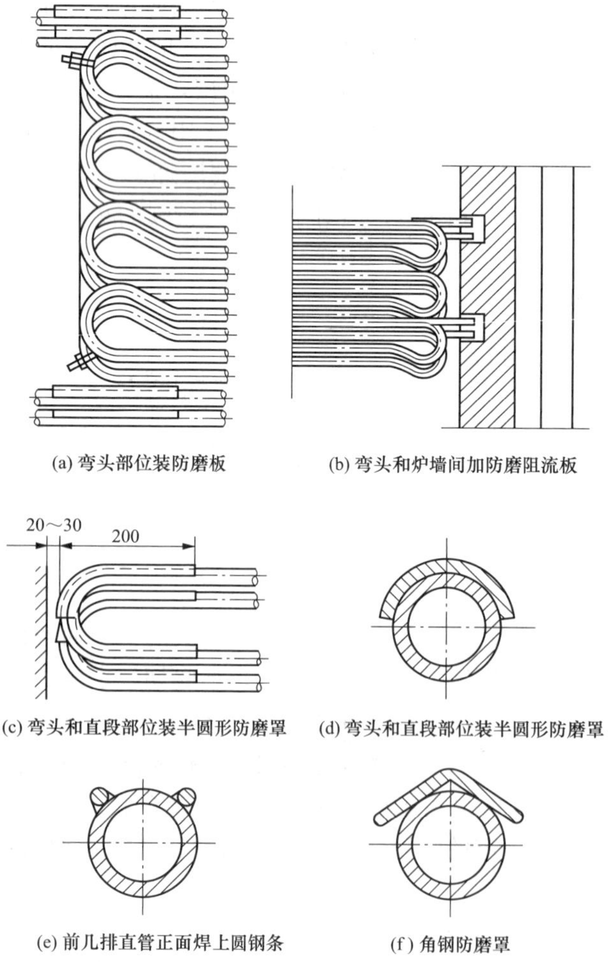

图 6-3 省煤器管防磨装置

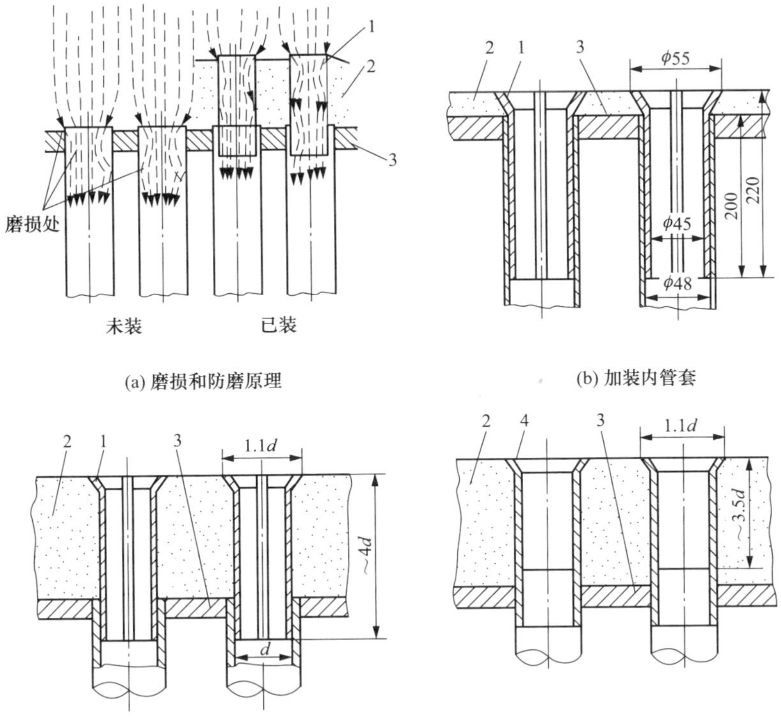

(a) 磨损和防磨原理　(b) 加装内管套　(c) 安装外置假管　(d) 外部焊短管

图 6-4　空气预热器管子的防磨保护装置

1—内套管；2—耐火混凝土；3—预热器管板；4—焊接短管

热器管内，如图 6-4（b）所示；

②防磨套管插入深度为 30～50mm，其余长度保留在上管板的上方，在套管之间填满材料，如图 6-4（c）所示；

③加装和预热器管子等直径的防磨短管（所谓的假管），与预热器上部管子焊接在一起，并在防磨套管之间填满耐火材料，如图 6-4（d）所示。

第四节　尾部受热面的积灰

一、尾部受热面的积灰

锅炉正常工作时，燃料燃烧将产生大量的灰分，这些灰分有相当的部分随烟气流一起作为飞灰被带出锅炉。特别是对于煤粉炉，飞灰的份额可达到 90%以上。这些飞灰随烟气流经受热面时，会因为种种原因使得部分灰粒沉积在受热面上，这就是积灰过程。积灰后的受热面热阻增大，传热效果变差，流通面积变小，烟气阻力增大。严重时，积灰可能会堵塞烟气通道，使锅炉负荷降低甚至被迫停炉。

尾部受热面所处的烟温区域一般在 600～700℃ 以下，所形成的积灰层一般强度不高，属于低温松散性积灰，可以比较容易地进行机械清除。这是由于烟气中含有碱金属的盐分蒸汽已经完成了凝结过程，因此受热面外管壁不再产生烧结性沉积层。松散性积灰的形成主要是以下两方面的原因：一是烟气中的较细颗粒在气流扰动下，从高烟速区域分离出来，在静电力、机械力等作用下沉积到受热面上；另一种是由于烟气中的酸蒸汽和水蒸气在低温金属壁面上凝结成酸从而具备一定的黏附力，将灰粒黏结在受热面管壁上形成了准松散性积灰或黏结性积灰。受热面积灰情况与烟气流动特性、烟气温度、飞灰成分和壁面金属温度等因素有关。

1. 松散性积灰

含灰气流横向冲刷管束时，管子背风面会产生漩涡运动。能够进入旋涡并沉积在管子背风面的大多数是小于 30μm 的细灰颗粒。这恰恰是大部分飞灰的常见尺寸（烟气中的灰粒是一种宽筛分组成，但大都小于 200μm，其中多数为 10～30μm）。由于细灰颗粒很小因而相对表面积很大，具有相当大的表面能，当它与管壁接触时，由于金属表面层原子的不饱和引力场的作用，很容易地就被吸附到金属表面上形成沉积。但灰中较大的颗粒由于其具有较大的惯性，一般不会被卷进旋涡。而那些极微小的极细颗粒，由于其惯性极小，基本可以沿气流的流线运动，也不大可能在受热面上沉积下来。而实验也证明了，沉积在受热面上的颗粒确实是 10～30μm 的灰粒占主要部分。

对流受热面管子上容易产生积灰的部位主要集中在管子的背风面，而迎风面则由于大灰粒的撞击，会使已经产生的灰层被打落或者是根本无法形成有效的积灰层。因此迎风面只有在烟速很低或飞灰颗粒都较小时才出现积灰。而在管子的侧面，由于飞灰的磨削作用，即使烟速很低也不会积灰。

积灰过程是一个动态平衡的过程。灰粒在受热面上的沉积过程最初很迅速，当积灰的外形轮廓与涡流区的轮廓接近重合时，很快就达到动平衡状态。这时即使再有细灰沉积，也会被烟气流中的大灰粒剥落下来，然后再聚集达到新的平衡状态，因此从宏观上看，积灰不再增加或减少，而只有当外界条件改变，才会建立新的平衡。

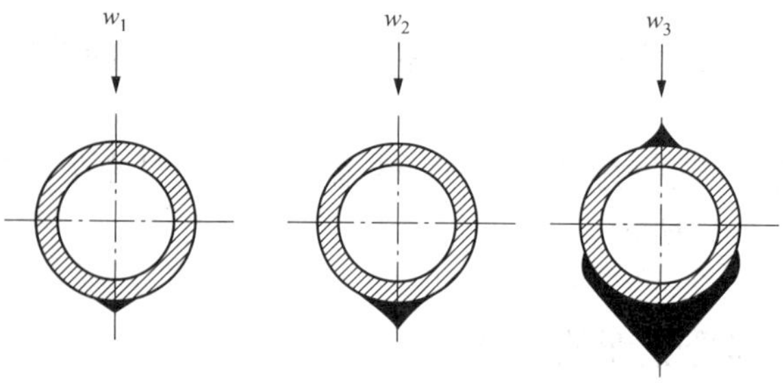

图 6-5 不同烟速下错列管束的积灰情况

$w_1 > w_2 > w_3$

尾部受热面低温松散灰的积聚量与烟气流速有很大关系。如图 6-5 所示，随烟速增大，不仅迎风面灰分锐减甚至不积灰，而且管子背风面的积灰也将逐步减少。这是因为在错列管束中随烟速升高气流扰动加剧而导致管子后部的旋涡区域轮廓缩小，因此积灰在向新的动平衡状态过渡过程中，将会削减原来的积灰轮廓，从而使积灰量减少。错列管束管子之间的纵向节距越小，气流的扰动作用越大，旋涡区域的轮廓越小，管子上的积灰也就越小；反之，在顺列管束中，除第一排管子外，烟气冲刷不到其余管子的正面和背面，只能冲刷管子的两侧。因此，顺列布置的管束的迎风面和背风面的积灰基本上不会被气流吹走，其积灰现象将比错列布置严重。研究还表明，积灰程度与气流横向冲刷受热面的方向无关。不论气流自上而下或自下而上，或者在水平方向流动，都会发生类似于图 6-5 所示的情况。一般来说，当烟气流速降低到 2.5～3m/s 时，就很容易发生受热面的严重积灰现象。因此如果考虑到锅炉在降低负荷运行时，即使烟气量下降也能保持足够的烟气流速，那么在设计锅炉时，最好将额定负荷下尾部受热面内的烟速选的高于 6m/s，就可以避免低负荷下的严重积灰现象发生。当然烟速选择的上限，将受到受热面磨损条件的限制。

2. 准松散性积灰或黏结性积灰

在尾部受热面的后半部分，由于烟气和工质都处于较低的温度下，很容易使烟气中的硫酸蒸汽甚至水蒸气凝结在受热面上。这些凝结在受热面上的酸液一方面会溶解管壁上的氧化膜（Fe_3O_4）和金属（Fe）造成低温腐蚀，另一方面还会捕捉飞灰颗粒并与其中的某些成分发生化学反应，生成酸性黏结灰。此外对于已经有松散性积灰层的受热面，硫酸蒸汽会通过分子扩散方式凝结在受热面上，同样会与沉积物中的成分及受热面金属发生化学反应，生成以 $Al_2(SO_4)_3$、$CaSO_4$、$Fe_2(SO_4)_3$ 等为主的酸性黏结灰。

由于硫酸的上述作用，使得积灰层与受热面表面之间的黏附强度明显提高，进而使大量飞灰在毛细管效应、惯性效应和拦截效应等作用下沉积下来，造成黏结性积灰有无限蔓延以及烧结、硬化的趋势。一旦发生上述情况，积灰将很难用吹灰方法清除，最后造成堵灰。与此同时，硫酸带来的低温腐蚀与黏结性积灰相生相伴，互相促进，对管壁的安全性和传热性能带来巨大的影响。

二、空气预热器的积灰

1. 管式空气预热器积灰

管式空气预热器正常运行时，在管子的两端进出口处都因存在回流区而出现灰的黏附现象。

图 6-6 是烟气在管内流动状态的示意。上游烟道的烟气进入空气预热器内后气流会产生收缩从而出现旋涡，因此与前述的横向冲刷管束积灰机理类似，会有部分细灰颗粒黏附在距管端 1～3d 的区域内。同样，在管子出口处，由于管内气流扩展进入下游烟道内，也会产生一范围较小的回流区。使得细小灰粒在紊流扩散、热泳力和静电力的作用下，被卷入回流区并大量黏附在回流区壁面上。通常，预热器进口端烟温和壁温都较高，因此积灰是松散性的；而预热器出口端烟温、壁温都很低，往往由于凝结有较多的酸溶液，使得出口回流区内出现了不断发展的低温黏结性积灰。

管式空气预热器的烟气进口端，有时会因为前面受热面的吹灰或上部省煤器随机落下的大灰块而被堵塞，造成堵灰现象。

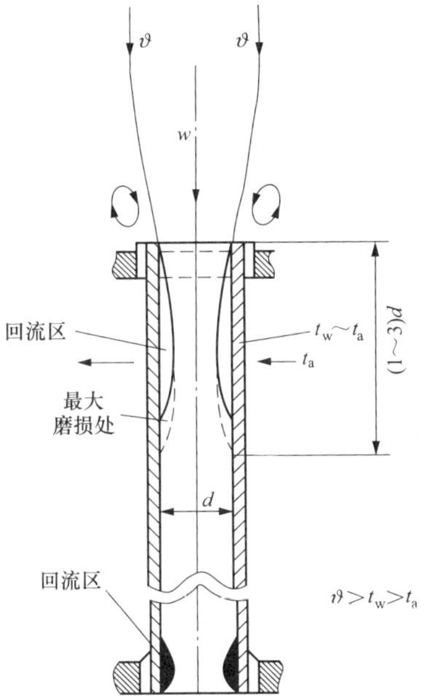

图 6-6　管式空气预热器进出口处形成回流区示意

2. 回转式空气预热器积灰

回转式空气预热器常用的 DU 型传热元件一般由波纹板和波纹定位板组合而成，波纹板上的线型均与烟气流方向呈 30°角，从而保证烟气有较高的湍流度，加强换热效能。但这种结构的缺点是较容易积灰。积灰会将窄凹沟槽首先堵塞，在波纹板表面产生沉积。CU 型传热元件由波纹板和平板定位板组成，传热效果不如 DU，但不容易积灰，且吹灰比较方便。而 NF 传热元件是由平板和平板定位板组成的，传热效果不如前两种，但防积灰效果和吹灰效果却是三者之中最好的。CU、NF 型传热元件常用于空气预热器的冷端。

回转式空气预热器积灰程度与传热元件波纹板间的间隙有直接关系。由于波纹板间的间隙比管式空气预热器的管径窄小得多，因此烟气进口端更容易被大灰块堵塞。研究报道，一台 500MW 燃煤锅炉，8h 的吹灰间隔中将有约 50t 的飞灰沉积在水冷壁和对流受热面上，而在下一个吹灰周期到来时，这些灰中的大部分将被吹掉。而这些被吹掉的灰粒，不乏可以到达回转式空气预热器并能够卡在波纹板空隙内的大灰块，这些卡塞的大灰块不断捕捉烟气中携带的小颗粒以填满大灰块间的缝隙，造成烟气通道的堵塞。

回转式的空气预热器的烟气出口端的积灰和管式空气预热器类似，也会形成低温黏结性积灰。黏结性积灰的严重程度取决于传热元件波纹板的温度、排烟温度、酸露点和烟气中 SO_x 含量等因素。

三、尾部受热面积灰的减轻与防止

减轻与防治积灰需从导致积灰的原因着手，同时还需要与低温腐蚀问题统筹起来考虑，以防止黏结性积灰的产生，下面分别叙述。

1. 改善布置方式

图 6-7（a）是一种回转空气预热器布置在省煤器下部的常规布置方式，前面已经有过讨论，这种布置方式的热端进口容易被灰块堵塞和遭省煤器漏水堵灰。针对这种情况，图 6-7（b）将烟气进口方向从上端改为下端，基本可避免大灰块的堵塞情况，不过烟气从冷段进入，由于冷端板间隙比热端的宽，因而在凝结酸的影响下，积灰深度将有所增加。这种布置适用于低硫高钙煤。图 6-7（c）、（d）为两种水平布置方式，可以有效地防止热端进口的灰块堵塞。此外，为了防止回转式空气预热器烟气进口出现灰块的堵塞，常常在过热器、再热器和省煤器烟道下部装设一些灰斗或集灰器，也可在空气预热器入口烟道内装设垂直棒栅和挡板，以防止大灰块直接掉在空气预热器的波纹板上形成堵灰。

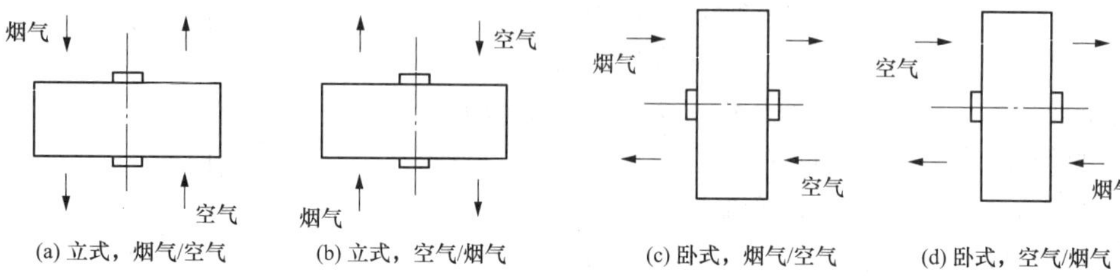

图 6-7 回转式空气预热器布置形式

2. 选择适当的烟气流通面积

对燃烧易积灰和腐蚀的煤，除适当加厚传热元件的壁厚以延长其使用寿命外，还应适当加大烟气流通截面积。如管式空气预热器可用小管径代替大管径；回转式空气预热器的下部冷端可采用 12～15mm 板间隙；热管式空气预热器烟气侧的肋片间距可取 8～10mm 或更高些。

3. 组织良好的燃烧过程、防止炭黑生成

由于炭黑会吸附硫酸使其黏性增加，导致受热面黏结性积灰量的增大，因此，锅炉启动和停炉以及低负荷运行期间，往往会因燃烧不易控制好而生成较多的炭黑。所以，运行人员要精细操作，控制好燃料量和空气量的配比以及给料的连续性和均匀性，控制好炉膛燃烧温度和炉内过量空气系数。

4. 保证吹灰和定期清洗

运行过程中要加强吹灰管理，保证吹灰器按时吹灰，并且经常性检查吹灰器的操作灵活性及吹灰效果。经常性的短间隔吹灰，可减轻受热面的积灰，并使积灰不至于通过烧结、硬结、时效和化学反应等过程，造成积灰黏性硬度增加和腐蚀加重的情况。对强黏结性积灰，不能采用气力吹灰，可用高压水枪进行清洗。

第五节　尾部受热面的低温腐蚀

一、低温腐蚀及其危害

尾部受热面的低温腐蚀是因为烟气中的硫酸蒸汽因管壁温度低于酸的露点温度而凝结在受热面上发生的腐蚀，故又称硫酸腐蚀。它一般出现在烟温较低的低温级空气预热器的冷端。在空气预热器内发生的低温腐蚀会导致受热面泄漏，造成大量空气漏入烟气中，既影响锅炉燃烧所用空气量，又增大了送、引风机的负荷；低温腐蚀往往会同时形成难以清除的低温黏结性积灰，导致排烟温度升高，引风阻力增加，锅炉出力下降等；当低温腐蚀严重时，将损坏大量的金属受热面，造成巨大的经济损失。

二、低温腐蚀机理

燃料中含有的硫分在燃烧时将生成二氧化硫，其中一部分在一定条件下又会进一步氧化成三氧化硫。三氧化硫与烟气中的水蒸气相遇结合可形成硫酸蒸汽。如果当受热面的壁温低于硫酸蒸汽开始凝结的温度（简称酸露点）时，硫酸蒸汽就会在壁面上凝结成为酸液而对受热面产生不同程度的腐蚀。

烟气中的二氧化硫转化成三氧化硫的条件有两个：一是燃烧时部分氧分子会离解成自由氧原子，自由氧原子与二氧化硫反应生成三氧化硫；二是烟气中的二氧化硫如遇到三氧化二铁（Fe_2O_3）或五氧化二钒（V_2O_5）等，会在其催化作用下，与烟气中的过剩氧反应生成三氧化硫。

煤燃烧后的燃烧产物中，硫的氧化物主要以二氧化硫的形式存在，其含量可占到总的硫氧化物的95%，而三氧化硫数量只有5%左右，但即使这样，酸露点也可以达到很高的温度。有数据表明：当烟气中硫酸蒸汽的含量约为220mg/m^{3}时，露点温度可达130～150℃。

三、影响低温腐蚀的因素

低温腐蚀最重要的影响因素是烟气中三氧化硫的含量。因为其决定了烟气中硫酸蒸汽的含量，并左右着酸的露点。当然，受热面的壁温决定着硫酸蒸汽能否结露，因此对低温腐蚀过程也有重要影响。烟气中三氧化硫的含量受以下因素影响：

（1）燃料含硫量大小。燃料含硫量越高，则反应过程中 SO_2 生成量越大，因而其转化为 SO_3 的比例也越高；

（2）炉内燃烧温度。炉内燃烧温度高，则燃烧过程中氧的分子结合键越容易断裂，火焰中原子氧的含量就会增加，因而三氧化硫的生成量自然增多；

（3）过量空气系数增大。过量空气系数越大，火焰中原子氧的含量越多，故三氧化硫含量也越多；

（4）当烟气携带的飞灰中氧化铁（Fe_2O_3）或氧化钒（V_2O_5）等催化介质的含量增加时，二氧化硫转化为三氧化硫的比例将增大；

（5）飞灰中的某些氧化物（CaO、MgO、Fe_3O_4 等）以及未燃尽的焦炭颗粒具有吸收或中和二氧化硫和三氧化硫的作用。因此飞灰中的上述成分增多时，会减小烟气中的三氧化硫含量。

四、减轻低温腐蚀的措施

从上面的分析可知，低温腐蚀的影响因素主要是三氧化硫含量和管壁温度，因此可从这两个方面入手来组织防止低温腐蚀的措施。

1. 减少烟气中的 SO_3 含量

（1）采用可靠的先进的脱硫技术。如原煤洗选、跳汰、生物脱硫等燃料脱硫方法；或者采用炉内喷钙、炉内喷钙尾部增湿活化等燃烧中脱硫方法；也可以尝试采用前置式烟气脱硫方法。

（2）低氧燃烧。适当降低炉膛出口过量空气系数，可以限制炉内自由氧原子的含量，从而减轻低温腐蚀。

（3）采用烟气再循环。将部分烟气由循环风机从省煤器后抽出，送入炉膛底部或经燃烧器送入炉内完成再循环，其作用在于降低火焰中心温度并降低氧的含量，从而减小 SO_3 生成量。

2. 提高受热面壁温

（1）采用热风再循环。如图 6-8 所示，在预热器进出口的冷、热风管道间装设再循环风道，依靠送风机或专门设置的再循环风机将部分热空气送到预热器进口与冷风混合以提高空气进口温度，从而也提高了进口的金属管壁温度，结果有利于减轻低温腐蚀和受热面的黏结性积灰。但受排烟温度及机组经济性限制，热风再循环只能将空气预热器的进口风温提高到 50～65℃，否则将大大降低整个锅炉机组的经济性。

（2）在空气预热器进口增设暖风器。图 6-9 示出了采用前置蒸汽暖风器的实例，暖风器可选择热管式或常规钢管式换热器，热源来自汽轮机的低压抽汽，暖风器可使预热器进口空气温度提高到 80℃左右。虽然暖风器的安装也会提高排烟温度，但由于增加了汽轮机低压抽汽量而使电厂总的经济性得以维持。

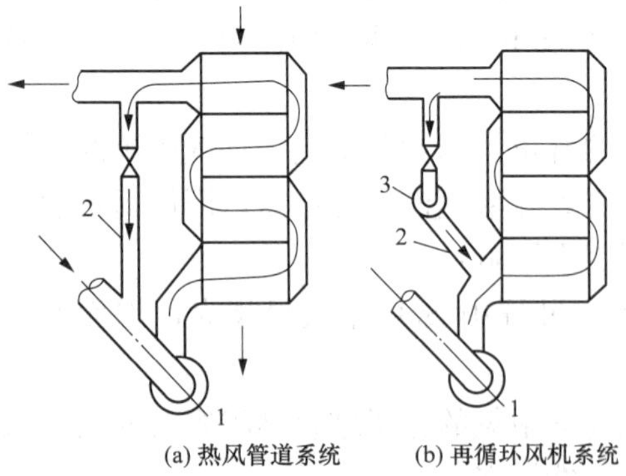

图 6-8 热风循环系统

1—送风机；2—再循环风管；3—再循环风机

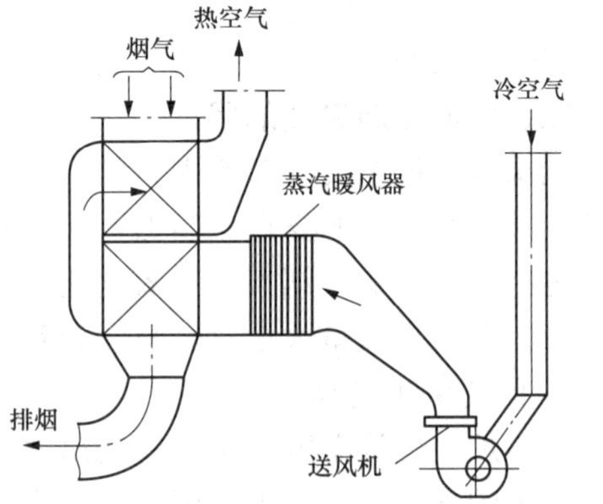

图 6-9 蒸汽暖风系统

（3）采用强化换热元件。目前对于管式空气预热器，出现了很多新型的强化传热元件，如螺旋槽管可增强烟气的扰动，提高烟气侧的表面传热系数，从而提高管壁温度，减轻腐蚀；热管式空气预热器可以做到零热阻传热，且冷热端壁温基本相同，因此可大大减轻低温腐蚀。

3. 其他措施

（1）采用抗腐蚀的玻璃管或陶瓷管做前置式预热器，以提高进入主预热器的风温。

（2）采用耐腐蚀材料。空气预热器全部采用耐腐蚀材料，如管式空气预热器采用铜管，而回转式空气预热器采用 Corten-A 钢、搪瓷波纹板或陶瓷材料做传热元件，从根本上杜绝低温腐蚀。

（3）将管式空气预热器易腐蚀的冷段设计成独立管箱，便于更换。

第七章　锅炉机组传热计算及设计布置

第一节　炉内辐射传热计算方法

一、炉内辐射传热基本概念

关于辐射的概念，传热学课程中已有详细的论述。物体由于具有温度从而向周围发射能量的现象就是辐射，辐射是所有物体均具有的性质。燃料在炉内燃烧时，温度可达1500～1700℃，放出大量热量，把燃烧烟气加热到很高温度。在火焰中心区，当燃烧产物离开炉膛进入对流烟道时，其温度为1000～1250℃。炉膛内布置的受热面就是为了吸收炉内高温火焰的热量。高温烟气以辐射方式将热量传递给受热面，并加热其内部工质。烟气在炉膛内上升的流动速度相对较低，因此对流传热所占比例较小，一般约占总传热量的5%。但实际上认为随着锅炉单位容量增加，烟气对流传热所占比例增大，尤其是在燃烧器布置区域，对流传热所占比例远大于辐射传热量，但为简化计算，多数炉内传热计算方法仍按辐射传热方式而把对流热加以折算进行数据处理。

燃料在炉内燃烧后所生成的高温燃烧产物，主要包括烟气（包括有辐射和吸收能力的三原子气体CO_2和H_2O等）以及燃料的灰分和燃烧初期所产生焦炭等固体颗粒。其中烟气中的三原子气体和固体颗粒具有吸收辐射能和自身向外界辐射的特性，常把它们称为炉内的辐射介质。由于辐射介质具有吸收辐射能的特点，因此当辐射源穿过辐射介质进行能量传递时，辐射强度会因介质的吸收而降低。一般可用介质的吸收率或黑度来表示辐射能穿过辐射层后辐射强度因能量被介质吸收而减弱的程度。

炉内火焰介质的辐射能力主要取决于火焰温度与辐射介质的特点。一般炉内介质中的双原子气体，如N_2、O_2、H_2等，其辐射和吸收能力微不足道，完全可以忽略。而三原子气体，如CO_2、H_2O、SO_2等和碳氢化合物气体（如煤粉燃烧时产生少量CH_4），则在很广的温度范围内都具有一定的辐射力（黑度）和吸收率。由于火焰中碳氢化合物气体只有在炉内还原性气氛非常强烈的情况下才有可能出现，因此一般情况下不予考虑。于是炉内气体辐射介质只考虑三原子气体。

气体的辐射常常带有选择性，且波长主要集中在红外线范围内，其辐射能力的大小与系统温度、辐射介质的分压力和辐射层有效厚度等因素有关。与固体颗粒相比，在同等温度下气体的辐射力较低，且随温度的升高而下降。

固体颗粒的辐射能量来自颗粒表面，其辐射力和吸收率取决于颗粒的尺寸、浓度、温度以及颗粒的特性。煤粉燃烧初期生成的焦炭颗粒的尺寸在10～250μm之间。仅就单位辐射强度而言，已接近绝对黑体的辐射能力，但由于其在火焰中的浓度小且集中在燃烧器附近，因此其辐射贡献值只占火焰总辐射力的25%～30%。

火焰中的灰分颗粒尺寸与焦炭颗粒大致相仿，但其充满整个炉膛。尤其在煤粉炉中，烟气中飞灰的浓度可占总灰量的90%以上。因此煤粉炉中灰分颗粒的辐射力远大于焦炭颗粒，基本上可占火焰总辐射能力的40%～50%。固体颗粒的辐射力（黑度）也随温度的升高而降低，这点和气体辐射介质是相同的。

综上所述，炉膛计算涉及煤粉火焰的黑度或吸收率的计算时，相应的参数均由三原子气体、灰分颗粒和焦炭颗粒三部分组成。

二、煤粉炉炉内传热计算方法

煤粉炉的炉膛内部所进行的燃烧、传热、灰粒的迁徙和沉积等过程各自独立又互相交叉影响，致使炉内传热计算过程相当复杂，甚至很难得到精确的理论解，常常需要依靠大量的经验数据并做出很多简化假设。

虽然如此，炉膛传热计算也发展出了众多的计算方法。目前我国采用的炉膛传热计算方法基本上是来自于前苏联的经过修正的古尔维奇方法，该方法是建立在相似理论基础上的一种半经验方法。

（一）炉膛几何尺寸的计算

炉膛传热计算是明确炉膛所布置的水冷壁面积能够将燃料燃烧放出的热量中的多少份额转变为一定温度和压力的工质的热能，并且使出口烟气达到什么温度。因此炉膛传热计算与炉膛结构特性计算是密不可分的。

在进行结构设计时，一般都采用校核计算的方法进行设计计算。通常可先按燃烧要求，选取适当的炉膛容积热负荷和断面热负荷并结合燃料发热量来确定炉膛容积及炉膛截面积；然后根据选用的燃烧器形式、数目、布置方式等确定炉膛的深度、宽度和高度等具体数据；接着布置好炉膛辐射受热面，并绘出炉膛结构草图，进行炉膛结构特性计算，之后才能进行传热计算。而对于现有锅炉的炉膛进行校核热力计算时，一般是根据已知的结构，预测出口的烟气温度，然后进行炉膛传热计算，校核炉膛出口烟温与假定值的误差是否在允许值范围内，否则应重新估计炉膛出口烟温的重新进行计算。

1. 炉膛容积计算

炉膛容积计算按图 7-1 和图 7-2 确定。容积的边界是水冷壁管中心线所在的平面或者是绝热保温层的向火表面（辐射卫燃带区域），在不敷设水冷壁的地方则是炉膛的壁面。炉膛出口边界是通过屏式过热器、凝渣管或锅炉排管的第一排管子中心线所在平面。炉膛下部容积的边界是炉底，当有冷灰斗时，则以冷灰斗高度的一半处所在平面作为底边界。

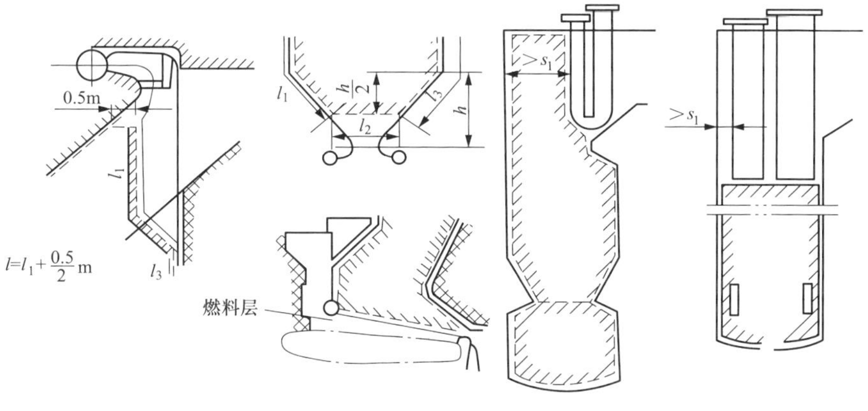

图 7-1　炉膛容积及水冷壁曝光长度的计算

当屏沿整个炉膛断面布置在炉膛上部［见图 7-2 中（a）、（b）］或屏只布置在炉膛出口

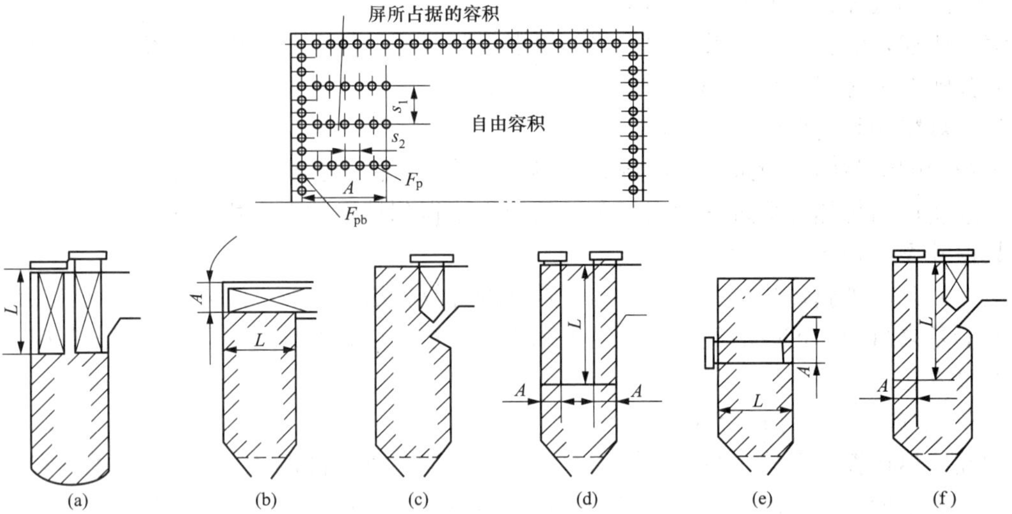

图 7-2 带有屏的炉膛容积的计算

烟窗［见图 7-2 中（b)］时，炉膛容积不包括屏区容积。当屏采用其他方式布置［见图 7-2 中（d)、(e)、(f)］时，屏区容积计算在炉膛容积之内。

2. 炉壁面积计算

炉壁的总面积一般指包覆炉膛的表面积。对于双面曝光水冷壁及屏应以其边界管中心线间距离与管子曝光长度乘积的两倍作为其相应的炉膛面积。而对于液态排渣炉和 W 形火焰炉所采用的半开式炉膛的燃烧室，炉壁面积还应包含烟窗的面积。

当炉膛容积包含有屏时（见图 7-1），炉壁面积等于不含屏部分容积的炉壁面积、屏的面积和屏区水冷壁面积之和，并且要考虑屏和屏区水冷壁曝光的不完全性，即

$$F_{w,f}=F_{ef}+F_pZ_p+F_{w,p}Z_{w,p} \tag{7-1}$$

$$Z_p=\frac{\alpha_p}{\alpha_{ef}} \tag{7-2}$$

$$Z_{w,p}=\frac{\alpha_{w,p}}{\alpha_{ef}} \tag{7-3}$$

$$\alpha_p=\alpha_{e,p}+\varphi_pc_p\alpha_{ef} \tag{7-4}$$

$$\alpha_{w,p}=\alpha_{e,p}+\varphi_{w,p}c_{w,p}\alpha_{ef} \tag{7-5}$$

$$\tau_A=-\ln(1-\alpha_{ff})\frac{A}{s_{ef}} \tag{7-6}$$

$$s_{e,f}=3.6\frac{V_{e,f}}{F_{e,f}} \tag{7-7}$$

式中 $F_{w,f}$——炉壁面积，m^2；

F_{ef}——不含屏部分容积的炉膛面积，m^2；

F_p、$F_{w,p}$——屏和屏区水冷壁的炉壁面积，m^2；

Z_p、$Z_{w,p}$——屏和屏区水冷壁的曝光不均匀系数；

α_{ef}——炉膛空容积的火焰黑度；

α_p、$\alpha_{w,p}$——对应于屏和屏区水冷壁的火焰黑度；

$\alpha_{e,p}$——屏间容积的火焰黑度；

φ_p、$\varphi_{w,p}$、c_p、$c_{w,p}$——系数，可查锅炉热力计算线算图，图中所需参数 τ_A 按（7-6）式计算；

$s_{e,f}$——炉膛空容积有效辐射层厚度，按式（7-7）计算；

A——屏外侧管与炉壁的距离或屏的深度尺寸（见图 7-1），m；

α_{ff}——炉膛火焰黑度。

计算炉膛火焰黑度的方法见本节稍后部分的内容。

3. 辐射受热面面积计算

计算炉膛水冷壁（包含双面曝光水冷壁）的辐射受热面积时可将水冷壁看作一连续平面，并且规定该平面在吸热上与未受沾污的水冷壁相当。

$$F = \sum x_i F_{wwi} \tag{7-8}$$

$$F_{wwi} = bl \tag{7-9}$$

式中　F——辐射受热面积，m^2；

x_i——水冷壁角系数，可查相关文献确定；

F_{wwi}——水冷壁所占据的炉壁面积 m^2；

b——水冷壁边界管子中心线间的距离，m；

l——水冷壁曝光长度，m。

确定 F_{wwi} 时还应扣除炉壁上未敷设管子的区段和燃烧器等的面积。对于双面曝光水冷壁和屏

$$F_{wwi} = 2bl \tag{7-10}$$

（二）炉膛传热计算的基本方程

炉内传热的主要方式是辐射，燃料燃烧后将自身的化学能变成燃烧产物的高温热能，再由烟气的高温辐射将热量传给水冷壁中的工质。描述该传热过程可用以下的基本方程。

（1）高温烟气与辐射受热面之间的辐射换热方程：

$$Q_R = \sigma_0 a_f \psi F_f T_f^4 \tag{7-11}$$

（2）高温烟气在炉内放热的热平衡方程：

$$B_{cal} Q_1 = \varphi B_{cal}(Q_1 - h_f'') = \phi B_{cal} c_{p,av}(T_{th} - T_f'') \tag{7-12}$$

$$V_{cp,av} = \frac{Q_1 - h_1''}{T_{th} - T_f''} \tag{7-13}$$

$$Q_1 = Q_f \frac{100 - q_3 - q_4 - q_6}{100 - q_4} + Q_a \tag{7-14}$$

$$Q_a = (\alpha_f'' - \Delta\alpha_f - \Delta\alpha_{pcs}) h_{ha}^0 + (\Delta\alpha_1 + \Delta\alpha_{zf}) h_{ca}^0 \tag{7-15}$$

式中　B_{cal}——计算燃料消耗量，kg/s；

Q_1——以 1kg 燃料为基准的炉内有效放热量，W/kg；

σ_0——波尔兹曼常数，$\sigma_0 = 5.67 \times 10^{-11}$ kW/($m^2 \cdot K^4$)；

a_f——炉膛黑度；

ψ——炉内辐射受热面的热有效系数；

F_f——炉膛辐射换热面积，m^2；

ϕ——考虑炉膛散热损失的保热系数；

T_f——炉膛内介质的平均温度，K；

h''_f——炉膛出口截面上燃烧产物的焓，kJ/kg；

$c_{p,av}$——燃烧产物的平均比热容；

T_{th}——燃烧产物的理论燃烧温度，K；

T''_f——炉膛出口烟气温度，K；

Q_f——1kg 燃料带入锅炉机组的热量，kJ/kg；

Q_a——空气带入炉内的热量，kJ/kg；

α''_f——炉膛出口处过量空气系数；

$\Delta\alpha_f$、$\Delta\alpha_{pcs}$——炉膛和制粉系统的漏风系数，由表 7-1 查取；

h^0_{ha}、h^0_{ca}——理论热空气的焓和理论冷空气的焓，kJ/kg。

表 7-1　额定负荷时制粉系统、炉膛和对流烟道的漏风系数

系统或烟道名称	漏风系数	系统或烟道名称	漏风系数
制粉系统：		再热器	0.03
钢球磨中间储仓式	0.1	省煤器：	
中速磨直吹式	0.04	单级布置时	0.03
煤粉炉炉膛	0.05～0.1	两级布置时的每一级	0.02
屏式过热器、凝渣管	0	管式空气预热器：	
过热器：		单级布置时	0.05
占据整个水平烟道时	0.05	两级布置时的每一级	0.03
多级布置时的每一级	0.03	回转式空气预热器	0.2

（3）炉膛内的热平衡方程。一般炉膛内高温烟气的流速较低，传热方式以辐射为主，对流传热量只占 5%左右。为了简化计算，通常炉膛换热按纯辐射的方式计算。

高温烟气与辐射受热面间的辐射换热量等于高温烟气在炉内的放热量，其热平衡方程式

$$\sigma_0 a_f \psi F_f T_f^4 = \phi B_{cal} c_{p,av}(T_{th} - T''_f) \tag{7-16}$$

从传热基本方程可以看出，影响炉膛换热的主要因素为炉膛黑度 a_1、辐射受热面平均热有效系数 ψ、辐射受热面积 F_f 及火焰平均温度 T。

（三）我国常用的炉膛换热计算方法

1. 炉膛传热计算方法

我国常用的炉膛换热计算方法是建立在相似理论基础上的半经验公式，是经过修正的古尔维奇方法，由热平衡方程式（7-16）推出的系统方程式。在公式推导过程中作了以下假设：

（1）忽略了炉膛内的对流换热。

（2）假设燃料在炉膛内燃烧放出的热量不被外界吸收而只用来加热燃烧产物本身所能达到的最高温度，称为理论燃烧温度 T_{th}，当然，这个理论燃烧温度在炉膛中是不存在的，只是为了计算分析方便做出的假定，而对炉膛换热起决定性作用的是炉膛火焰的温度，并且在计算中将炉内温度看作是均匀的。

（3）计算的定性温度为炉膛出口温度。

（4）将水冷壁的投影面作为火焰的辐射表面，称为水冷壁面积。

将热平衡方程式（7-16）采用以下无因次量表示：

无因次火焰平均温度　$$\vartheta_f = \frac{T_f}{T_{th}} \tag{7-17}$$

无因次炉膛出口烟气温度　$$\vartheta''_f = \frac{T''_f}{T_{th}} \tag{7-18}$$

波尔兹曼准则　$$B_o = \frac{\phi B_{cal} c_{p,av}}{\sigma_0 \psi F T_{th}^3} \tag{7-19}$$

将式（7-17）～式（7-19）代入式（7-16）得

$$\frac{a_f}{B_o}\vartheta_f^4 + \vartheta_f - 1 = 0 \tag{7-20}$$

设 T_f 是介于 T_{th} 和 T''_f 之间的烟温，由试验得知 T_f 和 T''_f 之间存在下列关系式：

$$\vartheta_f = C_f \vartheta_f^{n} \tag{7-21}$$

式中　C_1、n——经验系数。

将式（7-21）式代入式（7-20）可得

$$\frac{a_f C}{B_o}\vartheta_f^{4n} + \vartheta_f - 1 = 0 \tag{7-22}$$

由试验和准则方程解得炉内辐射传热的准则方程式为

$$\frac{\vartheta_f}{1-\vartheta_f} = \frac{1}{M}\left(\frac{B_o}{a_f}\right)^{0.6} \tag{7-23}$$

式中　M——经验系数，它与燃料的性质、燃烧方式和燃烧器布置的相对高度、炉内火焰平均温度和理论燃烧温度等因素有关。

将式（7-23）改写成炉膛出口温度计算式：

$$\vartheta''_f = T''_f - 273 = \frac{T_{th}}{M\left(\frac{\sigma_0 a_f \psi F_f T_{th}^3}{\phi B_{cal} c_{p,av}}\right)^{0.6} + 1} - 273 \tag{7-24}$$

当计算水冷壁的面积 F_f 时，式（7-24）可写成

$$F_f = \frac{\varphi B_{cal} c_{p,av}}{\sigma_0 a_f \psi T_{th}^3}\left[\frac{1}{M}\left(\frac{T_{th}}{T''_f} - 1\right)\right]^{\frac{5}{3}} = \frac{B_{cal} Q_f}{\sigma_0 a_f M \psi T_{th}^3 T''_f}\sqrt[3]{\frac{1}{M^2}\left(\frac{T_{th}}{T''_f} - 1\right)^2} \tag{7-25}$$

式（7-24）和式（7-25）中的燃料消耗量 B_{cal}、保热系数 ϕ、烟气的平均比热容 $V_{cp,av}$、水冷壁的面积 F_f 等可通过热平衡和几何尺寸计算得到，而炉膛黑度 a_f、系数 M、受热面的热有效系数 ψ 的计算方法将在下面分别介绍。

2. 炉膛黑度的计算

（1）炉膛黑度。炉膛黑度 a_f 是表示火焰有效辐射热流的一个假想黑度，可按式（7-26）计算：

$$a_f = \frac{a_{ff}}{a_{ff} + (1 - a_{ff})\psi} \tag{7-26}$$

或

$$a_f = \frac{a_{ff}}{a_{ff} + (1 - a_{ff})\xi x} \tag{7-27}$$

式中　a_{ff}——火焰黑度；

ψ——水冷壁的热有效系数；

ξ——水冷壁的污染系数；

x——水冷壁辐射角系数，可查阅相关的线算图。

（2）火焰黑度。火焰黑度表示炉内高温介质的辐射能力。对于固体燃料，火焰黑度可按式（7-28）计算：

$$a_{\mathrm{ff}}=1-\mathrm{e}^{-Kps} \tag{7-28}$$

式中　K——炉内介质的辐射减弱系数，1/(m·MPa)；

p——炉内介质的压力，对非正压锅炉，$p=0.1$MPa；

s——炉内介质的辐射层有效厚度，m。

炉内介质的辐射减弱系数 K 由式（7-29）确定：

$$K=K_{\mathrm{g}}r+K_{\mathrm{ash}}+\mu_{\mathrm{ash}}+10C_1C_2 \tag{7-29}$$

其中三原子气体的辐射减弱系数 K_{g} 按式（7-30）求出（或查线算图得出）：

$$K_{\mathrm{g}}=\left(\frac{2.492+5.111\,r_{\mathrm{H_2O}}}{\sqrt{prs}}-1\right)\left(1-0.37\,\frac{T''_{\mathrm{f}}}{1000}\right) \tag{7-30}$$

灰粒的辐射减弱系数按式（7-31）计算：

$$K_{\mathrm{ash}}=\frac{55\,900}{\sqrt[3]{T''^{2}_{\mathrm{f}}\,d_{\mathrm{f}}^{2}}} \tag{7-31}$$

式中　K_{g}——三原子气体的辐射减弱系数，1/(m·MPa)

p——炉膛中火焰压力，对于平衡通风锅炉，$p=0.1$MPa；

s——火焰有效辐射层厚度，m；

r——三原子气体的总容积份额，为二氧化碳（含二氧化硫）和水蒸气容积份额之和$r=r_{\mathrm{RO_2}}r_{\mathrm{H_2O}}$；

T''_{f}——炉膛出口烟汽温度，K；

K_{ash}——灰粒的辐射减弱系数，按式（7-31）求出（或由线算图查出）；

d_{ash}——灰粒的直径，μm；对于钢球磨煤机$d_{\mathrm{ash}}=13$，对于中速锤击磨煤机$d_{\mathrm{ash}}=16$，对于层燃炉$d_{\mathrm{ash}}=20$；

μ_{ash}——飞灰浓度，kg/kg；

C_1——燃料种类修正系数，对于挥发分高的煤（烟煤、褐煤、泥煤、木材等）：$C_1=0.5$，对于挥发分低的煤（无烟煤、贫煤等）：$C_1=1.0$；

C_2——燃烧方式修正系数，对于室燃炉 $C_2=0.1$，对于层燃炉 $C_2=0.03$。

炉内介质的有效辐射层厚度 s 按式（7-32）计算：

不含屏时
$$s=3.6\,\frac{V_{\mathrm{f}}}{F_{\mathrm{f}}}$$

包括屏时
$$s=\frac{3.6V_{\mathrm{f}}}{F_{\mathrm{ef}}+F_{\mathrm{p}}+F_{\mathrm{w,p}}}\left(1+\frac{F_{\mathrm{p}}}{F_{\mathrm{ef}}+F_{\mathrm{w,p}}}\,\frac{V_{\mathrm{ef}}}{V_{\mathrm{f}}}\right) \tag{7-32}$$

式中　$V_{\mathrm{e,f}}$、V_{f}——炉膛不含屏部分所占容积和炉膛总容积，$\mathrm{m^3}$。

（3）水冷壁的热有效系数 ψ 和污染系数 ξ。水冷壁的热有效系数 ψ 是水冷壁受热面实际吸热量与火焰辐射总热量的比值。

$$\psi=\frac{a_{\mathrm{wf}}\sigma_0F_{\mathrm{f}}(T_{\mathrm{av}}^4-T_{\mathrm{w}}^4)}{a_{\mathrm{f}}\sigma_0F_{\mathrm{f}}\,T_{\mathrm{av}}^4}=\xi_{\mathrm{av}}x \tag{7-33}$$

式中　a_{wf}——火焰与水冷壁封闭系统的黑度；

T_w——水冷壁表面温度，K。

受热面的污染系数 ξ 是指受热面受到污染使吸热量降低的一个修正系数，是火焰辐射到水冷壁上的热量被水冷壁受热面所吸收的比例。

$$\xi=\frac{a_{wf}\sigma_0 F_f(T_{av}^4-T_w^4)}{a_f\sigma_0 F_f T_{av}^4}\approx 1-\left(\frac{T_w}{T}\right)^4 \tag{7-34}$$

水冷壁的污染系数与燃料性质、水冷壁结构以及燃烧工况有关，可根据表 7-2 推荐的数据进行选取。

双面曝光水冷壁的污染系数按单面曝光水冷壁相同方法取用。当炉膛受热面中有局部覆盖时（如卫燃带），ξ 的平均值计算方法如下：

$$\xi_{av}=\frac{\xi_1 F_{f1}+\xi_2 F_{f2}}{F_{f1}+F_{f2}} \tag{7-35}$$

式中　F_{f1}、F_{f2}——未覆盖及覆盖耐火层的有效辐射受热面积，m^2；

ξ_1、ξ_2——相应水冷壁的污染系数，见表 7-2。

表 7-2　水冷壁的污染系数 ξ

水冷壁形式	燃料种类	污染系数 ξ
光管水冷壁和膜式水冷壁	气体、气体和重油混合物	0.65
	重油	0.55
	煤粉炉：无烟煤（$C_{fh}<12\%$），贫煤（$C_{fh}<8\%$）	0.35
	其他	0.45
固态排渣炉有耐火涂料的销钉水冷壁	一切燃料	0.20
覆盖耐火砖的水冷壁	一切燃料	0.10

3. 系数 M

系数 M 是反应炉内火焰最高温度的相对位置对炉膛出口烟温的影响的参数，可按下列经验公式求得：

$$M=A-B(x_b+\Delta x) \tag{7-36}$$

$$x_b=\frac{h_b}{h_f} \tag{7-37}$$

$$h_b=\frac{\sum n_i B_i h_{bi}}{\sum n_i B_i} \tag{7-38}$$

式中　A、B——与燃料种类和炉膛结构有关的经验系数，其值见表 7-3；

x_b——燃烧器的相对高度；

Δx——考虑炉内火焰最高温度的位置偏离燃烧器布置水平面的修正值，其值见表 7-4；

h_f——炉膛高度，即从炉底或冷灰斗中间平面至炉膛出口烟窗中部的高度，m；

h_b——燃烧器的布置高度，即从炉底（具有平炉底的炉膛）或冷灰斗中间平面（对于具有冷灰斗的炉膛）至燃烧器轴线的高度，m；

B_i——对应于每层燃烧器的燃煤量，kg/s；

h_{bi}——对应于该层燃烧器的布置高度，m；

n_i——该层燃烧器的数量。

对于煤粉炉，M 值一般小于 0.5。

表 7-3 **A、B 值**

燃料	开式炉膛		半开炉膛	
	A	B	A	B
气体、重油	0.54	0.2	0.48	0
高反应性能固体燃料	0.59	0.5	0.48	0
无烟、贫煤及多灰燃料	0.56	0.5	0.46	0
各种燃料的链条炉	$A=0.59$ $B=0.5$			

表 7-4 **Δx 值**

燃烧器形式	Δx 值
轴心水平、四角切向布置燃烧器	0
前墙或对冲布置燃烧器 $D>420\text{t/h}$	0.05
$D\leqslant 420\text{t/h}$	0.1
摆动式燃烧器上下摆动±20°	±0.1
重油炉及燃气炉，燃烧器处 $\alpha_r<1$	$2(1-\alpha_r)$

4. 炉膛水冷壁热负荷的分布

炉膛水冷壁受热面的平均热负荷按式（7-39）计算：

$$q_H=\frac{B_{cal}Q_f}{F_f} \tag{7-39}$$

由于炉内各区段的温度场、浓度场的不均匀性，影响到水冷壁热负荷沿炉膛宽度、深度和高度方面的分布。各部位的局部热负荷 q_i 可按下式计算：

$$q_i=\eta_i q_H \tag{7-40}$$

式中 η_i——热负荷不均匀系数。

热负荷不均匀系数取决于炉膛的结构、燃烧方式、燃烧器布置、燃料种类有关。

各炉墙间的热负荷不均匀系数η_q推荐如下：当前墙布置燃烧器时，后墙$\eta_q=1.10$；竖井炉的后墙，$\eta_q=1.2$；其他情况$\eta_q=1.0$。

沿炉膛高度的热负荷不均匀系数η_h可查线算图，也可近似地取用下列数值：炉膛各墙上部 1/3 高度$\eta_h=0.8$，1/4 高度$\eta_h=0.75$，炉顶$\eta_h=0.6$。

第二节 对流受热面传热计算

烟气在炉膛内的传热方式主要是辐射传热，离开炉膛后将进入布置在炉膛出口部位的半辐射受热面，也称屏式受热面，如前屏、后屏等。屏式受热面除了吸收炉内高温烟气的辐射热外，同时还吸收屏区空间烟气的容积辐射热以及烟气的对流传热，因此称为半辐射受热面(关于半辐射受热面的传热计算，在第三节讨论)。烟气离开半辐射受热面后，就将进入布置在水平烟道的对流受热面——高温级对流过热器和高温级再热器、然后经转向室下行流经低温过热器、低温再热器、省煤器和空气预热器等。这些受热面（包括由后墙水冷壁向上延伸形成的凝渣管、部分小容量锅炉的蒸发管束）的主要传热方式是吸收烟气中的对流热量，因此统称为对流受热面。

一、基本方程

在对对流受热面进行传热计算时，经常用的基本公式有三个，即烟气侧放热公式、工质侧吸热公式以及对流传热公式。这三个基本公式中所描述的热量值在锅炉达到热平衡状态时应该相等。我们可以根据这一特点，采用校核计算的方法进行传热计算。

烟气侧对流放热公式
$$Q_c^{re}=\varphi(h'-h''+\Delta\alpha h_{ca}^0) \tag{7-41}$$

工质侧对流吸热公式
$$Q_c^{ab}=\frac{D(h''_{wm}-h'_{wm})}{B_{cal}}+Q_{add} \tag{7-42}$$

对流传热公式
$$Q_c^{tr}=\frac{K\Delta tH}{B_{cal}} \tag{7-43}$$

式中　φ——考虑散热损失影响的保热系数；

h'、h''——烟气在该受热面进口、出口焓值，kJ/kg；

$\Delta\alpha$——该级受热面漏风系数；

h_{ca}^0——以环境温度计算的漏入烟道的冷空气的焓，kJ/kg；

D——对流受热面内工质的流量，kg/s；

h''_{wm}、h'_{wm}——对流受热面出口、进口工质焓，kJ/kg；

B_{cal}——锅炉计算燃料消耗量，kg/s；

Q_{add}——对流受热面所在区域附加受热面的吸热量，kJ/kg；

K——传热系数，kW/(m^2·K)；

Δt——传热温压，K；

H——受热面面积，m^2。

附加受热面吸热量计算可按式（7-44）进行：

$$Q_{add}=D_{add}(h''_{add}-h'_{add})/B_{cal} \tag{7-44}$$

式中　D_{add}——附加受热面内工质流量，kg/s；

h''_{add}、h'_{add}——附加受热面内工质出口及进口焓，kJ/kg。

在以上公式中，涉及四个温度，即烟气进、出口温度和工质进、出口温度，这四个温度值，在一般的理论情况下，我们只知道其中的两个。以高温对流过热器为例，进口烟温就是炉膛出口烟温，在炉膛热力计算完成后就是已知的，但出口烟温却是未知的；工质侧进口温度应该是低温过热器（或屏式过热器）出口的工质温度，这显然也是未知的，但高温过热器出口的工质温度应该是汽轮机要求的额定温度，这显然是已知的，因此四个温度有两个是已知的。上述公式中，未知数个数比方程数多一个，无法求解，因此，为了解决问题，往往需要采用“试算”的方法，即先假定一个温度值为已知，求出另一个未知值，这样四个温度（焓值与温度相对应）值都得到后，可以计算出传热温压 Δt，然后根据预先布置好的受热面结构，可以得到传热面积 H，同时可以计算出烟气流速，进而通过查线算图得到传热系数 K，这样算出对流传热量 Q_c^{tr}，再将其与烟气侧放热量 Q_c^{re} 进行对比，如果其相对误差小于或等于 2%，就认为先前的假定是正确的，否则，说明原先的假定与实际情况相差太大，需要重新假定。以上方法就是锅炉对流受热面传热计算所采用的校核计算方法。在锅炉热力计算中，本来设计锅炉应该采用设计计算方法，即已知锅炉热力参数，求解锅炉的传热面积，确定锅炉结构数据。但这样做的难度太大，几乎无法完成，因此一般普遍采用的就是校核计算方法，即已知锅炉结构，求解热力参数，这就是所谓的采用校核方法的设计计算。

从上述的论述可以看出，对流受热面的传热计算，最终归结到三个参数的确定，即传热系数 K、传热温压 Δt 以及传热面积 H，下面介绍这三个参数的处理方法。

二、传热系数的确定

（一）传热系数 K

在对管式受热面进行计算时，我们常把受热管看成多层平壁，这样就可将管式受热面的

传热系数 K 按传热学中的多层平壁的传热系数进行计算，即

$$K=\frac{1}{\frac{1}{\alpha_1}+\frac{\delta_{ash}}{\lambda_{ash}}+\frac{\delta_m}{\lambda_m}+\frac{\delta_{sc}}{\lambda_{sc}}+\frac{1}{\alpha_2}} \tag{7-45}$$

式中　α_1——烟气对受热面的表面传热系数，W/(m^2·K)；

α_2——管壁对管内工质的表面传热系数，W/(m^2·K)；

δ_m、λ_m——金属管壁的厚度及其导热系数，m 及 W/(m·K)；

δ_{ash}、λ_{ash}——管壁烟气侧的灰层厚度及其导热系数，m 及 W/(m·K)；

δ_{sc}、λ_{sc}——管壁工质侧的污垢层厚度及其导热系数，m 及 W/(m·K)。

对于管壁金属材料的导热热阻 δ_m/λ_m，其数值与灰污层相比基本可以忽略；而水垢层对于现代大型锅炉的高给水品质来说，基本也不会发生积垢的现象，故垢层热阻也不必考虑。于是传热系数的计算公式简化为

$$K=\frac{1}{\frac{1}{\alpha_1}+\varepsilon+\frac{1}{\alpha_2}} \tag{7-46}$$

这就是传热系数的计算公式，针对不同的受热面，K 的计算可以进一步进行简化或加以修正，下面分别介绍：

（1）燃煤锅炉采用错列布置方式的省煤器、蒸发受热面、超临界压力锅炉的过热器，以上几种类型的受热面，由于管壁对工质的表面传热系数 α_2 远大于烟气对受热面的表面传热系数 α_1，因此可忽略工质侧热阻，K 可简化为

$$K=\frac{\alpha_1}{1+\varepsilon\alpha_1} \tag{7-47}$$

（2）亚临界以下压力的燃煤锅炉采用错列方式布置的过热器时，K 按式（7-48）计算：

$$K=\frac{\alpha_1}{1+\left(\varepsilon+\frac{1}{\alpha_2}\right)\alpha_1} \tag{7-48}$$

（3）燃气和燃油炉的过热器（无论是错列还是顺列布置）、燃煤锅炉采用顺列方式布置的过热器，K 按式（7-49）计算：

$$K=\frac{\psi\alpha_1}{1+\frac{\alpha_1}{\alpha_2}} \tag{7-49}$$

式中　ψ——热有效系数。

（4）对于燃气、燃油锅炉的其他光管管束以及燃煤锅炉顺列布置的省煤器、蒸发受热面、超临界压力过热器和燃煤锅炉的凝渣管等受热面，传热系数 K 可简化为

$$K=\psi\alpha_1 \tag{7-50}$$

（5）屏式过热器的传热系数比较复杂，需要考虑炉内辐射热使传热热阻增加带来的影响，需用下述方法进行修正：

$$K=\frac{\alpha_1}{1+\left(1+\frac{Q_r}{Q_c}\right)\left(\varepsilon+\frac{1}{\alpha_2}\right)\alpha_1} \tag{7-51}$$

式中　Q_r——屏所吸收的炉膛辐射热量，kJ/kg 或 kJ/m³；

Q_c——由对流及屏间烟气辐射传给屏的热量，kJ/kg 或 kJ/m³；

ε——屏的污染系数，m²·K/W。

(6) 在计算空气预热器的传热系数时，引入利用系数 ξ 来综合考虑管子的污染、烟气和空气对受热面不充分冲刷及空气通过管板短路造成的影响。对于管式和板式空气预热器的传热系数可按式 (7-52) 计算：

$$K=\xi\frac{\alpha_1\alpha_2}{\alpha_1+\alpha_2} \tag{7-52}$$

(7) 回转式空气预热器的传热系数 K 一般按式 (7-53) 计算：

$$K=\frac{\xi c}{\dfrac{1}{X_1\alpha_1}+\dfrac{1}{X_2\alpha_2}} \tag{7-53}$$

式中　X_1、X_2——烟气侧和空气侧受热面各占总受热面的百分比；

c——考虑不稳定传热影响的系数。

采用厚度为 0.6～1.2mm 的蓄热板时，c 值与转子的转速 n 有关，其值如下：

n(r/min)	0.5	1.0	≥1.5
c	0.85	0.97	1.0

(8) 其他未述及的受热面传热系数的确定方法可参见传热学或其他锅炉原理的书籍。

(二) 烟气对受热面的表面传热系数

在上述的计算公式中，都需要用到烟气对受热面的表面传热系数 α_1，α_1 一般包括烟气的对流换热表面传热系数 α_c 和管间烟气容积的辐射换热表面传热系数 α_r。

烟气与各种对流受热面的表面传热系数为

$$\alpha_1=\xi(\alpha_c+\alpha_r) \tag{7-54}$$

对于烟气与半辐射的屏式受热面的表面传热系数为

$$\alpha_1=\xi\left(\alpha_c\frac{\pi d}{2s_2x}+\alpha_r\right) \tag{7-55}$$

式中　α_c、α_r——对流换热表面传热系数和辐射换热表面传热系数，W/(m²·K)；

s_2——屏中管子的纵向节距，m；

x——屏的角系数，可查线算图；

ξ——受热面的利用系数。它考虑了烟气冲刷不均对受热面传热的影响，对于现代锅炉的对流受热面设计，烟气冲刷不均较小，ξ 可取为 1；对于屏式受热面，烟气冲刷不均较严重，可查线算图选取。

从前面的分析可以看出，如果要计算 K，就需要计算 α_1，而要计算 α_1 则先要计算 α_c 和 α_r，下面分别介绍 α_c、α_r 的计算方法。

(三) 对流换热表面传热系数

1. 气流横向冲刷光滑管束时的表面传热系数

(1) 顺列管束。气流横向冲刷顺列的光滑管束时，表面传热系数按式 (7-56) 计算：

$$\alpha_c=C_zC_\varphi\alpha_c^0 \tag{7-56}$$

式中　C_z——管排修正系数；

C_φ——考虑烟气温度和烟气组成的变化对表面传热系数影响的修正系数；

α_c^o——基本对流换热表面传热系数，可查线算图，$W/(m^2 \cdot K)$。

如果烟气横向冲刷单排管束，其表面传热系数可按式（7-56）计算然后再乘以 2/3 作为单排管子的表面传热系数。

对于压力稍大于 0.1MPa 的正压燃烧锅炉，表面传热系数的选取和计算需采用折算到大气压力下的烟气容积进行计算得到的烟气速度来查线算图并计算。该原则也适用于烟气横向冲刷错列管束的表面传热系数以及气体纵向冲刷管束的表面传热系数的计算。

（2）错列管束。气流横向冲刷错列光滑管束时，表面传热系数按式（7-57）计算：

$$\alpha_c = C_z C_s C_\varphi \alpha_c^o \tag{7-57}$$

式中　C_s—— 考虑管子排列的修正系数。

其余符号意义同式（7-56）。

2. 气流纵向冲刷光滑管束的表面传热系数

（1）过热蒸汽纵向冲刷受热面时，表面传热系数按式（7-58）计算：

$$\alpha_o^c = C_d \alpha_c^o \tag{7-58}$$

式中　C_d——管径修正系数。

（2）空气或烟气纵向冲刷受热面时的表面传热系数计算如下：

烟气及空气冷却时

$$\alpha_c = C_t C_l \alpha_c^o \tag{7-59}$$

空气加热时

$$\alpha_c = C_t' C_l \alpha_c^o \tag{7-60}$$

上两式中　C_t，C_t'——壁温和气流物理特性的修正系数；

C_l——受热面冲刷长度的修正系数。

3. 回转式空气预热器的表面传热系数

对于回转式空气预热器，其烟气侧和空气侧的表面传热系数计算如下：

$$\alpha_c = C_h C_l C_t \alpha_c^o \tag{7-61}$$

式中　C_h——蓄热板形状的修正系数。

其余符号意义同式（7-60）。

还有一些带有扩展表面的受热面，其烟气侧表面传热系数可查其他的多学时锅炉原理教材。

4. 介质的流速

对流换热表面传热系数的大小直接取决于介质的流动速度，因此需要对介质的平均体积流量和平均介质流通截面积进行计算。

（1）介质的体积流量。

烟气的平均体积流量为

$$V_{g,av} = \frac{B_{cal} V_g (\vartheta + 273)}{273} \tag{7-62}$$

空气的平均体积流量为

$$V_{a,av} = \frac{\beta_{ah} B_{cal} V^0 (t + 273)}{273} \tag{7-63}$$

$$\beta_{ah}=\beta''_{ah}+\frac{\Delta\alpha}{2}+\beta_{rec} \tag{7-64}$$

水和水蒸气的平均体积流量为

$$V_{wv,av}=\frac{Dv}{3600} \tag{7-65}$$

式中　V_g、ϑ——烟气体积和烟气平均温度，m³/s，℃；

V^0、t——理论空气量和空气平均温度，m³/kg，℃；

β_{ah}——通过空气预热器的空气量与理论空气量的比值；

β''_{ah}——空气预热器出口空气侧过量空气系数；

$\Delta\alpha$——空气预热器的漏风系数；

β_{rec}——用于热风再循环的空气量占理论空气量的份额；

D——水或水蒸气的流量，kg/s；

v——水或水蒸气的平均比体积，m³/kg。

（2）介质流通面积。

气流作横向冲刷或斜向冲刷时，气流通道的流通截面积按通过管排轴线垂直于气流方向的投影面积计算。有效流通截面积是指烟道横断面总面积与管束所占面积的差值。当气流斜向冲刷管束时，应按通过管子中心线的断面 F_j（见图 7-3）计算流速。对顺列管束，若气流方向与管子中心线间夹角 $\beta<80°$，则按 F_j 计算的表面传热系数需要乘以 1.07 进行修正，对错列管束不用进行修正。

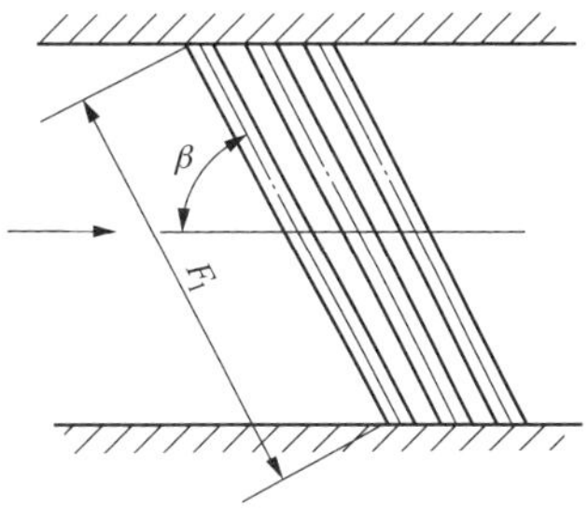

图 7-3　烟气斜向冲刷管束时有效通流截面积的计算

1）介质横向冲刷光管的流通截面积为

$$F=ab-z_1ld \tag{7-66}$$

式中　a、b——烟道计算截面的尺寸，m；

z_1——每排管子数目；

l——管子的投影长度；m；

d——管子外径，m。

2）介质纵向冲刷光管的流通截面：

介质在管内流动时　$$F=z\frac{\pi d_i^2}{4} \tag{7-67}$$

介质在管外流动时　$$F=ab-z\frac{\pi d^2}{4} \tag{7-68}$$

式中　z——并联管子数；

d、d_i——管子的外径和内径，m。

3）当烟道内气流冲刷受热面的性质相同，但各区段有效流动截面积不同时，其平均有效流通截面积为

$$F_{av}=\frac{H_1+H_2+\cdots}{\frac{H_1}{F_1}+\frac{H_2}{F_2}+\cdots} \tag{7-69}$$

式中　H_i——各区段的受热面积，m²；

F_i——对应各区段的有效流通截面积，m^2。

4）管束中进、出口截面不同，并且是逐渐扩大或逐渐收缩时，平均有效流通截面积为

$$F_{av}=\frac{2F'F''}{F'+F''} \tag{7-70}$$

式中 F'、F''——进、出口截面的有效流通截面积，m^2。

5）当管束中具有烟气走廊或烟道并联连接时，平均有效流通截面积为

$$F_{av}=F_{tb}+F_{bp}\sqrt{\frac{\xi_{tb}(\vartheta_{tb}+273)}{\xi_{bp}(\vartheta_{bp}+273)}} \tag{7-71}$$

式中 F_{tb}、F_{bp}——管束及旁通烟道的有效流通截面积，m^2；

ξ_{tb}、ξ_{bp}——管束及旁通烟道的阻力系数；

ϑ_{tb}、ϑ_{bp}——管束及旁通烟道中烟气平均温度，℃。

（四）燃烧产物的辐射换热表面传热系数 α_r

燃烧产物的辐射换热表面传热系数 α_r 是计算烟气对受热面的表面传热系数 α_1 的内容之一，而燃烧产物主要包括烟气以及其中的焦炭颗粒和灰粒等具有辐射能力的介质。

1. 辐射换热表面传热系数 α_r

高温烟气对受热面的辐射放热一般可通过辐射换热表面传热系数 α_r 进行计算。其中含灰气流的 α_r 按式（7-72）计算，不含灰气流的 α_r 按式（7-73）计算。

$$\alpha_r=5.67\times10^{-8}\frac{a_w+1}{2}aT^3\times\frac{1-\left(\frac{T_w}{T}\right)^4}{1-\frac{T_w}{T}}\quad W/(m^2\cdot K) \tag{7-72}$$

$$\alpha_r=5.67\times10^{-8}\frac{a_w+1}{2}aT^3\times\frac{1-\left(\frac{T_w}{T}\right)^{3.6}}{1-\frac{T_w}{T}}\quad W/(m^2\cdot K) \tag{7-73}$$

$$a=10e^{-Kps} \tag{7-74}$$

$$Kps=(K_g r+K_{ash}\mu)ps \tag{7-75}$$

式中 a_w——辐射受热面管壁黑度，可取 $a_w=0.8$；对于凝渣管，$a_w=0.68$；

a——当温度为 T 时的含灰或不含灰气流黑度，按式（7-74）计算，也可以查线算图；

T——气流的温度（可取气流的平均温度），K；

T_w——辐射受热面管壁外表面温度，K；

Kps——燃烧产物的总辐射吸收力，对于非正压燃烧的锅炉，取 $p=0.098MPa$；

K_g——三原子气体的辐射减弱系数，$(m\cdot MPa)^{-1}$，可查线算图或按式（7-30）计算；

s——有效辐射层厚度，m；

T——燃烧产物的温度，K；

K_{ash}——灰粒的辐射减弱系数，$(m\cdot MPa)^{-1}$，按式（7-31）计算或查线算图，对于不

含灰气流，不计算 K_{ash}；

在计算 K_{ash}时，需要知道灰粒的有效直径d_{ash}，d_{ash}可按表 7-5 选取。

表 7-5　灰粒的有效直径推荐值

制粉系统形式	灰有效直径（μm）
钢球磨煤机制粉系统	13
中、高速磨煤机制粉系统	16
竖井磨煤机磨制煤粉和页岩	20
竖井式磨煤机磨制泥煤	33

2. 有效辐射层厚度 s

对于一个密闭空间内的烟气容积来说，在向其周围表面进行辐射时，有效辐射层厚度值可计算如下：

$$s = 3.6\frac{V}{F_s} \tag{7-76}$$

式中　V——辐射空间容积，m^3；

F_s——周围界面面积，m^2。

在计算屏式受热面空间的有效辐射层厚度时，一般在确定了屏的几何尺寸后可计算如下：

$$s = \frac{1.8}{\frac{1}{A}+\frac{1}{B}+\frac{1}{C}} \tag{7-77}$$

式中　A、B、C——屏间辐射空间的宽、深、高度，m。

对于光管管束有效辐射层厚度计算如下：

$$s = 0.9d\left(\frac{4}{11}\frac{s_1 s_2}{d^2}-1\right) \tag{7-78}$$

式中　s_1、s_2——管子的平均横向及纵向节距，m。

对于鳍片管束，可按光管管束先求出有效辐射层厚度，然后再乘以系数 0.4 进行修正。而对于肋片管束，因其有效辐射层厚度很小，可以忽略燃烧产物的辐射传热。

计算空气预热器时也应考虑烟气辐射，对于管式空气预热器可选其有效辐射层厚度为 $s=0.9d$（d 为管子内径，m）。

（五）受热面的污染系数、利用系数和热有效系数

受热面的污染系数、利用系数和热有效系数，从目前的锅炉技术发展水平来看，尚不能得到准确的数据，也是换热器设计中迄今为止还无法妥善解决的问题。由于受热面污染情况受多种因素影响，因此这个问题若想得到精准的解决确实存在着很大难度。就目前掌握的技术来看，影响锅炉受热面灰污热阻的因素有受热面结构方面的问题（结构形式、排列方式、几何数据等），灰分或煤粉的特性（组成成分、颗粒细度、理化特性等），气流状况（烟气流速、密度、黏度、温度、冲刷特性等）等。因此，目前无法做到对于受热面的污染系数、利用系数和热有效系数的精确计算，只能依靠经验和半经验公式。

1. 污染系数 ε

（1）燃用固体燃料的光管管束污染系数。

目前，燃用除木材以外的固体燃料，当烟气横向冲刷错列布置光管管束（包括鳍片管管束）时，污染系数可按推荐的公式（7-79）计算：

$$\varepsilon = c_d c_{ash}\varepsilon_0 + \Delta\varepsilon \tag{7-79}$$

式中　ε_0——原始污染系数，$m^2 \cdot K/W$，它取决于烟气速度、与管子的纵向相对节距(s_2/d)，可查线算图；

c_d——管子直径的修正系数，可查线算图；

c_{ash}——灰分颗粒组成的修正系数；对于煤和页岩取 $c_{ash}=1.0$，对于泥煤取 $c_{ash}=0.7$；

$\Delta\varepsilon$——污染系数的附加修正值，由表 7-6 查得，$m^2 \cdot K/W$。

表 7-6　　污染系数的附加修正值

受热面名称及其进口烟温（℃）	Δε			
	形成松散性积灰的燃料（包括 $C_{fh}>20\%$ 的无烟煤屑）	无烟煤屑		褐煤、页岩带吹灰时
		钢珠除灰	不吹灰	
错列布置过热器	0.002 6	0.002 6	0.004 3	0.003 5
第二级省煤器和 $\vartheta'>400$ 的单级省煤器	0.001 7	0.001 7	0.004 3	0.002 6
第一级省煤器和 $\vartheta'\leqslant 400$ 的单级省煤器	0	0	0.001 7	0

（2）燃用固体燃料时肋片管束的污染系数。

燃用固体燃料时肋片管束的污染系数 ε 可直接从线算图中查得。

对于燃用液体燃料的肋片管束，可直接取污染系数 $\varepsilon=0.017$；而燃用气体燃料的肋片管束，则可取污染系数 $\varepsilon=0.0043$。

对于燃用固体燃料的屏式受热面，可查线算图；当燃油时，可取污染系统 $\varepsilon=0.0052$，燃气时取 $\varepsilon=0$。

2. 利用系数

利用系数 ξ 一般用来表示气流对受热面冲刷不均匀等因素的影响，对锅炉机组的横向冲刷管束可取为 1；对于布置在炉膛顶部及对流烟道转弯处的屏式受热面，其利用系数 ξ 可根据烟速查线算图，当烟气速度 $w_g>4m/s$ 时，可取 $\xi=0.85$；对于某些悬挂于炉膛顶部且远离出口烟窗的屏，因烟气没有冲刷全部受热面，在单独计算时，可取 $\xi=0.6$。

对于空气预热器，考虑冲刷不完善、管子污染等因素综合影响，利用系数 ξ 可按表 7-7 选取。

表 7-7　　空气预热器利用系数 ξ

燃料	没有中间管板的管式空气预热器		回转式空气预热器
	低温级	高温级	
无烟煤、泥煤	0.80	0.75	当漏风系数 $\Delta\alpha=0.15$ 时：$\xi=0.9$；当漏风系数 $\Delta\alpha=0.2\sim0.25$ 时：$\xi=0.8$
重油，木材	0.80	0.85	
其他燃料	0.85	0.85	

3. 热有效系数

热有效系数是指灰污管子的表面传热系数占未被污染的清洁管子表面传热系数的百分比。它通常用来表示燃煤锅炉的顺列布置管束及燃用重油和气体燃料锅炉的对流受热面等场合下，积灰对传热的影响。燃煤锅炉的热有效系数 ψ 值可按表 7-8 的经验推荐值进行选取。燃油炉及燃气炉的 ψ 值可参见其他教材。

表 7-8　燃煤锅炉的ψ值

受热面名称	燃煤种类	ψ
顺列布置的过热器、凝渣管和工业锅炉的锅炉管束	贫煤、无烟煤	0.6
	烟煤、褐煤和洗中煤	0.65
	油页岩	0.5

（六）受热面表面灰污层温度

在辐射换热量的计算中，需要计算辐射受热面管壁的外表面温度，亦即管子外部灰污层的温度，可计算如下：

$$t_{ash}=t+\left(\varepsilon+\frac{1}{\alpha_2}\right)\frac{1000B_{cal}Q}{H} \tag{7-80}$$

式中　ε——污染系数，$m^2\cdot K/W$；

α_2——管壁对管内介质的表面传热系数，仅在计算过热器时考虑，$W/(m^2\cdot K)$；

Q——所计算部件管内工质的吸热量（包括受热面从炉膛辐射或受热面前烟气空间辐射所得到的热量），kJ/kg；

H——所计算部件的受热面积，m^2；

B_{cal}——计算燃料消耗量，kg/s；

t——管内流动介质的平均温度，对沸腾的液体取相同压力下的饱和温度，其他情况下取初始温度和终端温度的平均值,℃。

三、传热温压的确定

传热温压 Δt 是指参与传热过程的两种介质在整个受热面热阻范围内的传热温差。其大小取决于两种介质在受热面进、出口的温度以及两种介质相互间的流动方向。不过假定其中一种介质处于相变过程（温度不变），则温压大小将与流动方向无关。

从介质相对流动方向角度看，换热器的布置无非只有两种方式，一种是两种介质流动方向一致，即所谓的顺流流动方式；另一种是两种介质流动方向相反，即所谓的逆流流动方式。当然还有一些复杂的流动方式，如顺流和逆流组合在一起的流动方式（称为混合流）、介质的流动方向互相垂直或成一定角度的方式等，这些都可以按照逆流方式计算温压然后进行修正。逆流方式传热温压最大，顺流方式温压最小。温压计算的公式如下：

$$\Delta t=\frac{\Delta t_{max}-\Delta t_{min}}{\ln\dfrac{\Delta t_{max}}{\Delta t_{min}}}=\frac{\Delta t_{max}-\Delta t_{min}}{2.3\lg\dfrac{\Delta t_{max}}{\Delta t_{min}}} \tag{7-81}$$

式中　Δt_{max}——受热面两端差中较大的温差,℃；

Δt_{min}——较小一端的温差,℃。

需要注意的是，顺流和逆流传热温压都由式（7-81）计算，但两者端差的大小却不同。当端差之比≤1.7时，可不必用对数温压，只用算数平均温差即可满足锅炉计算精确度的要求，即

$$\Delta t=\frac{\Delta t_{max}+\Delta t_{min}}{2}=\vartheta_{av}-t_{av} \tag{7-82}$$

对于采用混合流动方式的受热面（大多为过热器高温级），可以按纯逆流方式计算温压，然后乘以一个小于1的修正系数。当然最好是将其划分为顺流和逆流两部分，并在两者之间

设置一个中间烟气温度和介质中间温度，分别进行计算。

管式预热器一般采用的是交叉流动方式传热（见图 7-4），其温压可按逆流温压 Δt_{nl} 再乘以修正系数 ψ 进行计算：

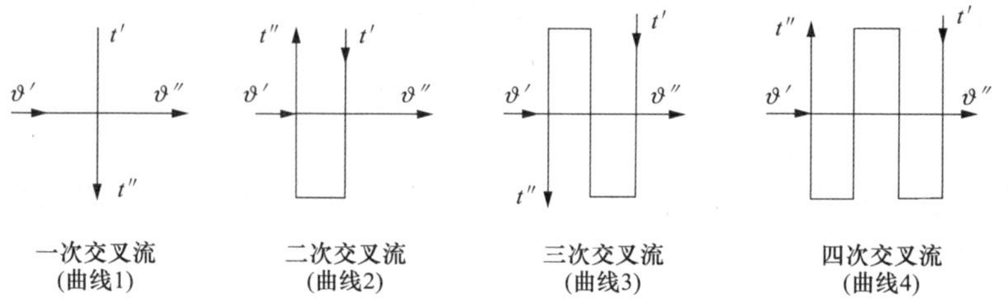

图 7-4 两种介质的交叉流动方式

$$\Delta t = \psi \Delta t_{cou} \tag{7-83}$$

系数 ψ 按图 7-5 查出。

图中
$$R = \frac{\tau_{max}}{\tau_{min}}, P = \frac{\tau_{min}}{\vartheta' - t'} \tag{7-84}$$

式中 ϑ'、t'——受热面中加热介质和受热介质的初温,℃；

τ_{max}、τ_{min}——两种介质在受热面中的温降,℃，其中 τ_{max} 为温降较大的那一种介质的温降，τ_{min} 为温降较小的介质的温降。

图 7-5 适合于各个行程受热面积相等或相差不大且两种介质相互流动总趋向为逆流的场合。当各行程受热面积相差较大以及相互流向趋于顺流的交叉流，可参考有关专著进行计算。交叉次数在五次或五次以上时的传热温压基本可以按逆流方式计算。

对于任何的复杂流动方式，当顺流温压和逆流温压之间满足如下条件时

$$\Delta t_{par} \geqslant 0.92 \Delta t_{cal} \tag{7-85}$$

可按下式计算其温压

$$\Delta t = \frac{\Delta t_{par} + \Delta t_{cal}}{2} \tag{7-86}$$

否则应分段计算受热面的温压。

四、对流传热面积的确定及附加受热面计算方法

在传热系数的计算中，我们把金属管子看作是多层平壁的传热过程，并忽略了部分热阻。但圆形管子和平壁之间毕竟存在着很大差别，因此在计算中必定产生较大误差。实践证明，按下述原则确定受热面面积将使计算误差降低到可以忽略的程度。

（1）管内外两种换热介质的表面传热系数相差悬殊时，应将表面传热系数小的那侧管子的表面积作为计算受热面积。

（2）管内外两种换热介质的表面传热系数同属一个数量级时，以管子平均直径计算对流受热面积。

根据上述原则，我们可以对常见的受热面的面积计算方法进行简单的归纳：对于管内介质为水、汽水混合物和蒸汽的管式受热面，取管子外径计算的表面积作为受热面积；对于管式空气预热器，取管子平均直径计算的面积为受热面积；而对于回转式空气预热器，取蓄热板板面面积的两倍作为受热面积。

关于附加受热面面积的计算，作如下规定：附加受热面的面积按炉墙表面积 F 乘以由管子的 s/d 查出的角系数 x 求出。对于包覆管组成的膜式壁，$x=1.0$，即 $H=F$。所谓附加受热面是指对锅炉的水平烟道、转向室及其后（沿烟气的流动方向）的下行烟道四周的炉墙上都布置了内部有工质流通的管子并与翅片构成了包覆式的膜式壁，其作用在于简化炉墙结构、降低炉墙重量、增加烟道的密封性，还可作为附加受热面吸收烟气的部分热量以减小散热损失。

附加受热面的传热计算采取如下方法进行：

（1）对面积超过主受热面 5% 的附加受热面，在计算主受热面时，烟气出口温度的确定需预先估计相应的附加受热面的对流吸热量，并计入主受热面的对流吸热量中。附加受热面的对流吸热量可以根据其受热面积占主受热面积的比例进行预先假设。附加受热面的传热系数，一般与主受热面取相同数值。

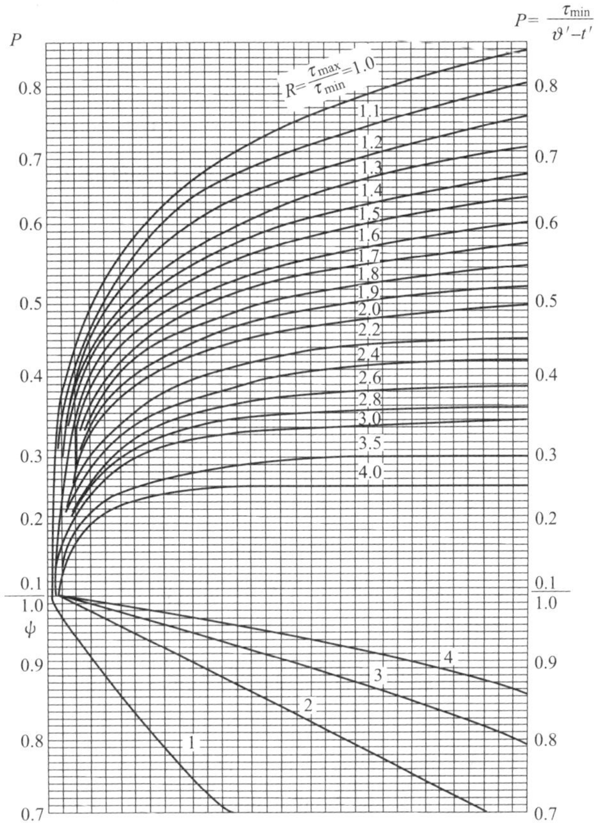

图 7-5　交叉流动方式的温压修正系数 ψ

1—一次交叉流；2—二次交叉流；

3—三次交叉流；4—四次交叉流

当附加受热面与主受热面成并联布置（按烟气流向）时，它的传热温压取为 $\Delta t=\vartheta_{av}-t_{av}$，其中 t_{av} 为附加受热面中工质的平均温度。对于串联布置在主受热面之后（按烟气流向）的附加受热面，传热温压可取 $\Delta t=\vartheta''-t_{av}$，其中 ϑ'' 为烟道出口处的烟温。

根据上述附加受热面的面积、传热系数和温压即可计算其传热量，当计算传热量与预先假设的附加受热面的对流吸热量相差在 ±10% 以内时，即可认为计算结果正确，否则需重新假设附加受热面的对流吸热量。

（2）当附加受热面的面积未超过主受热面的 5% 时，就不单独进行附加受热面的计算，而把它包括在内部工质与它串联的主受热面中进行计算。

第三节　半辐射受热面传热计算简介

半辐射受热面即屏式受热面一般用于加热过热蒸汽，故又叫屏式过热器。我国电站锅炉热力计算常用的方法如下。

1. 前屏过热器

所谓前屏是指布置在炉膛内全辐射型的分隔屏。由于在前屏区间烟气的流动速度相当低，几乎和烟气在炉膛截面的上升速度差不多，因此，可以忽略对流换热量。

通常前屏过热器是和炉膛辐射受热面合并在一起作为炉膛辐射受热面的一部分进行计算的。前屏过热器的吸热量计算如下：

$$Q_{pl}=yq_{r}H/B_{cal} \tag{7-87}$$

式中 y——前屏高度方向炉膛辐射受热面热负荷沿高度不均匀修正系数；

q_r——炉膛受热面热负荷，kW/m^2；

H——前屏辐射受热面积，m^2。

前屏辐射受热面积的计算方法与炉膛辐射受热面的计算方法相同，也需要考虑辐射角系数的修正。

由于定义炉膛出口截面是在前屏过热器的出口端，因此，前屏过热器的出口烟气温度和焓值即为炉膛出口烟气温度和烟气焓值。

前屏过热器的工质焓增，按其吸热量和实际蒸汽流量计算如下：

$$\Delta h_{pl}=\frac{B_{cal}Q_{pl}}{D_{pl}} \tag{7-88}$$

式中 D_{pl}——流经前屏过热器的工质流量，kg/s。

2. 后屏过热器

所谓后屏是指布置在炉膛出口截面、具有较大横向节距、呈独立片状的半辐射过热器或屏式过热器。

屏式过热器的计算方法和一般对流过热器的计算没有什么区别，只是热平衡计算时要考虑烟气对流热量和辐射热量两部分。

屏吸收烟气的对流热量

$$Q_p^c=\phi(h_g'-h_g'')-Q_{padd} \tag{7-89}$$

式中 ϕ——屏区受热面的保热系数；

Q_{padd}——屏区附加受热面吸收烟气的对流热量，kJ/kg。

屏吸收的辐射热量

$$Q_p^r=(Q_r'-Q_r''-Q_{p,b})\frac{H_p}{H_p+H_{add}} \tag{7-90}$$

$$Q_r'=\frac{q_H H_p}{B_{cal}}\eta_h \tag{7-91}$$

$$Q_r''=Q_r'\frac{(1-a)}{\beta}\varphi_p \tag{7-92}$$

$$\varphi_p=1-x_p \tag{7-93}$$

$$x_p=1-\sqrt{\left(\frac{b}{s_1}\right)^2+1}+\frac{b}{s_1} \tag{7-94}$$

式中 Q_r'——炉膛火焰辐射到屏入口烟窗的热量，kJ/kg；

Q_r''——炉膛辐射热流透过屏区的热量，kJ/kg；

$Q_{p,b}$——屏区高温烟气辐射到屏后受热面的热量，kJ/kg；

H_p、H_{add}——屏及屏区附加受热面面积，m^2；

q_H——炉膛壁面平均辐射热负荷，kW/m^2；

η_h——屏入口烟窗在炉膛高度方向上的热负荷不均系数，查线算图；
a——屏区烟气黑度；
β——屏与炉膛相互换热影响系数，查线算图；
φ_p——屏进口烟窗对出口烟窗的角系数，可以查线算图或按式（7-93）计算；
x_p——屏的角系数，按式（7-94）计算；
s_1、b——两片屏之间的宽度（即横向节距）和深度，m。

当屏的高度不大于炉膛的出口烟窗的高度时，烟气侧表面传热系数可以按纯横向冲刷顺列管束计算。对于屏的高度下垂在炉室中且低于炉膛出口烟窗时，可按混合冲刷的方法计算烟气侧表面传热系数，纵向冲刷和横向冲刷部分的划分以炉膛出口烟窗下沿高度为分界线。

$$Q_{p,b}=\frac{5.67\times10^{-11}aH_{p,b}T_p^4\xi_f}{B_{cal}} \tag{7-95}$$

式中　T_p——屏区烟气平均温度，K；
$H_{p,b}$——屏后的受热面进口烟窗面积，m^2；
a——屏区烟气黑度；
ξ_f——考虑燃料种类的修正系数，对于煤和液体燃料取 $\xi_r=0.5$。

屏工质侧热平衡方程式

$$Q_p^c+Q_p^r=(h''_p-h'_p)D_p/B_{cal} \tag{7-96}$$

屏区附加受热面工质侧热平衡方程式

$$Q_{padd}^c+Q_{padd}^r=(h''_{add}-h'_{add})D_{add}/B_{cal} \tag{7-97}$$

如果沿烟气流向布置有多级屏式受热面，第一级按上述方法进行计算。在计算第二级屏式受热面时，其入口断面的辐射热 Q'_{pr2} 应为炉膛的穿透辐射热 Q''_{rp} 和第一级屏的烟气容积辐射热 $Q_{p,b}$ 之和，即

$$Q'_{pr2}=Q''_{rp}+Q_{p,b} \tag{7-98}$$

其余各项均按类似于上述的方法进行计算。

对于屏式受热面布置在炉膛出口烟窗的情况，按照其后面的凝渣管或对流受热面受到从炉膛穿透辐射和屏式受热面空间的烟气容积的辐射热量考虑。

第四节　电站锅炉的设计布置

一、电站锅炉整体布置及主要设计参数的选择方法

（一）电站锅炉的整体布置

本节所说的整体布置是指锅炉本体中各主要受热面之间的相互位置关系。随着锅炉容量、参数和燃料性质等具体条件的不同，会产生很多不同的整体布置方案。而且这些布置方案也因锅炉技术的发展而不断改进和完善。迄今为止，在电站锅炉领域中，比较典型的大中型锅炉的布置方案主要以Γ型和Π型布置为主，还有一些非主流布置方式（见图 7-6），下面分别进行简要介绍。

1. Π型布置和Γ型布置

Π型布置是现代锅炉中应用非常广泛和经典的一种布置方式，如图 7-6（a）所示。它由炉膛、水平烟道和竖直对流烟道三部分组成了一个Π字形结构。其特点是：锅炉和厂房的

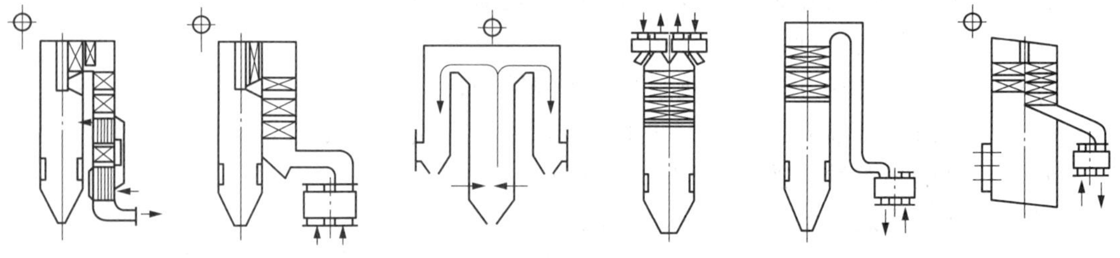

图 7-6　锅炉的典型布置方案

高度都相对较低，布局均衡稳重；转动机械和笨重设备（如送、引风机、除尘器等）可布置在地面，故而减轻了厂房和锅炉钢架的负载；受热面的支吊方式相对比较简便，同时便于尾部受热面的检修。但这种布置方式占地面积较大，烟气转向次数较多，从而易造成烟气速度场和飞灰浓度场的不均匀性，导致烟气的传热性能受到影响，并加速了部分受热面的磨损。

Γ型的布置方法是从Ⅱ型布置方案中演变过来的，由于回转式空气预热器（外置式）的采用，使得尾部烟道的空间有了较大空余，因此得以取消了水平烟道，而将尾部受热面和炉膛一样都采用悬吊结构。这种布置方法可以避免水平烟道容易出现的积灰现象，还可以节省钢材和占地面积。但取消炉膛后墙与下行对流烟道前墙之间的走廊，对尾部受热面的检修带来了不便。由于大型电站锅炉（蒸发量 670t/h 以上）大都采用回转式空气预热器，因此Γ型的布置方法越来越多，甚至超过了传统的Ⅱ型布置方式。

2. 塔型和半塔型布置

塔型布置［图 7-6（d）］也是对传统Ⅱ型布置方式的一种改进。由于Ⅱ型布置方式的烟气转向次数较多，因此燃用含灰量较多或灰分较硬的煤种时，就会增大部分受热面的磨损。而塔型布置方式就是为了克服这一缺陷，而将对流烟道布置在炉膛的上方一直向上延伸发展，这种布置的特点是取消了不宜布置受热面的转弯烟室，增大了炉膛和烟道的有效利用空间；锅炉对流烟道的自生通风力降低了烟气阻力；受热面的局部磨损轻，适合燃用多灰燃料。但是塔型布置方式的主要受热面都布置在很高处，故汽、水管道长，此外空气预热器、送引风机、除尘器甚至烟囱都采用高位布置（布置在锅炉顶部），加重了锅炉构架和厂房的负栽，增大了锅炉造价。

为了适当减小塔型布置的劣势，将空气预热器、送引风机、除尘器和烟囱等设备转移到地面布置，这就是所谓的半塔型布置［图 7-6（e）］，可见半塔型布置是塔型布置的折中方案。

3. 箱型布置

箱型布置［图 7-6（f）］一般用于燃油和燃气锅炉，这种方案的特点是锅炉的布置很紧凑。

其他布置方案，如 T 型、N 型、L 型、U 型等，很少采用，这里不再赘述。

（二）影响锅炉布置的主要因素

1. 蒸汽参数

工质在锅炉受热面中历经的加热过程可分为三个阶段——水的加热、水的蒸发、蒸汽的过热（超高压及以上机组还包括蒸汽再热）。这三个阶段吸热量的份额并不是一个固定不变的值，而随着蒸汽压力的变化而变化。图 7-7 示出了水蒸气的焓-压图，从图中可以看出，随着压力的提高，水的汽化潜热减少，而水的加热吸热及过热吸热的比例都将发生变化。表 7-9 示出了不同蒸汽参数下工质吸热量的分配份额。

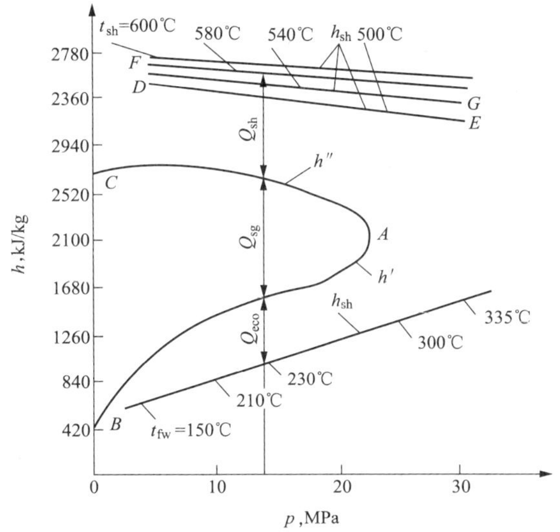

图 7-7　工质的焓与压力、温度之间的关系

表 7-9　　**蒸汽参数与工质吸热量的分配比例**

参　　数			总焓增（kJ/kg）	吸热量分配（%）		
汽压（MPa）	汽温（℃）	给水温度（℃）		加热	蒸发	过热
1.3	300	105	2596.2	14.8	75.6	9.6
3.9	450	150	2697.9	17.6	62.6	19.8
9.8	540	215	2551.4	20.4	49.5	30.1
13.7	540/540	240	2822.7/430.4	21.3	33.8	29.8/15.2
16.8	540/540	270	2651.1/434.6	23.5	23.7	36.4/16.4

注　表中分数线下面的数字表示再热器数据，分数线上面的数字表示过热器的数据。

由表可见，随着蒸汽压力的提高，水的加热吸热比例增大，而蒸发吸热比例减少、过热吸热比例增大，再热蒸汽吸热量也随着压力升高而增大。这一特点导致了锅炉受热面的布置特点因不同的蒸汽参数而出现差异。首先，对于压力较低的锅炉，由于蒸发热的比例非常大（70%～90%），因此蒸发受热面积非常大。相反用于加热水的加热热和蒸汽过热热的比例却比较小，因此，低压锅炉的过热器和省煤器的受热面积很小，有时过热器只有几排管子即可达到过热要求，而省煤器虽然排数较多，但却都是沸腾式省煤器，也即是说实际用于加热的管子根数也不多，而相当一部分省煤器充当的是蒸发受热面的角色。因为这一特点，仅靠炉膛布置的水冷壁和部分省煤器是无法满足蒸发吸热要求的，而需要在烟道内布置一定数量的对流受热面充当蒸发受热面。典型的例子是低压锅炉对流烟道中采用的双锅筒之间布置的蒸发对流管束。然后，随着蒸汽压力的提高，过热器受热面积和省煤器受热面积都将增大而蒸发受热面积则不断减小，直到临界状态下，蒸发热变为零，只剩加热热和过热热两部分。对于超高压力（14MPa）以上的锅炉，水的蒸发所需热量太少，炉膛内的水冷壁需要量大幅下降，按理说，炉膛壁面会出现大量剩余（不布置受热面的空白区域），但事实并非如此。因为虽然蒸发需要的受热面积减小了，但加热和过热受热面积却增大了，此时在对流烟道内完成加热和过热受热面的布置已经不太可能，只能向尚有剩余的炉膛内部发展。因此在炉膛内出现了完成加热任务的水冷壁（上升管的加热水段）和相当数量的辐射式过热器或再热器，如壁式辐射过热器、炉顶辐射过热器、前屏辐射过热器和后屏半辐射过热器等。省煤器也无一例外地采用非沸腾式。总的看来，锅炉受热面的布置受限于压力，以炉膛内布置为主的蒸发受热面和以对流烟道布置为主的加热和过热受热面在低压时呈现出前者挤占后者的趋势，而在高压时，则会呈现出后者挤占前者生存空间的有趣态势。

2. 锅炉容量

锅炉容量增大会使得炉膛容积和炉膛内的表面积都随之增大。但是，炉膛内表面积的增加量却无法和炉膛容积的增加量相比。这是因为内表面积与锅炉线性尺寸成二次方关系，而容积与线性尺寸成三次方关系。因此，锅炉容量越大，相对来说，用于布置水冷壁的内表面积越少。炉膛出口烟温就会越高，于是，为了限制大容量锅炉炉膛出口烟温，必须在炉膛内布置足够的辐射受热面或半辐射式受热面。另外，由于容量增大速度远大于线性尺寸增大速度，这就使得原本采用的单管圈布置会导致非常大的工质质量流速，而为了平衡流速，需要采用双管圈或多管圈布置方式。还有，随着容量增大，烟气量也增大，为保持炉膛出口适当的烟气流速，炉膛出口烟窗的高度将会很大，这就有可能造成炉膛出口气流的不均匀程度大幅增加，而为了减轻这一影响，有时需要采用双烟窗结构，即所谓的 T 型布置方式。总之，锅炉容量对锅炉机组的设计布置具有非常重大的影响。

3. 燃料性质

燃料性质对锅炉整体布置的影响几乎是颠覆性的。下面就燃料中比较重要的特性对锅炉布置的影响进行简要分析。

（1）燃料挥发分。挥发分是燃料特性中对锅炉燃烧和燃烧设备设计布置影响最大的一项。挥发分含量多的煤易于着火和燃烧，且燃尽所需的时间短，因此不需要太大的炉膛空间，炉膛呈现出矮胖形状，并且其着火热也不高，故热空气温度也较低。但是挥发分少的难着火的煤，则要求具有足够的炉膛容积，尤其是炉膛高度。这是为了满足难燃煤种所需要的燃烧时间而决定的。又因为难燃煤放出挥发分的温度较高且挥发分量又很少，因此需要在炉膛断面上选择较大的热负荷来强化其升温过程，这就使得炉膛的横断面积较小，炉膛呈现出瘦高形状，且常常需要在燃烧器区域敷设一层耐火层——卫燃带，以提高着火区域的温度水平。另外，难燃煤着火困难，要求较高的热空气温度，因而所需的空气预热器的受热面积较大，可能因此会使得空气预热器的布置出现很大的变化。

（2）燃料灰分。燃烧灰分多的煤应该采用较低的烟气速度或其他减轻磨损的措施。例如前述的塔型或半塔型布置方式就是使烟气不改变流动方向而减轻受热面飞灰磨损的有力措施。另外，灰的熔化特性影响炉膛出口烟温的选择，因而也影响着炉内辐射吸热量和烟道对流传热量的分配比例。

（3）燃料水分。水分多的煤在燃烧时会降低炉内的平均温度，增大烟气量和烟气热容，同时由于炉温的降低减小了炉内辐射传热量而增大了烟道对流传热量。因此在锅炉设计时，要充分考虑到这一特点，合理选择炉膛出口烟汽温度，以确定理想的辐射换热量和对流吸热量的分配比例。另外，水分较多的煤燃烧时所需要的着火热较大，在挥发分等其他条件相同时需要采用较高的热空气温度，这也对空气预热器受热面的设计带来了影响。

（4）燃料硫分。硫分是燃料中十分有害的元素，对水冷壁产生的高温腐蚀、高温对流受热面的烧结性积灰和高温腐蚀以及尾部受热面的低温腐蚀等有害过程都有直接或间接的影响。因此在锅炉设计过程中，应对上述有关受热面的设计给予足够的重视和体现。

4. 热空气温度对省煤器和空气预热器布置的影响

前已述及，单级空气预热器的温升总是有限的，这是因为空气升温速度快于烟气温降速度所致。一般来说，采用单级空气预热器的热空气温度可以达到 300～350℃，但考虑到空气预热器末端最好具有一定的传热温差以保证空气预热器具有一定的经济性，一般要求单级管式空气预热器的温升不超过 300℃，而高于此温度时应采用两级布置方式，即将空气预热器与省煤器交错布置。如果采用回转式空气预热器，单级布置空气温度可达 350℃；如果需要采用两级布置时，一般把第二级做成管式空气预热器放置在省煤器中间。

（三）锅炉主要设计参数的选择

一、炉膛设计参数

1. 锅炉的热强度参数（热负荷）

（1）炉膛容积热强度。炉膛容积热强度 q_V 指单位炉膛容积内在单位时间里的燃烧放热量。它表示的是一个单位炉膛容积内的热功率的概念，可用式（7-99）表示：

$$q_V=\frac{B_{\mathrm{cal}}Q_{\mathrm{net,ar}}}{V_{\mathrm{f}}}\quad \mathrm{kW/m^3} \tag{7-99}$$

式中　V_{f}——炉膛容积，$\mathrm{m^3}$。

1kg 燃料燃烧时的放热量（kJ/kg）往往和燃料燃烧后所生成的烟气量（$\mathrm{m^3/kg}$）有一定联系。因此，q_V 值的大小与燃料及其所生成的烟气在炉内的停留时间（τ）的倒数有关，即 $q_V\propto 1/\tau$。τ 的倒数在化工行业里被赋予了空速的意义，即单位容积的空间在单位时间内流过的气体流量。由此可见，空速值与停留时间互为倒数。q_V 值选得过大，表示空速值过大，即燃料和烟气在炉内的停留时间过短，这将导致较大的机械未完全燃烧热损失。另外，q_V 选的过大，也意味着炉膛容积过小，这会使炉膛壁面能布置水冷壁受热面的面积过少，造成炉膛出口烟温 ϑ_{f}'' 升高，使炉膛出口部位或对流受热面出现结渣和过热器超温的可能。再有，炉膛出口烟温的改变实际上也改变了工质炉内辐射吸热量和在对流烟道中的对流吸热量比值，这在经济性上也可能造成一定的损失。一般情况下，按燃烧条件确定的 V_{f} 值都比较小。所以锅炉设计中，普遍的做法是按烟气的冷却条件来选取 V_{f}，即 V_{f} 的数值应保证炉内布置下足够的水冷壁受热面积，以使燃烧产物温度在炉膛出口处能降低到给定值。对于固态排渣煤粉炉，q_V 值可在 100～175$\mathrm{kW/m^3}$ 之间选取。

随着锅炉容量的增加，炉膛水冷壁受热面积的增加比炉膛容积的增加要缓慢，所以，大容量锅炉的 q_V 值，一般比中、小锅炉要小一些。

（2）炉膛断面热强度。炉膛的断面热强度是指单位炉膛断面积（锅炉宽度 a 与深度 b 的乘积 $A=ab$）在单位时间内的燃烧放热量，或者说炉膛截面单位面积上的热功率，用 q_A 来表示。

$$q_A=\frac{B_{\mathrm{cal}}Q_{\mathrm{net,ar}}}{A}\mathrm{kW/m^2} \tag{7-100}$$

式中 A——炉膛断面积，通常为燃烧器区域的炉膛断面积，m^2。

炉膛断面热强度反映了炉膛横断面积上尤其是燃烧器区域的温度水平，是炉膛设计的重要特性指标。过高的 q_A 值表明炉膛断面积过小，在炉膛横截面积上放热过于集中，致使燃料燃烧放出的大量热量没有足够的水冷壁受热面来吸收而使燃烧器区域的局部温度过高，甚至引起燃烧器区域的结渣。q_A 值的选取，与燃料的性质、炉子的排渣方式、燃烧器的形式和布置等因素有关。对于固态排渣煤粉炉，当燃用灰熔点较高的煤时，q_A 可适当选大些；但对于灰熔点较低的煤，q_A 必须适当降低。对于配 100MW 以上机组的固态排渣煤粉炉，q_A 可在 3～4.5MW/m^2 之间选取。

对于采用多层布置的燃烧器，每层燃烧器的局部断面热强度也是炉膛的一个重要特性。

$$q_{An}=\frac{q_A}{n}$$

式中 n——燃烧器的层数。

对于固态排渣煤粉炉，局部断面热强度 q_{An} 为 1100～1400kW/m^2。过高的 q_A 及 q_{An} 会导致水冷壁（特别是燃烧器区域的水冷壁）严重结渣，对于亚临界压力的锅炉，还会使水冷壁金属的温度升高到危险的程度。所以，q_A 及 q_{An} 的选取还应考虑防止水冷壁管内发生膜态沸腾以及对水冷壁管内质量流速的影响。

（3）燃烧器区域壁面热强度。对于大容量锅炉，采用 q_V、q_A 指标还不能全面反映出炉内的热力特性。因此，还采用了一个常用的指标，即燃烧器区域壁面热强度 q_B，定义为

$$q_B=\frac{B_{cal}Q_{net,ar}}{A_B} \tag{7-101}$$

$$F_B=2(a+b)(n+1)s_r \tag{7-102}$$

式中 a、b——炉膛宽度和深度，m；

n——燃烧器的层数；

s_B——各层燃烧器之间的间距，m；

A_B——燃烧器区域的炉墙面积，m^2。

q_B 指单位时间内，单位炉膛燃烧器区域的壁面积上的燃烧放热量，即单位燃烧器区域壁面积上的热功率，q_B 值越大则表示火焰越集中，燃烧器区域的温度水平就越高。这对锅炉的运行影响是双面的。好处是对燃料的着火和燃烧是有利的，缺点是燃烧器区域局部温度过高故易造成燃烧器区域结渣。国内对于中大型燃煤锅炉给出的推荐值是：对于褐煤，q_B 可取 0.9～1.2MW/m^2；对于贫煤和无烟煤，q_B 可取 1.4～2.1MW/m^2；对烟煤，q_B 可取 1.4～2.3MW/m^2。

（4）燃尽区容积热强度。为了从设计角度尽可能完善煤粉燃尽程度，更好地组织燃料的后期燃烧，引入了燃尽区容积热强度的概念。燃尽区容积热强度是指单位炉膛燃尽区容积内，在单位时间内的燃烧放热量，用 q_{bo} 来表示：

$$q_{bo}=\frac{B_{cal}Q_{net,ar}}{V_{bo}}\quad kW/m^3 \tag{7-103}$$

$$V_{bo}=abh_1 \tag{7-104}$$

式中 V_{bo}——燃尽区计算容积，m^3；

a、b——炉膛的宽度及深度，m；

h_1——最上层煤粉喷口至折焰角尖端的垂直距离，m。

燃尽区容积热强度可作为锅炉炉膛设计的辅助特性指标，合理的选择 q_{bo} 的大小，对燃料的燃尽过程有较大影响。一般来说，对于难以燃烧的无烟煤、部分贫煤等，q_{bo} 值易选的稍小些，这样，燃尽区才有足够的空间和停留时间供燃料燃烧完全。表征煤粉燃尽程度的设计参数也可以直接采用 h_1，它和 q_{bo} 的作用基本一致。切圆燃烧方式和墙式对冲燃烧方式炉膛特性参数限值的推荐范围见表 7-10 和表 7-11。

表 7-10　切圆燃烧方式炉膛特性参数限值推荐范围

设计煤质	$V_{daf}>25\%$，IT<700℃		$V_{daf}<20\%$，IT>700℃	
机组额定电功率	300MW	600MW	300MW	600MW
q_V（BMCR）上限值（kW/m^3）	95～115	85～100	85～100	80～95
q_A（BMCR）上限值（kW/m^2）	4.0～4.8	4.2～5.1	4.2～5.0	4.4～5.2
q_B（BMCR）上限值（kW/m^2）	1.2～1.8	1.3～2.0	1.2～1.8	1.2～2.0
q_{bo}（BMCR）上限值（kW/m^3）	200～260	200～260	200～260	180～240
h_1 下限值	17～20	18～21	18～22	19～23

表 7-11　墙式对冲方式炉膛特性参数限值推荐范围

设计煤质	$V_{daf}>25\%$，IT<700℃		$V_{daf}<20\%$，IT>700℃	
机组额定电功率	300MW	600MW	300MW	600MW
q_V（BMCR）上限值（kW/m^3）	100～115	85～100	85～105	80～95
q_A（BMCR）上限值（kW/m^2）	4.0～4.8	4.2～5.0	4.0～4.8	4.2～5.0
q_B（BMCR）上限值（kW/m^2）	1.1～1.7	1.2～1.8	1.1～1.6	1.2～1.8
q_{bo}（BMCR）上限值（kW/m^3）	220～280	220～280	200～260	200～260
h_1 下限值	17～21	17～21	18～22	19～23

（5）炉膛壁面热强度。炉膛壁面热强度也称炉膛辐射受热面的热强度（或热流密度），以 q_f^w 表示，它是炉膛壁面的平均热强度，其物理意义是单位时间、单位炉膛水冷壁面积上的平均燃烧放热量。可按式（7-105）计算：

$$q_f^w=\frac{B_{cal}Q_f^r}{F}\quad kW/m^2 \tag{7-105}$$

式中　Q_f^r——炉膛烟气辐射放热量，kJ/kg；

F——炉膛水冷壁的面积，m^2。

q_f^w 的数值越高，炉膛单位壁面积所吸收的辐射热量就越大，说明炉内平均烟温水平越高。因此，q_f^w 如选的过高，则炉膛内结渣的可能性将大大增加。

2. 炉膛主要尺寸

炉膛的主要尺寸往往指的是锅炉的宽度、深度和高度。

炉膛宽度 a 的数值与锅炉容量大小、燃料的种类以及燃烧器的形式有关。随着锅炉容量的增大，a 值也增加，但并不是按比例增加。这说明炉膛断面热强度和烟气速度相应的有所提高。

炉膛深度 b 的选取，主要考虑到火焰在炉膛断面内的自由发展情况，既要形成良好的空气动力工况，又要使火焰核心不致冲刷水冷壁。其大小与燃烧器的形式和燃烧器的布置情况等有关。当采用大功率燃烧器或多层燃烧器时，应适当增加 b 值大小。因此，随锅炉容量的增加，b 值一般稍为增大。此外，炉膛的宽度 a 和深度 b 应保证所选取的炉膛断面热强度 q_A 不超过相应燃料所规定的数值。

炉膛高度 h 的选择一般应考虑两方面的问题：①燃料在炉内能完全燃烧以及布置足够的水冷壁面积，以使烟气冷却至给定的出口温度 ϑ_f''；②采用自然循环方式时，水循环安全性要得到保障。

按完全燃烧条件和水循环安全性所确定的炉膛高度值一般都较小，难以满足冷却烟气的要求。因此，往往需要以冷却烟气的条件来最终确定炉膛高度。

3. 炉膛出口烟气温度

炉膛出口烟气温度 ϑ_f'' 是锅炉设计、运行及有关试验过程中经常用到的重要的定性温度。对于中、小型锅炉，一般指凝渣管或锅炉管束前的烟温，对于大容量锅炉，指屏式过热器前的烟温。

根据锅炉受热面的辐射和对流传热的最佳比值（按照经济性计算），炉膛出口烟温约为1250℃时具有最好的经济性，但大多数燃料在这个温度下，将会使灰分产生变形或融化，从而使得对流受热面的结渣倾向增大。为了防止这一情况的发生，当炉膛出口处布置有屏式受热面时，炉膛出口烟温 ϑ_f'' 一般取 1100～1200℃，但是，而对于易结渣的燃料，这一温度最好保持在 1000～1050℃的水平。

对于不受结渣条件限制的燃料，如液体和气体燃料，炉膛出口烟温 ϑ_f'' 可适当提高，但考虑过热器壁温和高温腐蚀及控制 NO_x、SO_x 的产生，炉膛出口温度 ϑ_f'' 一般也不应超过1250℃。而且，进入对流受热面前的烟温，一般不宜超过 1050℃。

4. 排烟温度

锅炉的排烟温度是受很多因素影响的综合性热力参数，较低的排烟温度对应着较小的排烟热损失 q_2 和较高的锅炉热效率。但是由于尾部受热面总体烟温不高，故传热温压降低，金属消耗量也增多。因此排烟温度主要是根据燃料的价格和锅炉尾部受热面金属耗量的经济性比较进行选择，最佳的排烟温度应该是燃料费用和尾部受热面金属费用总和最少时所对应的排烟温度。最佳排烟温度的选取，还与锅炉的给水温度、燃料的性质（燃料的水分和硫分）、省煤器与空气预热器的金属价格比值等因素有关。当给水温度较高时，尾部受热面的传热温压下降，最佳的排烟温度宜相应提高。燃料水分增加时，烟气的热容增大，则最经济的排烟温度趋于升高。一般现代大容量锅炉设计的排烟温度在 130～140℃范围内。

5. 热空气温度

锅炉热空气温度的选取，与燃料的种类和特性、燃烧方式、排渣方式等因素有关。

对于挥发分含量较高的着火燃烧性能良好的燃料，可以采用较低的热空气温度；反之则需采用较高的热空气温度。

层燃炉可以采用温度较低的预热空气或直接采用冷空气。煤粉锅炉则要求采用温度较高的预热空气。循环流化床锅炉介于两者之间。

对于煤粉锅炉来说，热空气温度还与制粉系统的干燥剂种类、锅炉的排渣方式等有关。表 7-12 列出大、中型锅炉热空气温度的推荐值，可供参考。

表 7-12　　大、中型锅炉热空气温度的推荐值

燃料种类	无烟煤	贫煤，劣质烟煤	烟煤	褐煤		洗中煤	重油、天然气
				热空气干燥剂	烟气干燥剂		
热空气温度（℃）	380～400	330～380	280～350	350～400	300～350	280～300	250～300

6. 工质的质量流速

锅炉受热面中的介质主要是水和蒸汽或者汽水混合物，它们的质量流速大小，对受热面运行的安全性和经济性有着举足轻重的影响。各受热面综合起来看，工作条件最差的当属过热器。如果过热蒸汽流速过低，则会影响蒸汽对管壁的冷却能力而使金属壁温过高，直接影响过热器的安全运行；反之，如果过热蒸汽流速过高，蒸汽的流动阻力就很大。亚临界压力以下锅炉受热面工质质量流速的推荐值见表 7-13。超临界压力锅炉受热面中工质的质量流速的数值列于表 7-14。

表 7-13　　亚临界压力以下锅炉受热面工质质量流速的推荐值　　kg/(m^2 · s)

受 热 面	质量流速
对流省煤器：非沸腾式 沸腾式	500～600 800
对流式再热器	300～400
高压过热器：对流式 屏式 辐射式	500～1000 800～1000 1000～1500

表 7-14　　超临界压力锅炉受热面工质质量流速的推荐值　　kg/(m^2 · s)

燃料	下辐射区	上辐射区	屏式受热面	过热器
重油	2500	1500～1800	1400～1500	1500～1600
煤	2000	1000～1500		
气体燃料	1500	1000		

7. 烟气速度

烟气流速对受热面运行的安全性和经济性也有影响。烟气速度直接影响着对流传热系数的大小，因此如烟速过低，除需布置更多的受热面外，还将加重受热面的积灰。一般在锅炉额定负荷下，对于横向冲刷的对流受热面，烟速应大于 6m/s。烟气流速的上限受飞灰磨损条件的限制。因为管子金属的磨损速率近似与烟气流速的三次方成正比。飞灰磨损能力还与烟气温度有关。对于烟温 $\vartheta \leqslant 700$℃的受热面，一般的煤极限烟速值为 9～10m/s，多灰和灰分磨蚀性较强的煤极限烟速值为 7～8m/s，灰分含量低或磨蚀性较弱的煤极限烟速值可取 10～12m/s。

二、电厂锅炉热力计算的任务及顺序

（一）热力计算的任务

锅炉热力计算就是确定锅炉受热面积的多少与锅炉整体和各受热面交界处的燃烧产物和工质参数之间的对应关系，按照计算任务的不同，可分为设计计算和校核计算两种计算方法，两种方法基本相同，不同之处仅在于已知条件及计算所求参数不同而已，由于大型锅炉

受热面布置十分复杂，因此设计计算方法难以直接完成，一般都采用校核计算的方法进行设计计算。也就是预先设计好锅炉受热面的结构，然后计算热力参数的方法。表 7-15 列出了锅炉受热面热力计算的任务和计算方法。

表 7-15　　锅炉受热面热力计算的任务

受热面类型	计算任务	计算目的及用途
炉膛辐射受热面	设计计算	根据给定或选定的炉膛出口烟气温度 ϑ_f''，确定炉膛内需要布置的辐射受热面积 F_f。多用于新锅炉的设计
	校核计算	现有锅炉在非设计工况下（如燃料、负荷、运行工况或某些部件结构改变的情况下）的校核计算，是根据已知炉膛的结构特性参数，校核炉膛出口烟气温度 ϑ_f''，看其是否处于合理范围。若 ϑ_f'' 值过高，则应增加辐射受热面，反之应减少辐射受热面。 由于多数计算与炉膛结构有关，所以设计新锅炉时也通常采用校核计算方法，即预先布置好炉膛结构和辐射受热面，校核炉膛出口烟气温度 ϑ_f'' 是否合理；若不合理，则修改受热面布置再进行计算
半辐射和对流受热面	设计计算	设计新锅炉时，根据受热面所需的传热量和工质的进、出口温度，确定受热面的面积
	校核计算	根据预先布置的受热面结构特性（设计新锅炉时）或已知的受热面结构特性（校核现有锅炉时），计算燃料消耗量、工质流量、漏风系数、烟气的进口温度和工质的进口或出口温度等，确定受热面的传热量、烟气的出口温度、工质的出口或进口温度

（二）热力计算的方法与顺序

1. 炉膛辐射受热面热力计算方法

由于影响炉膛传热过程的因素很多，所以到目前为止，直接用理论分析方法来进行炉膛传热计算是不切实际的，必须进行不同程度的简化，提出简化的传热模型，再进行近似计算。炉膛传热计算方法很多，但比较实用的是半经验法，即运用相似理论方法通过大量试验而综合得出半经验公式。假定传热过程与燃烧过程分开，在必须考虑燃烧工况影响时，引入经验系数修正，对流传热忽略不计。火焰和烟气的辐射传热量按某一平均温度计算，只有辐射传热和热平衡两个代数方程式。此法简便，并大致反映了炉内传热基本规律，是目前工程上炉膛传热计算的主要方法。我国主要采用这种方法。

在进行炉膛校核热力计算时，一般先假设炉膛出口烟温 $\vartheta_{f,as}''$，再与最后计算求出的 ϑ_f'' 进行比较，误差不能超过式（7-106）范围。反之，重新假设再反复计算，直至满足条件为止。

$$|\vartheta_{f,as}'' - \vartheta_f''| \leqslant 100℃ \tag{7-106}$$

对于炉膛内的壁式过热器或再热器、前屏等辐射受热面的热力计算，常合并在炉膛传热计算中进行统一计算，不另作计算，但要考虑辐射面积的计算方法和沿高度方向热力不均造成的影响。

2. 半辐射和对流受热面热力计算方法

半辐射受热面系指布置在炉膛上部或出口烟窗的前屏、后屏受热面。对流受热面系指凝渣管束、锅炉管束、对流过热器、再热器、省煤器、空气预热器和附加受热面等。这些受热面同时兼有对流和辐射传热，但以对流传热为主，故按对流传热进行计算。某些受热面，如屏、凝渣管束和高温烟气区域的对流过热器，从炉膛里直接吸收的辐射热，在炉膛传热计算时已经确定，这部分辐射热量在对流传热计算中应考虑进去。对于烟气在受热面管间的辐射传热，也折算为对流传热来考虑。按传热计算的任务不同，也分为设计计算和校核计算。

设计计算顺序：先确定受热面的布置形式及设计参数（受热面工质的进、出口温度），计算所需的传热量，再根据已确定的进、出口烟气温度，计算所需的受热面积。

校核计算顺序：先进行结构特性计算，为传热计算提供结构数据。在进行校核计算中，需先假设出口烟温或工质的进口（出口）温度。校核计算应满足下列误差为宜：

$$\delta Q=\left|\frac{Q_c^{re}-Q_c^{tr}}{Q_c^{re}}\right|\times 100\leqslant 2\% \tag{7-107}$$

式中　Q_c^{re}——用热平衡公式计算出的烟气对流放热量，kJ/kg；

Q_c^{tr}——用传热公式计算出的对流传热量，kJ/kg。

3. 锅炉机组热力计算顺序

锅炉热力计算，不论是设计计算或校核计算，均可按下列顺序进行：

（1）列出与计算任务相应的原始数据，当设计计算时应列出锅炉的蒸发量和蒸汽参数、给水参数等，校核计算时应给出炉膛及各受热面的尺寸以及所校核的负荷工况，不论设计计算或校核计算，都应给出燃料的特性数据；

（2）燃料的燃烧计算，包括沿烟道各段过量空气条件下的三原子气体容积、水蒸气容积、氮气容积份额以及烟气和空气的焓；

（3）机组的热平衡计算，需假定锅炉排烟温度，并确定锅炉效率和燃料消耗量；

（4）假定热空气温度；

（5）炉膛计算；

（6）炉膛上部各级受热面的热力计算，包括过热器、再热器或锅炉管束等受热面；

（7）尾部受热面的热力计算；

（8）整个锅炉机组主要计算数据汇总表。

当对锅炉的某一部件进行热力计算时，通常根据该部件进、出口的烟气温度和工质温度，用逐次渐近法计算该部件的吸热量、传热系数和传热温压，保证按热平衡方程所确定的烟气放热量 Q_c^{re} 和按传热方程所确定的传热量 Q_c^{tr} 两者间的误差在规定范围内。

尾部受热面热力计算完成后，要对假设的排烟温度和热空气温度进行校核，当假设烟温 $\vartheta_{exg,as}$ 及热空气温度 $t_{ha,as}$ 和计算烟温 ϑ_{exg} 及热空气温度 t_{ha} 满足下述关系时认为计算合格，否则需用逐次渐进法重新计算，直至满足下述要求时为止。

$$|\vartheta_{exg,as}-\vartheta_{exg}|\leqslant 10℃ \tag{7-108}$$

$$|t_{ha,as}-t_{ha}|\leqslant 40℃ \tag{7-109}$$

传热计算全部结束后，对热力计算数据进行修正，复算锅炉效率、燃料消耗量、炉膛放热量及锅炉热平衡误差等，并列出锅炉主要热力数据的汇总表。

对热平衡误差用式（7-10）计算：

$$\Delta Q=Q_f\eta_b-\sum Q\left(1-\frac{q_4}{100}\right) \tag{7-110}$$

式中　$\sum Q$——除空气预热器外的各级受热面的热平衡吸热量总和，kJ/kg；

η_b——锅炉效率，%；

Q_f——锅炉输入热量，kJ/kg。

热力计算相对误差标准

$$\delta Q=\left|\frac{\Delta Q}{Q_f}\right|\times 100\%\leqslant 5\% \tag{7-111}$$

参 考 文 献

[1] 叶江明．电厂锅炉原理及设备．4版．北京：中国电力出版社，2016.
[2] 周强泰．锅炉原理．3版．北京：中国电力出版社，2013.
[3] 撒应禄．锅炉受热面外部工作过程．北京：水利电力出版社，1994.
[4] 容銮恩．电站锅炉原理．北京：中国电力出版社，1997.
[5] 陈学俊．锅炉原理：上、下册．2版．北京：机械工业出版社，1991.
[6] 冯俊凯．锅炉原理及计算．2版．北京：科学出版社，1992.
[7] 林宗虎．锅炉手册．北京：机械工业出版社，1989.
[8] 樊泉桂．锅炉原理．2版．北京：中国电力出版社，2014.
[9] 岑可法．燃烧理论与污染控制．北京：机械工业出版社，2004.
[10] 周强泰．锅炉与热交换器传热强化．北京：水利电力出版社，1991.
[11] 全苏热工研究所．锅炉机组热力计算标准方法．北京锅炉厂设计科，译．北京：机械工业出版社，1976.
[12] 洛克申，等．锅炉机组水力计算标准方法．董祖康，等，译．北京：水利电力出版社，1981.
[13] 中国动力工程学会．火力发电设备技术手册：第一卷 锅炉．北京：机械工业出版社，2000.
[14] 王致均．锅炉炉内过程．北京：科技文献出版社，1980.
[15] 岑可法．锅炉和热交换器的积灰、结渣、磨损和腐蚀的防治原理与计算．北京：科学出版社，1994.
[16] 陈立勋．锅炉本体布置及计算．西安：西安交通大学出版社，1990.
[17] 徐通模．锅炉燃烧设备．西安：西安交通大学出版社，1990.
[18] 尹世安．动力燃料分析．北京：水利电力出版社，1984.
[19] 西安交通大学《直流锅炉》编写组．直流锅炉．北京：水利电力出版社，1997.